스티븐 호킹

스티븐 호킹

삶과 물리학을 함께한 우정의 기록

레오나르드 믈로디노프

하인해 옮김

까치

STEPHEN HAWKING : A Memoir of Friendship and Physics
by Leonard Mlodinow
Copyright © 2020 by Leonard Mlodinow
All rights reserved.
This Korean edition was published by Kachi Publishing Co., Ltd. in
2021 by arrangement with Alexei Nicolai, Inc. c/o Writers House LLC
through KCC(Korea Copyright Center Inc.), Seoul.
Epigraph photo : Alexei Mlodinow, 2005

역자 하인해(河仁海)
인하대학교 화학공학부와 한국외국어대학교 통번역대학원에서 공부했
고, 졸업 후에는 정부 기관과 법무 법인에서 통번역사로 일했다. 글밥아
카데미 수료 후 현재는 바른번역 소속 번역가로 과학과 인문사회 분야의
책을 번역하고 있다. 옮긴 책으로는『플라스틱 없는 삶』,『헤어』,『찻잔
속 물리학』,『블록으로 설명하는 입자물리학』,『익숙한 일상의 낯선 양
자 물리』등이 있으며, 계간지『한국 스켑틱』번역에 참여하고 있다.

편집, 교정_권은희(權恩喜)

스티븐 호킹 : 삶과 물리학을 함께한 우정의 기록
저자 / 레오나르드 믈로디노프
역자 / 하인해
발행처 / 까치글방
발행인 / 박후영
주소 / 서울시 용산구 서빙고로 67, 파크타워 103동 1003호
전화 / 02 · 735 · 8998, 736 · 7768
팩시밀리 / 02 · 723 · 4591
홈페이지 / www.kachibooks.co.kr
전자우편 / kachibooks@gmail.com
등록번호 / 1-528
등록일 / 1977. 8. 5
초판 1쇄 발행일 / 2021. 3. 10

값 / 뒤표지에 쓰여 있음
ISBN 978-89-7291-733-5   03400

스티븐 호킹을 기억하며

1942-2018년

차례

들어가며

나는 올드 케임브리지 한가운데에 자리한 500년 역사의 그레이트 세인트 메리 교회에서 스티븐에게 작별 인사를 했다. 2018년 3월이 었다. 그가 교회 중앙 복도를 지날 때 통로 쪽에 앉아 있던 나는 마지막으로 그를 가까이에서 볼 수 있었다. 나를 포함한 추모객과 스티븐 사이를 가로막은 관은 76년 만에 마침내 물리적 세상의 위험과 도전으로부터 그를 보호하고 있었지만, 나는 다시 그와 같이 있는 듯했다.

스티븐은 죽음이 끝이라고 믿었다. 우리 인간이 만든 건축물, 이론, 자손은 시간의 강을 타고 앞으로 흐른다. 하지만 우리 자신은 결국 멈춘다. 나 역시 같은 생각이었지만, 스티븐의 관이 지날 때에 나무 상자 안에 있던 그는 여전히 우리와 함께인 것만 같았다. 묘한 기분이었다. 머리로는 나의 존재가 앞으로 몇 년 안에 사라질 것처럼 스티븐의 짧았던 삶 또한 지나갔다는 사실을 잘 알고 있었다. 물리학을 연구하면서 나는 우리에게 소중한 모든 것뿐만 아니라 우리가 아는 모든 것은 언젠가 전부 사라진다는 사실을 배웠다. 심지어 지구, 태양, 우리 은하도 빌려온 시간을 살고 있으며 시간이 모두 소진되면 남는 것은 먼지뿐이라는 사실을 잘 알았다. 하지만 가슴으로는 스티븐에게 사랑을 전하며 영원한 미래 동안 행복하게 지내기를 바랐다.

장례식 일정표 표지에 실린 스티븐의 얼굴은 편안해 보였다. 그의 강인함, 고마움을 표현할 때면 짓는 환한 미소, 화날 때에 짓는 찡그린 표정이 떠올랐다. 우리가 같은 곳에 열정을 쏟으며 몰두하던 행복했던 시절이 떠올랐다. 우리가 아름다운 생각들을 이야기할 때와 내가 그에게 새로운 무엇인가를 배웠을 때의 뿌듯했던 순간, 내가 무엇인가를 설득하려고 했지만 그가 끝까지 자신의 생각을 고수한 힘들었던 순간들도 떠올랐다.

스티븐은 불편한 몸으로 물리학계에 돌풍을 일으키고 그 혁명을 기록하며 세계적인 유명인사가 되었다. 하지만 움직이기는커녕 말도 못 하는 사람에게 그것만큼이나 어려운 도전은 누군가와 오랜 우정을 맺고 사랑을 찾는 일이다. 스티븐은 물리학뿐 아니라 다른 사람과의 관계와 사랑이 자신의 자양분이라는 사실을 알았다. 그런 면에서도 그는 사람들의 예상을 뛰어넘는 성공을 거두었다.

추도사를 한 추도객들 중 몇몇은 신을 믿지 않던 스티븐의 장례식이 교회에서 열린 아이러니를 언급했다. 하지만 나는 이해할 수 있었다. 스티븐은 과학 법칙이 자연에서 일어나는 모든 일을 지배한다고 굳게 믿었지만, 가슴 깊이 영적인 사람이었다. 그는 인간의 정신을 믿었다. 인간을 동물과 구분하고 우리 모두를 하나의 개인으로 정의하는 감정적, 도덕적 본질을 누구나 지녔다고 믿었다. 우리의 영혼이 초자연적인 무엇인가가 아니라 뇌의 부산물이라는 믿음은 그의 영적 감정에 아무런 문제가 되지 않았다. 어떻게 그럴수가 있을까? 말하지도 못하고 움직이지도 못하는 스티븐에게 정신은 그가 가진 전부였다.

스티븐은 "고집은 내 가장 큰 자질"이라는 말을 즐겨 했고 나는 반박할 수 없었다. 어떤 결론으로도 이르지 못할 듯해서 누구도 감히 덤비지 못한 생각들을 스티븐만이 좇았던 것 역시 고집 덕분이다. 고집 덕분에 감옥처럼 그를 가둔 마비된 몸 안에서도 영혼이 춤출 수 있었다. 스티븐의 삶은 그를 치료한 모든 의사들의 예상보다 오래 이어졌지만, 2018년 3월 14일 마침내 별이 지고 말았다. 우리 모두는 그에게 작별 인사를 하러 모였다. 가족, 친구, 간호인*, 동료들이 함께했다. 나보다 열세 살 위인 그는 모든 사람들이 수십 년 전부터 곧 세상을 떠날 거라고 말했고, 성인이 된 이후로는 치명적인 폐렴에 주기적으로 시달렸다. 하지만 나는 항상 스티븐이 나보다 오래 살 것만 같았다.

★ ★ ★

내가 스티븐을 개인적으로 알게 된 것은 2003년에 그의 연락을 받

---

* 스티븐은 자신의 간병인을 "간호인"으로 불렀다. 대부분 전문적인 간호사는 아니 었다.

앉을 때였다. 스티븐은 나에게 같이 글을 써보자고 말했다. 휘어진 공간에 관한 나의 저서 『유클리드의 창(*Euclid's Window*)』과 전설적인 물리학자 리처드 파인먼과 나눈 우정을 이야기한 또다른 책 『파인만에게 길을 묻다(*Feynman's Rainbow*)』를 읽었다고 했다. 그러면서 글도 훌륭하고, 내가 자신의 연구를 이해할 수 있는 동료 물리학자라는 사실이 기쁘다고 했다. 나는 무척 놀랐고, 그의 칭찬에 어찌할 바를 몰랐다. 그 몇 년 뒤에 우리는 두 책의 공저자이자 친구가 되었다.

우리가 함께 쓴 첫 책은 『짧고 쉽게 쓴 '시간의 역사'(*A Briefer History of Time*)』이다. 사실 『짧고 쉽게 쓴 '시간의 역사'』는 처음부터 새로 쓴 책은 아니다. 스티븐의 유명한 저서 『시간의 역사(*A Brief History of Time*)』를 각색한 것이다. 스티븐은 원작을 쉽게 풀어 쓰고 싶어했다. 그의 가장 가까운 친구 중 한 명인 캘리포니아 공과대학교(이하 칼텍)의 이론물리학자 킵 손은 내게 물리학을 깊이 알수록 『시간의 역사』를 이해하기가 힘들어진다고 말했다. 스티븐은 이를 달리 표현하여 "모두가 사긴 하지만 읽는 사람은 별로 없는" 책으로 묘사했다.

『짧고 쉽게 쓴 '시간의 역사'』는 2005년에 출간되었다. 당시 나는 칼텍 교수였고, 스티븐은 영국에서 살았지만 매년 2-4주일 동안 칼텍을 방문했다. 우리는 그가 캘리포니아에 머무는 동안 직접 만나고 서로 떨어져 있을 때에는 이메일을 주고받으며 『짧고 쉽게 쓴 '시간의 역사'』를 완성했다. 『호두껍질 속의 우주(*The Universe in a*

스티븐 호킹

Nutshell)』를 비롯한 스티븐의 다른 책들과 마찬가지로 1970년대와 1980년대에 이루어진 스티븐의 연구를 바탕으로 한 책이었으므로 가능한 방식이었다. 『짧고 쉽게 쓴 '시간의 역사'』가 나온 뒤에 우리는 『위대한 설계(The Grand Design)』를 쓰기로 했다. 스티븐의 최신 연구를 이야기할 『위대한 설계』는 그가 대중에게 한 번도 공개하지 않은 새로운 이론과 몇 가지 복잡한 문제도 다룰 계획이어서 아무것도 없는 상태에서 시작해야 했다. 평행 우주, 우주가 무(無)의 상태에서 탄생했다는 생각, 자연법칙들이 생명이 존재할 수 있는 방식으로 미세하게 조정된 것처럼 보인다는 사실을 이야기하고 싶었다. 이 책은 완전히 다른 게임이 될 것이 분명했다. 우리는 더 많이 만나야 했다. 나는 캘리포니아에서 스티븐이 있는 케임브리지를 자주 찾기 시작했고, 책을 마친 2010년까지 계속해서 두 도시를 오갔다.

* * *

스티븐의 연구 대부분은 아인슈타인이 끝내지 못한 무엇인가를 다시 시작하는 방식이었다. 1905년에 아인슈타인은 특수상대성이론 (special theory of relativity)을 발표했다. 당시 스물다섯이던 그의 본업은 특허청 심사관이었고 물리학 연구는 취미였다. 상대성은 거리와 시간의 측정이 관찰자에 따라서 상대적으로 달라지고, 물질은 일종의 에너지이며, 그 무엇도 빛보다 빠르게 이동하지 못한다는 사실을 비롯해서 자연의 온갖 신비한 비밀을 풀었다. 하지만 한 가지 문제가 있었다. 특수상대성은 중력을 직접 다루지는 않았지만, 속도에 한계가 있다는 내용은 힘이 물체에 즉각적으로 전달되어 무한한 속도에 이를 수 있다는 뉴턴의 이론과 모순되었다.

아인슈타인은 이 모순을 치열하게 고민했다. 상대성을 수정해야만 하는가? 뉴턴의 중력 이론을 폐기해야 하는가? 결국 두 이론 모두 필요한 것으로 밝혀졌다. 아인슈타인은 특허청에 사표를 낸 뒤에 베른, 취리히, 프라하, 베를린의 연구소를 오가며 10년 동안 연구했다. 그리고 1915년 마침내 또다른 새 이론인 일반상대성이론(general theory of relativity)을 완성했다. 특수상대성을 대대적으로 개선하여 중력의 영향까지 고려한 이론이었다.

일반상대성과 뉴턴 이론의 여러 차이들 중의 하나는 중력이 즉각적으로 전달될 수 있다는 뉴턴의 법칙이 수정된 것이다. 일반상대성에 따르면 중력은 빛의 파동처럼 파동 형태로 이동하므로 특수상대성에 의한 속도 한계에 따라 빛의 속도로 움직인다. 아이러니하게도 중력 전달에 관한 탁월한 설명은 아인슈타인이 일반상대성을 발전시킨 첫 발판이 되었지만, 일반상대성을 입증하는 실험에서 중력파는 거의 마지막에 발견되었다. 2017년 킵 손은 중력파 실험에 "결정적인 공헌"을 한 공로로 노벨상을 공동 수상했다.

뉴턴은 그가 중력이라고 부르는 힘을 상상하며 행성이 궤도 운동을 하고 물체가 낙하하는 이유를 설명했다. 중력은 물질을 서로 끌어당기게 하므로 물체는 일직선으로 나아가야 하는 "자연스러운 운

스티븐 호킹

동"에서 이탈한다. 아인슈타인은 이는 대강의 그림이며 그 이면에 있는 진실에서는 중력 현상이 전혀 다른 방식으로 설명된다는 사실을 밝혔다.

아인슈타인에 따르면 물질과 에너지는 힘을 통해서 서로를 끌어당기지 않는다. 대신 공간을 휘어지게 하는데 이 같은 공간 휘어짐이 물질이 움직이는 방식과 에너지가 전파되는 방식을 결정한다. 물질은 시공간(space-time)에 영향을 미치고 시공간은 물질에 영향을 미친다. 이 같은 순환 고리가 일반상대성에 관한 계산을 어렵게 만든다. 아인슈타인은 공간 휘어짐을 계산하여 이론을 완성하기 위해서 당시에는 아직 잘 알려지지 않은 비유클리드 기하학을 공부하기에 이르렀다. 이론이 취할 수 있는 여러 형태들을 가정하고 잠정적 이론의 결과를 예측하며 자신의 생각을 스스로 비판하는 수많은 시행착오를 거친 끝에 그는 마침내 10년 만에 일반상대성을 완성했다.

수세기가 지나도록 누구도 뉴턴 이론에서 결점을 발견하지 못한 까닭은 이 이론이 일반적인 상황에서는 훌륭하게 들어맞기 때문이다. 하지만 속도가 매우 빠르거나 물질과 에너지의 밀도가 아주 높아서 중력이 몹시 강한 상황에서는 뉴턴 이론에 더 이상 기댈 수 없다.

오늘날 특수상대성은 다양한 물리학 분야에 응용된다. 그러나 일반상대성이 설명할 수 있는 현상은 제한적이다. 그중 가장 중요한 두 가지는 블랙홀과 우주의 기원이다. 수십 년간 우주의 기원과 블랙홀은 실험으로 입증할 수 없는 너무나 원대한 주제였다. 초기 우주는 너무 먼 과거여서 유의미한 연구가 어려웠고, 블랙홀은 아인슈타인 스스로 그 존재를 부정했다. 그는 블랙홀이 자연에서 실제로 일어나는 현상이 아니라 그저 수학적 호기심의 대상이라고 생각했다. 따라서 그가 1915년 논문을 발표하고 반세기가 지나도록 초기 우주와 블랙홀은 거의 관심을 받지 못했고, 일반상대성은 과학계에서 뒷전으로 밀려났다.

다른 물리학자들의 생각은 스티븐에게 중요하지 않았다. 스티븐이 공저자로 참여하여 그의 첫 번째 글이 된 무척 두꺼운 논문 「시공간의 거대 구조(The Large Scale Structure of Space-Time)」는 공간 휘어짐과 그와 관련한 수학을 다루었다. 나 역시 대학생 시절에 이 논문을 읽었는데 페이지가 계속 넘어갈 만큼 무척 흥미로웠다. 다만 다음 페이지로 넘어가는 속도가 더딜 뿐이었다. 한 페이지를 읽는 데에 한 시간이 넘게 걸릴 때도 있었다.

스티븐을 매료한 블랙홀과 초기 우주의 물리학은 그의 주요 연구 분야가 되었다. 그의 초창기 연구는 다른 많은 사람들에게 커다란 영향을 주었고 별 주목을 받지 못했던 일반상대성이론에 대한 관심을 되살렸다. 이후 상대성과 양자론 간의 상호작용에 관한 그의 발견은 현재 양자 중력(quantum gravity)이라고 불리는 분야의 발판이 되었다.

스티븐은 이 모든 생각과 현상에 삶을 바쳤다. 그 근거를 찾고 새로운 발견을 이어가려는 노력을 멈추지 않았다. 자신이 물리학자로서 첫걸음을 떼었을 적에 고민한 가장 어려운 질문들의 답을 40년의 치열한 연구 끝에 마침내 이해하게 되었다고 믿었을 때에 그는 『위대한 설계』를 쓰기로 결심했다. 우주는 어떻게 시작되었을까? 왜 애초에 우주가 존재하게 되었을까? 물리학 법칙들은 왜 지금의 모습일까? 이 질문들의 답을 설명하는 것이 『위대한 설계』의 목적이었다.

* * *

당신이 열정을 느끼는 어떤 프로젝트를 누군가와 같이하려면 그 사람과 생각이 서로 연결되어야 한다. 운이 좋다면 마음도 연결될 수 있다. 스티븐과 나는 함께 일하며 친구가 되었다. 지식을 나누려고 시작한 만남이 인간 대 인간의 만남으로 발전했다. 나는 그 사실에 무척 놀랐지만 돌이켜보면 당연한 일이었다. 스티븐은 우주의 비밀을 좇을 뿐만 아니라 그 비밀을 공유할 사람을 원했다.

어릴 적에 스티븐은 괴롭힘을 당했다. 한 고등학교 동창은 그를 "몸뚱이가 작은 원숭이"에 빗댔다. 어른이 되어서는 불편한 몸에 갇혔다. 하지만 그는 유머로 괴롭힘에 맞섰고 내면의 힘으로 장애를 이겨냈다. 스티븐을 잘 아는 사람이라면 누구나 그의 강인함과 과학적 비전에 감탄한다. 이 책에서 나는 스티븐과 함께하면서 우리가 친구가 된 과정을 이야기하려고 한다. 그가 물리학자로서뿐만 아니라 한 개인으로서 특별한 이유를 설명하고자 한다. 실제로 그는 어떤 사람이었을까? 병에 어떻게 대처했으며 장애가 그의 생각에 어떤 영향을 미쳤을까? 삶과 과학에 관한 그의 접근법이 특별한 이유는 무엇일까? 영감의 원천과 생각의 기원은 무엇이었을까? 어떤 과학적 성취를 이루었으며 그의 업적이 물리학 전체와 어떻게 맞물릴까? 이론물리학자는 실제로 무엇을 어떻게 그리고 왜 연구할까? 나는 스티븐과 함께 작업하면서 이 모든 질문에 관한 시각이 새로워졌고 전에 내가 품고 있었던 생각 역시 무척 달라졌다. 스티븐과 함께한 순간들과 그의 삶에서 중요한 시기들을 되짚으며 내가 배운 모든 것을 여러분과 나눌 수 있기를 바란다.

1

나는 어떤 일에든 쉽게 감탄하는 편이 아니지만, 2006년 케임브리지에 처음 도착했을 때에는 입을 다물지 못했다. 스티븐을 그린 할리우드 영화는 그의 실제 삶과 크게 달랐지만, 스티븐이 예순네 번째 맞는 여름의 케임브리지는 내가 본 또다른 영화 「해리 포터」의 모습 거의 그대로였다. 케임브리지는 호그와트였다. 도시 외곽은 덜 흥미롭고 역사도 짧을지 모르지만, 돌길과 건물들이 아무렇게나 배치되어 있어서 뉴턴이 지내던 시절의 케임브리지의 모습을 그대로 간직한 "올드 케임브리지"를 나는 좀처럼 멀리 벗어나지 않았다. 대학 건물들 대부분이 그곳에 모여 있고 그 사이로 중세 교회와 묘지가 간간이 자리했다. 수백 년 전에 마을 주민들로부터 학생들을 보호하려고 세운 높은 벽과 좁은 인도, 인도만큼 좁은 벽돌 도로가 마구 뒤섞여 있었다. 축 늘어진 파스타 면이 흩어진 듯한 광경이었다.

르네 데카르트가 직사각형 형태의 도시 계획을 발명하기 수세기 전인 약 800년 전에 케임브리지가 지어졌다는 사실을 떠올리면, 케임브리지의 비(非)계획적이고 불규칙한 배치를 이해할 수 있다. 그렇더라도 "올드 케임브리지"에서 "올드"는 상대적인 표현이다. 케임브리지에는 선사시대부터 사람이 살았다. 지금은 10만이 넘는 사람들이 케임브리지 시에서 살고 있고, 케임브리지 대학교는 준(準)독자적인 31개의 단과대학들로 이루어져 있다.

케임브리지가 아무리 호그와트와 비슷하다고 해도 결정적인 차이가 있었다. 케임브리지에서 이루어진 마법은 진짜였다. 뉴턴이 발을 굴러 그 울림을 듣고 소리의 속도를 잰 뜰, 전기와 자기의 비밀을 발견한 제임스 클러크 맥스웰이 짓고 J. J. 톰슨이 전자를 발견한 실험실, 왓슨과 크릭이 맥주를 마시며 유전학을 이야기한 술집, 원자 구조의 미스터리를 푼 어니스트 러더퍼드가 정교한 실험을 하던 건물 모두가 그곳에 있었다.

이처럼 과학적 전통이 큰 자랑인 케임브리지는 인문학 중심의 옥스퍼드를 "다른 학교"로 여긴다. 스티븐이 속한 학부의 학부장은 나에게 자신도 스티븐처럼 학부는 옥스퍼드에서 보냈다며 옥스퍼드 교수들은 문제를 내는 대신에 과학에 관한 에세이를 써오도록 했다고 말했다. 그도 케임브리지에서 에세이 과제를 내보았지만 어떤 학생도 제출하지 않았다. 과학자 기질을 타고난 케임브리지 학생들이 노벨상을 받는다면 문학 분야는 결코 아닐 것이다.

스티븐이 내가 지낼 숙소를 마련해준 곤빌 & 키스(Gonville & Caius) 단지는 올드 케임브리지에 자리했으며 무려 14세기에 지어졌다. 방문 첫날 나는 그곳에서 스티븐의 사무실까지 걸어가보기로 했다. 고작 20분 거리였지만 해가 따갑게 내리쬐었고 습기로 괴로웠다. 스티븐은 칼텍이 있는 남부 캘리포니아의 겨울에 언제나 감탄했다. 케임브리지의 추운 겨울을 몹시 싫어하던 그는 캘리포니아에 있는 동안에는 폐렴에 거의 걸리지 않았다. 나는 케임브리지의 여름도 그다지 매력적이지 않다는 사실을 깨달았다. 영국인들이 항상 날씨에 대해서 불평하는 데에는 다 이유가 있어서였다.

스티븐의 사무실이 있는 수리과학 센터 단지에 도착했을 때 나는 되도록 빨리 실내로 들어가고 싶었다. 하지만 스티븐의 사무실이 있는 건물은 찾기가 힘들었다. 센터는 7채의 낮은 건물이 포물선 형태로 배치되어 있었다. 벽돌, 금속, 돌로 이루어지고 커다란 창이 달린 건물들은 미래의 일본 사원 같았다. 나는 창들이 좋았고 그 수는 무척 많았다. 수리과학 센터는 여러 건축상을 받았지만 가장 마음에 들었던 부분은 "스티븐 호킹에게 가는 길"이라고 적힌 화살표 표지였다.

스티븐의 사무실 건물 옆에는 더 오래된 아이작뉴턴 연구소가 있다. 스티븐을 조금이라도 아는 사람이라면 뉴턴의 이름을 자주 접하게 된다. 심지어 스티븐과 뉴턴을 비교하는 사람들도 있는데 스티븐이 뉴턴을 별로 좋아하지 않았다는 사실을 떠올리면 아이러니하다. 주변 사람들과 사소한 일로 자주 싸움을 벌였던 뉴턴은 권력을 얻게 되자 그들에게 보복했다. 그는 자신이 이룬 발견의 공로를 누구와도 공유하지 않으려고 했고 심지어 다른 사람들의 아이디어에서 영감을 받았다는 사실도 인정하지 않았다. 유머 감각 또한 전혀 없었다. 그의 조수로 5년 동안 일한 한 친척은 뉴턴이 웃는 모습을 딱 한 번 보았는데 누군가가 그에게 유클리드를 공부해야 할 이유가 무엇인지 물었을 때였다고 했다. 내가 읽은 뉴턴의 전기들은 제목은 제각각이었지만, 대부분 『아이작 뉴턴: 누구 못지않은 후레자식』이라고 지어도 될 정도였다.

뉴턴의 성품에 관한 스티븐의 평가보다 더 중요한 것은 그가 고등학생 시절에 뉴턴의 물리학에 별 흥미를 느끼지 못했다는 사실이다. 과학자를 흥분시키는 것은 발견이다. 누구도 보지 못한 작용을 알게 되거나 누구도 몰랐던 지식을 이해했을 때에 희열에 젖는다. 하지만 수백 년 전에 나온 뉴턴의 법칙은 일상을 설명할 뿐 놀라울 것은 없었다. 고등학교 교사는 추를 흔들고 당구공을 충돌시키면 어떤 일이 일어날지를 뉴턴 법칙으로 설명한다. 스티븐은 재미있는 사람들은 당구를 치고 물리학자는 당구에 관한 공식을 만든다는 교훈을 얻었다. 스티븐이 물리학을 지루해한 것은 당연했다. 그는 오히려 화학을 좋아했다. 화학에서는 이따금 폭발이라도 일어났기 때문이다.

수리과학 센터에서 스티븐의 사무실이 있는 건물에는 응용수학과 이론물리학과(Department of Applied Mathematics and Theoretical Physics)가 자리하고 있는데 사람들은 그 약자인 DAMTP를 맨 뒤의 P를 발음하지 않고 "댐트"로 발음했다. 스티븐 호킹이 속한 댐트는 케임브리지에서 그 어느 학과보다 전 세계적으로 유명한 곳이었다.

스티븐의 사무실이 있는 3층 건물은 계단이 엘리베이터를 따라 나선형으로 휘어져 있었다. 나는 2층으로 걸어 올라갔다. 건물 어느 곳이든 휠체어로 다닐 수 있었다. 스티븐은 휠체어가 다닐 수 없는 건물을 볼 때면 화를 냈다. 그가 칼텍을 좋아한 이유 중의 하나도 휠체어 접근성이었다. 1974년에 그가 1년 동안 방문 교수로 지내기로 했을 때에 대학은 환영의 표시로 캠퍼스 전체를 장애인이 접근하기 쉽도록 개선했다. 미국에서는 1990년이 되어서야 장애인법이 통과되면서 장애인 접근성을 위한 시설이 의무화되었다.

계단을 올라오니 왼쪽에 스티븐의 사무실이 있었다. 문은 닫혀 있었다. 나는 문이 닫힌 까닭을 몰랐지만 곧 알게 될 참이었다. 처음으로 스티븐의 영역에 발을 들인다는 사실에 나는 살짝 긴장이 되었다.

내가 문에 다가가려고 하자 스티븐의 근위병이 나타나서 나를 가로막았다. 그녀의 이름은 주디스였다. 스티븐의 사무실은 건물 모서리에 있었고 주디스의 사무실은 그 옆이었다. 주디스는 나와 스티븐의 문 가운데에 섰다. 무적의 상대였다. 50대인 그녀는 겉모습만큼이나 압도적인 분위기를 풍겼다. 젊었을 적에는 4년 동안 피지에서 미술 치료사로 일하며 정신질환을 앓는 범죄자들을 상대했다. 전기 충격 요법이 일반적이던 당시에 미술 치료는 파격적인 대안이었다. 그녀가 맡은 환자들 가운데 한 명은 아버지의 머리를 벤 자였다. 주디스는 몇 주일 뒤에 그에게 크레파스로 야자수를 그리게 했다. 아버지의 목을 벤 사람을 마음대로 할 수 있다면, 나 정도는

1 *

아무것도 아니었다.

"레오나르드 씨죠?" 주디스가 물었다. 우렁찬 목소리였다. 나는 고개를 끄덕였다. "직접 뵙게 돼서 반가워요." 그녀가 말했다. "몇 분만 기다려주세요. 스티븐 박사님은 소파에 있거든요."

스티븐이 소파에 있다. 무슨 의미지? 나는 낮잠을 잘 때나 영화를 볼 때에 소파에 눕거나 앉는다. 스티븐이 낮잠을 자거나 영화를 보고 있을 것 같지는 않았다. 하지만 무슨 일인지 물어보면 실례일 것 같아서 나는 유명한 과학자가 소파에서 시간을 보내는 동안 기다리는 것은 당연하다는 듯이 고개를 끄덕였다.

주디스와 나는 직접 만난 적은 없었지만 이메일과 전화를 자주 주고받았다. 나는 주디스가 스티븐의 우주에서 중요한 존재라는 사실을 잘 알고 있었다. 스티븐에게 만남을 요청하면 주디스가 스티븐이 시간이 되는지 안 되는지 결정했다. 스티븐에게 전화를 걸면 주디스가 받아 연결해주었다(혹은 연결해주지 않았다). 스티븐에게 편지를 쓰면 스티븐에게 전달해야 할지 또는 직접 읽어줘야 할 만큼 중요한지 판단하는 것도 그녀였다. 내가 듣기로 주디스가 누군가에게 꼼짝도 하지 못한 것은 스티븐이 그가 존경하는 넬슨 만델라를 만나러 남아프리카공화국에 갔을 때뿐이다. 만델라는 당시 아흔가량이었다. 기술과는 영 거리가 먼 만델라는 스티븐의 컴퓨터 목소리를 어색해했고, 몸 상태 역시 좋지 않았다. 기력이 몹시 쇠약했다. 스티븐은 그가 "한물갔다"고 말했지만, 스티븐 역시 몸 상태가 좋지 않아 만델라를 만나지 못할 뻔했다는 사실을 떠올리면 그

　　　　　　　　　　　　　　　　　　스티븐 호킹

의 말은 아이러니하다. 스티븐처럼 만델라를 존경하던 주디스는 남아프리카공화국에 동행했고 스티븐이 결국 일정대로 만델라를 만나기로 했을 때에는 간호인과 함께 스티븐의 차에 올랐다. 그러나 만델라도 자신의 주디스가 있었다. 젤다라는 이름의 간호인은 스티븐과 그의 간호인은 방에 들여보냈지만 주디스는 막았다. 자신이 돌보는 노인을 보러 온 사람이 너무 많다고 판단했는지 주디스를 들여보내지 않기로 한 것이었다. 주디스가 다른 사람들에게 해왔듯이 젤다는 주디스를 가로막았다.

　나의 어머니는 "뜻이 있는 곳에 길이 있다"는 말을 자주 하셨다. 어머니가 즐겨 인용한 많은 명언들 중에서도 특히나 맞는 말이었다. 어떤 보안 시스템이라도 허점이 있기 마련이고 스티븐의 보안 시스템도 다르지 않았다. 스티븐에게는 뒷문이 있었다. 그가 친구들에게 알려준 이메일로 편지를 보내면 주디스를 거치지 않고 직접 대화할 수 있었다. 문제는 답장을 받기가 힘들다는 것이었다. 스티븐과 수십 년 지기 친구인 킵조차 답장을 받을 확률이 절반밖에 되지 않는다고 나에게 털어놓았다. 답장이 없다고 해서 스티븐이 읽지 않았다는 의미는 아니었다. 답장을 받지 못한 이유는 절대 알 수 없었다. 스티븐이 편지를 읽었다면, 답장을 받을지는 그 내용이 보낸 사람에게 얼마나 중요한지가 아니라 스티븐에게 얼마나 중요한지에 달렸다. 1분 동안 여섯 단어밖에 쓰지 못한다면, 답장을 쓸 편지를 깐깐하게 고를 수밖에 없다.

　주디스를 같은 편으로 만드는 것도 도움이 되었다. 스티븐에게 보냈던 이메일을 주디스에게 복사해서 보내면 이메일을 출력해서 스티븐의 방에 들어가 직접 읽어주었다. 스티븐이 답장을 보내려고 하지 않으면 그를 채근해주기도 했다. 스티븐과 이야기할 일이 있어서 주디스에게 전화하면 그녀는 스티븐의 방으로 들어가 책상 위의 스피커폰을 켜주었다. 하지만 스티븐에게 더 중요한 일이 있다고 판단하면 이상한 이유를 대며 지금은 이야기할 수 없다고 말했다. 우리가 몇 분간 사담을 주고받은 후에 주디스의 전화가 울렸고 그녀는 내게 자신의 방에 앉아 기다리라고 말한 다음 스티븐의 방으로 서둘러 갔다. 잠시 후에 방에서 나온 주디스가 내게 다가왔다. 스티븐의 방문이 열려 있었다.

＊ ＊ ＊

주디스가 나를 안으로 안내했다. 그 유명한 휠체어에 앉은 스티븐은 그의 유명한 책상 앞에 있었다. 두 눈은 컴퓨터 화면을 향해 있었다. 예순넷보다 젊어 보이는 얼굴이었다. 파란 버튼다운 셔츠를 입고 있었고 풀려 있는 맨 위 단추 2개 사이로 스토마(stoma)가 보였다. 호흡을 위해서 목 아래에 뚫은 스토마는 진한 핏빛의 10센트짜리 동전 같았다. 깡마른 몸 위로 셔츠와 회색 양복바지가 헐렁했다. 얼굴 근육은 스티븐이 마음대로 움직일 수 있는 유일한 근육이었다. 다른 근육은 약화되어 근력이 없어 자세를 똑바로 유지할 수 없었다. 어깨 사이로 부자연스럽게 내려앉은 머리가 한쪽으로 조금

기울어져 있었다. 텔레비전에서 자주 본 모습인데도 직접 보면 마음이 불편했다. 칼텍에서도 여러 번 보았지만 여전히 익숙하지 않았다. 하지만 스티븐은 하나의 상징이었고 나는 그에게 열광했다. 그런 그가 앞으로 나와 많은 시간을 보낼 것이고 나의 방문을 위해서 일주일 넘게 일정을 완전히 비워주었다는 사실에 어떻게 황송하지 않을 수 있겠는가?

"안녕하세요, 스티븐 박사님." 스티븐은 쳐다보지 않았다. "다시 봬서 반갑습니다. 이렇게 오게 되다니 정말 기쁩니다. 케임브리지는 정말 좋네요!"

그는 여전히 나를 쳐다보지 않았다. 나는 잠시 기다렸다. 머쓱했다. 침묵을 깨기 위해서 나는 다시 입을 뗐다. "책을 시작하려니 무척 기대되네요."

말을 마치자마자 후회가 밀려왔다. 한심하리만큼 상투적이었고 어쨌든 침묵을 채울 수 없는 말이었다. 게다가 엄밀히 따지면 사실도 아니었다. 스티븐이 칼텍에 왔을 때에 우리는 이미 작업을 시작했다. 하지만 어떤 책이 될지 의논만 한 상태였고, 실제로 글로 쓴 것은 아무것도 없었다.

나는 또 어떤 말을 해야 하나 고민했다. 좀더 재치 있는 말을 하고 싶었지만 도무지 떠오르지 않았다. 스티븐이 마침내 볼을 움직이기 시작했다. 스티븐은 볼로 타이핑을 했다. 그의 안경에 달린 센서가 볼의 움직임을 감지하면 마우스를 작동시켜 화면 위 커서로 글자, 단어, 구절을 목록에서 선택하도록 했다. 마치 컴퓨터 게임을

1 *

하는 것 같았다. 나는 그가 나의 바보 같은 말에 대답하려고 타이핑하고 있다고 생각했다. 어색함을 없애줄 무엇인가를 말해줄 것이라고 기대했다. 조금 뒤에 컴퓨터가 소리를 냈다. 그가 한 말은 "바나나"가 전부였다.

당혹스러웠다. 9,600킬로미터 넘게 날아와 엊그저께 도착한 나에게 건넨 첫마디가 '바나나'라니? 누군가가 인사를 건넸는데 과일 이름으로 대답을 하는 것은 무슨 의미인가? 생각에 생각이 꼬리를 물었다. 소파에서 로맨스 소설을 읽던 간호인 샌디가 재빨리 일어났다.

"바나나랑 키워요?" 샌디가 물었다.

스티븐이 눈썹을 치켜올렸다. 그렇다는 뜻이었다.

"차도요?"

또 그렇다는 표정을 지었다.

샌디가 스티븐 뒤에 있는 간이 주방으로 걸어가자 그는 마침내 나를 바라보았다. 우리는 눈을 마주쳤다. 신기하게도 그는 단어 없이 이야기하고 있었다. 따뜻하고 유쾌한 표정이 나를 무장 해제시켰다. 조바심을 냈던 것이 미안했다. 그가 타이핑하기 시작했다. 약 1분 뒤에 내가 고대했던 말이 나왔다. "댐트에 온 걸 환영해요." 그의 컴퓨터 목소리가 말했다.

쉽게 예상할 수 있듯이 우리는 본격적으로 일을 하기 전에 사담을 거의 하지 않았고 나는 그 사실에 개의치 않았다. 바로 작업을 시작할 수 있어서 **진심으로** 기뻤다. 하지만 갑자기 중년 남자가 방으로 들어왔다. 케임브리지 교수인 그는 꽤 유명한 우주론자였다. 얼굴은 알았지만 이름이 떠오르지 않았다. 그는 자신이 누군지 소개하지 않았고 스티븐 역시 우리를 소개해주는 일에 에너지를 낭비하고 싶어하지 않았다. "대니얼에 대해 논의할 게 있습니다." 그가 나는 눈에 보이지 않는 양 스티븐에게 말했다. "잠깐 시간 좀 내주실 수 있나요?"

이런 성가신 상황은 몇 년 동안 계속되었다. 사람들은 우리가 함께 작업하고 있는 중에도 아랑곳하지 않고 방에 들어와서 맥을 끊었다. 모두 똑같은 말이었다. "잠깐이면 돼요." 하지만 "잠깐"이라는 말은 "잠깐이지 않은 시간"을 에둘러 표현한 것이었다. 방에 들어온 스티븐의 동료들은 하나같이 길게 이야기했다. 나는 여간 불편한 것이 아니었지만 스티븐은 아무렇지 않은 듯했다.

스티븐이 알겠다는 표시로 눈썹을 올렸으니 나는 기다려야 했다. 대화는 처음에는 그럭저럭 흥미로웠다. 대니얼이라는 학생에 대한 지원금 지급이 이제 끝났지만 그가 아직 박사 과정을 마치지 못했다는 내용이었다. 성실하고 뛰어난 학생이었다. 대니얼이 박사 과정을 마칠 때까지 지원을 더 할 수 있을까? 일반상대성 학과의 수장인 스티븐은 학생들과 젊은 박사 후 과정 연구생들의 지원금, 출장비를 비롯한 여러 경비의 예산을 결정했다.

몇 분이 흐르자 대화에 흥미를 잃은 나는 방을 둘러보았다. 사무실은 문이 난 벽과 맞은편 벽이 더 긴 직사각형 형태였다. 창이 여럿 달려서 빛이 잘 들어오는 맞은편 벽에서는 미래를 연상시키는

1 *

연구 단지가 한눈에 보였다.

문으로 들어오면 바로 왼쪽에 놓여 있는 스티븐의 책상은 창과 직각을 이루었다. 소파는 오른쪽에 있었고 등받이는 창을 등지고 있었다. 스티븐 뒤로는 싱크대와 전기 주전자가 있는 간이 주방이 있었고 싱크대 위로는 책장이 있었다. 문의 왼쪽과 오른쪽에 있는 칠판에는 학생과 동료들이 휘갈긴 방정식들로 가득했다. 스티븐이 젊었을 적에 이상하리만큼 푹 빠졌던 메릴린 먼로와 그를 함께 합성한 사진도 걸려 있었다.

스티븐의 사무실은 일반적인 교수 집무실보다는 크고 학부장 사무실보다는 조금 작았다. 나는 기업 중역과 할리우드 고위 관계자의 사무실에도 가본 적이 있었는데, 발을 들여놓기도 전에 방의 주인이 세상을 움직이는 거물임을 단번에 알 수 있었다. 하지만 물리학은 돈과는 거리가 먼 분야인 만큼 스티븐의 방은 단출했다. 스티븐이 경제계 유명인사였다면 지금 그의 방은 개인 화장실 크기에 불과했을 것이다.

대화는 마무리되어가고 있었다. 교수는 스티븐이 대니얼에 대한 6,000파운드의 지원을 승인해줄 수 있는지 물었다. 스티븐이 타이핑했다. "3,000." 교수는 감사하다고 말하고는 방에서 나갔다. 이는 흔한 일이었다. 학생들에 대한 애정이 남다른 스티븐은 지원 요청을 항상 받아들였다. 하지만 사람들이 자신을 만만히 보지 않도록 요청한 금액을 언제나 절반으로 낮추었다. 그러나 이런 전략은 별 효과가 없었다. "식은 죽 먹기예요." 주디스가 언젠가 내게 말했다.

"스티븐 박사님이 금액을 반으로 깎을 걸 알기 때문에 모두가 두 배 높여 불러요. 정말 이상한 게임이죠. 이상한 사람들이 하는 이상한 게임이요. 서로를 얕봐서 그러는 건 아니에요."

교수가 면담을 끝내기 한참 전에 샌디는 이미 바나나와 키위, 차를 준비해놓았다. 샌디가 테이블스푼으로 스티븐에게 으깬 과일과 차를 먹이는 동안 나는 소파에 앉아서 또다시 10분을 기다려야 했다. 스푼은 꽤 컸지만 스티븐 입에 음식을 넣기에 안성맞춤이었다. 간호인 중 한 명이 동네 식당에서 발견하고는 가방에 몰래 넣어 훔쳐온 것이었다. 이후 간호인들은 스티븐의 식사 때마다 같은 스푼을 썼다.

스티븐의 유명한 밝은 주황색 가죽 소파는 무척 편했다. 나는 스티븐이 용변을 보아야 할 때면 간호인이 컴퓨터/전기 업무를 돕는 기술자 샘 블랙번과 함께 그를 소파로 옮겨준다는 사실을 나중에 알게 되었다. 그가 소파에 있다는 말은 바로 그 뜻이었다. 그 소파에 앉아 그 사실을 떠올리면 기분이 묘했다.

스티븐이 소파에서 머무는 시간은 꽤 길었다. 소파에 머문 뒤에는 피곤한 기색이 역력했고 곧바로 차를 마시거나 으깬 바나나를 먹거나 방금처럼 두 가지 모두 마시고 먹었다. 방문이 닫혀 있을 때는 대부분 그가 소파에 있을 때였다.

나는 은밀한 일을 해결할 때조차 간호인이 곁에 있는 것이 어떨지 생각해보았다. 그런 상황에서도 누군가가 필요하다는 것이 어떨지 가늠이 되지 않았다. 자신을 다른 사람에게 온전히 맡기는 심정이 궁금했다. 스티븐이 음식을 다 먹어가고 있었다. 바나나 조각과 찻물이 입에서 흘러나와 턱으로 흐르자, 샌디가 냅킨으로 닦아주었다. 자신이 도움을 받아야 한다는 현실을 이미 오래 전에 받아들인 스티븐은 스스로를 안쓰러워하지 않았다. 대신에 자신을 도와줄 사람들을 곁에 둘 수 있다는 사실을 오히려 행운으로 받아들였다.

물리학자는 시간에 따라서 계에 어떤 변화가 일어날지를 연구하지만 삶에서는 어떤 일이 일어날지 예상하지 못한다. 나의 어머니가 자주 하셨던 또다른 말들 가운데 하나는 "내일 일은 절대 알 수 없다"였다. 홀로코스트 생존자인 어머니에게 되돌릴 수 없는 재앙은 언제라도 찾아올 수 있는 일이었다. 스티븐의 삶에서는 어머니의 말이 전혀 다른 메시지를 띠었다. 손에 들어온 패가 아무리 형편 없어도 쓸모가 있기 마련이었다. 그는 어린 나이에 병에 걸렸지만 진행이 느렸기 때문에 삶이 망가지지 않았다. 오히려 점차 풍성해졌다. 나는 기분이 좋지 않은 날이라도 스티븐을 만나고 나면 언제나 영감을 얻었고 고민하던 일은 별것 아닌 일이 되었다.

* * *

스티븐이 칼텍을 방문한 동안 우리는 각 장에 어떤 내용을 담을지 구체적인 '계획'을 구상했다. 『위대한 설계』를 위한 위대한 설계를 짠 것이다. 『시간의 역사』는 인류가 1980년대 초까지 밝힌 우주의 기원과 진화에 관한 사실을 다루면서 우주는 어떻게 시작되었는가라

는 질문의 답을 추적했다. 『위대한 설계』는 자연스럽게 그 후속편
이 될 예정이었고 질문의 답을 업데이트해야 했지만 애초에 우주가
왜 존재하는지도 답할 계획이었다. 우주에 창조주가 필요했을까?
자연의 법칙은 왜 지금의 모습을 띠게 되었을까?

　우리는 책을 계획하는 동안 이 문제들을 설명할 서사의 구조를
짰다. 스티븐의 최신 연구와 그 중요성을 이해하는 데에 필요한 모
든 배경 지식을 하위 주제별로 나누었다. 그런 다음 각자 쓸 내용
을 정했다. 서로 공략해야 할 부분을 장(章)별로 구분했다. 우리의
전략은 각자가 맡은 주제의 초고를 작성하여 이메일로 교환한 다
음 케임브리지나 캘리포니아에서 만나서 각자의 작업을 함께 검토
하는 것이었다. 그다음 각자 수정을 거쳐서 같은 주기를 반복할 예
정이었다.

　스티븐이 보낸 내용 중에서 그가 무슨 말을 하려는지 알 수 없는
부분을 발견하면, 나는 그가 쓴 물리학 논문을 다시 읽어보아야 했
다. 『짧고 쉽게 쓴 '시간의 역사'』를 쓸 때는 스티븐이 나의 의견을
대부분 존중해주었지만, 『위대한 설계』 때는 아무리 사소한 부분이
라도 그냥 넘어가는 법이 없었다. 개미 떼가 잎사귀 조각을 옮겨
길 건너편에 버섯밭을 만들 듯이 속도가 몹시 더뎠다. 나중에는 원
고가 수없이 오가면서 누가 어느 부분을 썼는지도 구분하기 어려운
지경에 이르렀다.

　그날은 원고를 검토하기 위한 첫 만남이었다. 우리는 각자 쓴 내
용을 몇 시간 동안 이야기했다. 영국에서 미국 억양의 컴퓨터 목소

리로 스티븐과 대화를 하니 기분이 이상했다. 영국에서 태어난 그의 목소리는 캔자스 사투리를 구사했다.

건물 밖의 열기가 사무실 안으로도 들어왔다. 나는 이마의 땀을 닦으며 지쳐갔지만 스티븐의 상황은 더 좋지 않았다. 축축한 그의 머리 아래로 구슬땀이 맺혀 있었다. 땀이 얼굴을 타고 서서히 내려오더니 마치 약을 올리듯이 잠시 멈췄다가 다시 떨어졌다. 나는 땀방울이 궤도를 지나면서 일으키는 간지럼을 상상했다. 나라면 곧바로 티슈를 뽑아서 땀을 닦고 가려운 곳을 긁을 수 있다. 하지만 움직일 수 없다면 땀방울이 뉴턴의 궤도를 이동하면서 끊임없이 일으키는 간지럼을 꼼짝없이 참는 물고문을 견디는 수밖에 없다. 샌디는 알아차리지 못한 눈치였다. 이따금 스티븐을 쳐다보기는 했지만 로맨스 소설을 손에서 놓지 않았다.

나는 스티븐의 방에 왜 에어컨이 없는지 묻고 싶었지만, 그가 대답하려면 오랜 시간이 필요하므로 대신 샌디에게 물었다. 나는 샌디의 억세고 빠른 런던 억양 탓에 그녀의 말을 절반밖에 알아듣지 못했다. 요지는 건물 제어 시스템이 그다지 효율적이지 않다는 것이었다. 매일 오후 5시가 되면 자동으로 블라인드를 닫아서 방에 있는 사람들이 원하지 않는 일을 할 뿐만 아니라 온도를 낮추는 것처럼 방에 있는 사람들이 원하는 일도 하지 않았다. 몇 년 뒤에 샘은 몰래 블라인드를 조작해서 제어 시스템과 상관없이 원하는 대로 열고 닫을 수 있도록 했다. 샘은 언제나 해결사였다. 내게 더 중요한 사실은 그가 스티븐의 일정을 항상 파악하고 있다는 것이었다.

스티븐 호킹

하지만 여름 더위는 샘도 어찌하지 못했다.

스티븐은 자신의 방에 사비로라도 에어컨을 설치하겠다고 했지만 학교는 승인하지 않았다. 아무도 방에 에어컨이 없는데 스티븐이라고 해서 예외일 까닭이 있는가? 어째서? 스티븐이 다른 물리학 교수를 모두 합친 것보다 더 많은 관심을 받으며 케임브리지의 명성을 높여서? 오로지 스티븐의 기금 모금 노력 덕분에 수리과학센터를 짓게 되어서? 아니면 그가 전신 마비라서? 학교 당국은 이 모든 이유를 납득하지 못했다. 동료 교수들은 스티븐을 좋아할지 몰라도 학교 운영자들은 호의를 베풀지 않았다. 교수들이 보기에 운영자들은 법적 문제, 예산, 기금 모금에만 신경을 썼고, 운영자들이 보기에 교수들은 연구와 학생만 중요하게 생각했다. 이 같은 상황에서 교수진과 운영진은 갈등을 일으켰다. 나는 스티븐은 예외일 것이라고 생각했지만 그렇지 않았다.

블라인드를 조작했듯이 에어컨도 몰래 설치하면 될 일이었다. 하지만 에어컨은 블라인드 스위치와 달리 숨길 수가 없다. 사실 케임브리지의 이제껏 상황을 보면, 운영진이 무엇인가를 할 수 없거나 설치할 수 없다는 말을 아무리 자주 해도 교수들이 결국 자신이 원하는 대로 무엇인가를 하거나 무엇인가를 설치하면 문제 삼지는 않았다. 그런데도 스티븐은 에어컨 문제를 밀어붙이지 않았다. 다른 사람들이 없다면 그도 없어야 한다는 견해에 동의하는 듯했다.

샌디가 화장실에 다녀오겠다고 말했다. 간호인들은 스티븐을 혼자 두면 안 되기 때문에 샌디는 자리를 비워야 할 때면 주디스에게 말해서 스티븐의 곁에 있도록 했다. 하지만 그날은 내게 임무를 넘겼다. "무슨 일 있으면 주디스를 부르세요." 샌디가 말했다. "잠깐이면 돼요."

나는 다시 스티븐과 대화를 시작했지만 그의 얼굴에 맺힌 땀이 계속 신경이 쓰였다. 스티븐의 턱에 맺힌 땀방울이 커지다가 무게를 이기지 못하고 밑으로 떨어지는 모습을 나도 모르게 계속 바라보고 있었다. '이게 뭐람.' 나는 속으로 생각했다. "제가 이마 좀 닦아드릴까요?" 내가 물었다. 스티븐은 알겠다는 표시로 눈썹을 움직였다. 그는 자신이 움직일 수 있는 몇 안 되는 신체 부위 중의 하나인 눈썹 근육으로 질문에 긍정적인 답을 하거나 고마움을 표시했다. 질문에 부정적인 답을 하거나 불쾌하다는 표현을 하고 싶을 때는 오만상을 찌푸렸다.

나는 티슈 한 장을 뽑아서 조심스럽게 스티븐의 얼굴을 훔쳤다. 스티븐이 눈썹을 올리며 고마워했다. 스티븐이 좋아하므로 나는 한 번 더 닦아야겠다고 생각했다. 나의 손이 다가가자 그의 눈이 조심하라는 신호를 반짝였다. 나는 삶에서 이 같은 순간을 여러 번 마주했지만 신호를 놓치거나 뒤늦게야 알아차릴 때가 많았다. 그때도 마찬가지였다. 나의 손놀림이 너무 빠르고 거칠었다. 스티븐의 머리가 봉제 인형의 팔다리처럼 멋대로 움직이더니 어깨로 기운 다음 가슴 앞에 파묻혔다.

스티븐이 얼굴을 구겼다. 나는 겁에 질렸다. 어쩌지? 스티븐을 만져도 되나? 아니면 어떻게 해야 하지? 손을 뻗어 최대한 조심하며 스티븐의 얼굴을 들어올렸다. 그의 이마와 머리는 더위로 젖어 있었다. 그러고는 손을 뗐다. 스티븐의 머리가 다시 미끄러지기 시작했다. 나는 다시 손을 대서 머리가 움직이지 않게 했다. 나는 일어서서 그의 머리를 잡고 균형을 잡으려고 했다. 스티븐의 안경이 뺨으로 미끄러졌다. 삐 삐 삐 삐. 경보음이 울렸다. 나는 스티븐 호킹을 괴롭히다가 걸리고 말았다.

샌디가 곧바로 돌아왔고 경보음을 들은 주디스가 뒤따랐다. 샌디가 스티븐의 머리를 바로 세워준 다음 안경을 다시 씌웠다. 안경을 제대로 쓰자 알람이 멈췄다. 볼과의 거리를 감지하는 안경 센서는 휠체어 컴퓨터로 신호를 보냈다. 센서의 주요 용도는 스티븐이 입을 움직이면 볼의 근육 변화를 감지해서 그가 타이핑을 하거나 컴퓨터 화면에 나타나는 간단한 명령어를 선택하도록 해주는 것이었다. 또다른 용도는 안경이 볼과 너무 멀어질 때에 경보음을 울리는 것이었다. 주디스는 모든 문제가 해결된 것을 확인하고는 자기 방으로 돌아갔다. 샌디가 스티븐의 이마를 닦으며 말했다. "죄송해요." 스티븐이 얼굴을 찡그렸다. 샌디는 다시 소파로 가서 앉았다.

나는 스티븐이 이마에 땀이 맺혀도 닦지 못하고 가려워도 긁지 못하는 사실이 안타까웠다. 그때만 해도 나는 스티븐에게 안타까운 감정을 자주 느꼈다. 사람들이 아무렇지 않게 하는 일 대부분을 장애 때문에 하지 못한다는 사실이 안타까웠다. 스스로 먹지도 못하고 말하지도 못하며 읽고 싶은 책의 페이지를 넘기지도 못했다. 신체적 욕구조차 스스로 해결할 수 없었다. 뇌에는 수많은 생각과 아이디어가 가득했지만 불편한 몸이 일으키는 병목현상 때문에 마음껏 분출할 수도 없었다. 그러나 이런 안타까움의 감정은 시간이 흐를수록 스티븐의 블랙홀처럼 증발했다.

스티븐 호킹

2

스티븐이 간호인을 여럿 두기 전에는 대학원 조교 몇 명이 그의 집에 머물며 당시 그의 아내인 제인과 함께 그를 돌봤다. 그때는 1970년대였다. 그는 휠체어를 타기는 했지만 근육을 어느 정도 움직일 수 있었고 어눌하기는 해도 말도 할 수 있었다. 조교들은 아침에 스티븐에게 옷을 입히고 아침을 먹인 다음 휠체어를 탄 그와 함께 학교로 출근했다. 출근길에 그가 간단한 물리학 문제를 내면 도착하기 전에 누가 가장 먼저 답을 맞히는지 내기를 하기도 했다.

스티븐과 나는 한 번도 무엇인가의 답을 찾는 내기를 한 적은 없다. 그러나 나 역시 그를 알아가면서 그에게 일상적인 도움이 필요할 때에는 어떻게 대처해야 할지를 알게 되었다. 머리를 다치게 하거나 알람을 작동시키지 않으면서 이마나 입을 훔치는 법을 배웠다. 스티븐에게 도움을 줄 때면 그의 근육이 아직은 괜찮았을 때에는 그가 어떤 삶을 살았을지 궁금했다. 우리는 그때의 이야기를 한두 번 나누었다.

스티븐의 태도는 놀라웠다. 그는 몸이 불편한 여느 사람들과 달리 자신이 장애를 겪는다는 사실을 억울해하지 않았다. 매일 매시간 매분 모든 일이 도전인 그는 나라면 수치스럽고 부끄럽고 고통스러우며 지치고 힘겨웠을 순간을 끊임없이 견디며 역경을 재정의했다. 스티븐이 자신의 신세를 한탄한다고 해도 어느 누구도 그를 비난하지 않았을 것이다. 우리는 항상 별일 아닌 일에도 신세 한탄을 늘어놓지 않는가. 나는 편두통을 견디는 데도 극도의 인내심을 발휘해야 한다. 하지만 스티븐은 모든 도전과 모든 새로운 날을 유머와 긍정적인 자세로 마주했다. 그는 이 같은 태도로 세상에서 자신의 자리를 발견했고 그 사실에 행복해했다.

스티븐의 케임브리지 친구들은 그의 이런 면모를 잘 알았지만 그가 옥스퍼드에 있었을 때는 달랐다. 1959년 아직 건강하던 열일곱 살에 3년 과정의 옥스퍼드 학부에 입학한 스티븐은 자연과학을 공부했고 특히 물리학에 흥미를 느꼈다. 첫 2년은 외로웠다. 우정에서 힘을 얻어야 했지만 누구도 사귀지 못했다. 그러다가 마지막 해에 조정 클럽에 가입했다. 조정팀에서 키잡이가 된 스티븐은 템스 강에서 우정과 모험을 발견했다. 템스 강이 흐르는 옥스퍼드와 캠 강이 흐르는 케임브리지에서 조정은 오랜 전통이다. 조정팀 소속 학생은 인기가 높았다. 스티븐에게 조정팀은 사교 모임이었다.

키잡이는 배의 방향과 속도를 결정했다. 배의 고물에 앉아 직접 조절하기도 했지만 다른 노잡이들에게 소리치며 명령하기도 했다. 그전까지 스티븐은 운동이라면 젬병이었고 다른 이들의 놀림거리였다. 하지만 조정팀에서는 지휘자였다. 몸이 가벼워서 배의 하중을 크게 늘리지 않을뿐더러 목소리는 누구보다 컸으므로 키잡이에 제격이었다.

조정은 재미있었지만 옥스퍼드에서의 생활은 지루했다. 매주 수많은 강의를 듣고 일주일에 한 번은 한 주일 동안의 과제를 검토하는 면담에 참여해야 했다. 그에게 과제는 "터무니없이 쉬웠다." 그는 과제나 학업은 뒷전으로 미루고 클래식 음악을 듣거나 공상과학 소설을 읽으며 많은 시간을 보냈다. 어떤 열망이나 목표, 방향도 없었다. 그리고 여느 학생들과 마찬가지로 술을 많이 마셨다. 그가 물리학을 발견한 것은 케임브리지 석사 과정에 입학해서 시한부 선고를 받고 난 뒤였다.

※ ※ ※

또다시 내가 케임브리지를 방문했을 때였다. 우리는 막 작업을 시작했고 나는 스티븐의 책상 앞에 있는 스탠드에 원고 몇 장을 놓았다. 내가 그날 아침에 쓴 원고를 주디스가 출력해준 것이었다. 우리는 같이 읽기 시작했다. 스티븐은 눈을 의지대로 움직이기가 남들보다 힘들기 때문에 읽는 속도가 더뎠다. 게다가 그는 다 읽은 페이지로 돌아가서 다시 읽는 것이 쉽지 않다는 사실을 알았기 때문에 무척 꼼꼼히 읽었다. 한 장을 다 읽으면 스티븐은 눈썹을 올렸고 그러면 나는 다음 장으로 넘겼다. 그가 마지막 장까지 다 읽은 후에

2 ✳

나는 첫 장을 맨 앞에 놓은 다음 서로 의견을 나누었다.

나는 2년가량 칼텍에서 수리과학이 아닌 과학 글쓰기를 강의하면서 물리학을 글쓰기 과정에 비유했다. 물리학에서는 척도에 따라 다른 이론이 적용된다. 원자와 아원자 척도에서는 양자론을 활용하고 일상의 척도에서는 뉴턴 물리학이 그런대로 "효과적인" 이론이 된다. 한편 중력이 지배하는 우주 척도에서는 일반상대성이 작용한다. 나는 학생들에게 글을 분석하는 방법도 이와 비슷하다고 설명했다. 글에도 단어, 문장, 구문, 장, 책의 척도가 있다. 척도마다 신경을 써야 할 부분과 활용하는 도구가 다르다. 어떤 도구는 큰 그림을 그릴 때에 유용하고 어떤 도구는 구체적인 내용을 분석하는 데에 유용하다.

스티븐이 신체적 한계를 지녔고 대화에 큰 노력이 든다는 사실을 떠올리면, 그가 우리의 집필 작업에서 가장 중요한 핵심과 큰 척도의 문제만 다루었을 것이라고 생각하기 쉽다. 하지만 그렇지 않다. 그에게는 논의할 가치가 없는 사소한 문제란 없었으며 어떤 논의에도 시간을 아끼는 법이 없었다. 한 장에 있는 문장 전부를 의논할 때도 있었다. 그는 삶이 마지막으로 치닫고 있는 것처럼 보일 때에도 절대 서두르지 않았다.

우리가 작업하면서 의견이 맞지 않을 때면 그는 결코 체념하는 법 없이 답을 타이핑했다. 나는 속사포처럼 단어들을 쏟아낼 수 있었고, 그는 많은 시간과 노력을 들여야 한 문장을 겨우 만들 수 있었지만, 백기를 드는 쪽은 항상 나였다. 그는 우리에게 시간이 영원

　　　　　　　　　　　　　　　　스티븐 호킹

한 것처럼 일했다. 나는 종종 마감이 있다는 사실을 스티븐에게 상기시켜야 했다. 스티븐은 개의치 않았다. 마감을 넘기면 출판사는 새 마감일을 줄 터였다. 한번은 스티븐이 책을 마치는 데에 10년이 걸려도 괜찮다고 말했다. 나는 정말 10년이 걸린다면 10주년이 되는 해에 그에게 케이크를 준 뒤 행운을 빌어주고 집으로 가버릴 테니 알아서 책을 끝내라고 맞받아쳤다.

『위대한 설계』 집필 초기 단계 때에 나는 스티븐의 완벽주의에 굴복하는 법을 몰랐다. 그의 사명감은 남달랐다. 하지만 모든 일에 완벽을 추구한 것은 아니었다. 예를 들면 조정팀에 있을 때 스티븐이 키잡이로서 완벽한 조건을 갖췄다고는 해도 그는 뛰어난 키잡이는 아니었다. 그래도 별 신경 쓰지 않았다. 실력은 중요하지 않았다. 그에게 조정은 모험과 우정이지 트로피를 거머쥐기 위한 것이 아니었다. 조정팀 감독은 그가 야망이 없고 정신이 다른 데 팔려 있다고 생각했다. 감독은 그가 통과할 수 없는 좁은 틈을 무모하게 파고들려고 할 때마다 나무랐다. 하지만 스티븐에게 중요한 것은 무모할 수 있는 기회였다. 무모하지 않다면 무엇 하러 조정을 하겠는가?

감독과 스티븐은 다른 이유에서도 충돌했다. 스티븐이 키잡이인 시합은 성적이 좋지 않았을 뿐만 아니라 경주가 끝나고 나면 노와 배가 온통 망가져 있었다. 다른 배와 정면으로 충돌한 적도 있었다. 스티븐은 그 사실을 오히려 자랑스러워하는 듯했다. 아직 소년이던 스티븐은 자신이 몰던 배와 달리 상처를 감내할 수 있었다. 스무 살도 되지 않은 그는 건강한 신체를 당연하게 누렸으며 감사해야 할 일이라고 전혀 생각하지 않았다. 젊은 사람들뿐만 아니라 나이가 지긋한 대부분의 사람들이 그러하듯이, 그는 자신의 건강, 힘, 지적 능력, 에너지가 영원할 것이라고 생각했다.

＊＊＊

물리학에서 이론은 진실일 수도 있고 아닐 수도 있다. 물리학에서 모든 "진실"은 잠정적이므로 철학자들은 물리학자들이 이론이라는 단어를 함부로 사용한다고 말할지도 모른다. 이제까지 완벽했던 이론이 또다른 실험에서 잘못된 이론으로 판명되지 않으리라고 보장할 수 없다. 하지만 "이론이 진실일 수도 있고 아닐 수도 있다"는 것은 최소한 기초물리학에서는 "거의 진실"이라는 개념이 없다는 뜻이다. 어떤 이론이 단 하나의 시험에서 조금이라도 옳지 않다고 밝혀지면 우리는 그 이론이 반증되었다고 말한다. 그렇다면 그 이론은 자연의 진실한 법칙이 아니다.

그러나 거짓으로 판명된 이론이라도 유용할 수 있다. 물체 사이의 거리가 멀거나 척도가 작거나 속도가 느리거나 중력이 약한 특수한 상황에서는 진실이 되기도 하기 때문이다. 이 같은 유효 이론 또는 근사 이론은 고체물리학, 양자 계산, 천체물리학 같은 여러 분야들에서 유용하다. 하지만 어떤 이론이 잘못된 예측을 하고 그 차이가 수학적으로 아무리 미미하더라도 근본적인 법칙을 찾는 학자들은 그 차이를 간과해서는 안 된다.*

스티븐 호킹

기초물리학을 연구하는 사람들의 목표는 어떤 예외도 없는 이론을 찾는 것이다. 하지만 이제까지 근본적인 이론이라고 여겨졌던 이론에서 결함이 발견되더라도 이론가들은 애통해하기는커녕 오히려 기뻐한다. 우리 물리학자들은 기존 이론이 설명한 모든 것을 설명할 뿐만 아니라 기존 이론이 통과하지 못한 실험을 통과할 새 이론을 고대한다. 새 이론은 기존 이론을 수정한 형태일 수 있다. 1998년에 중성미자(neutrino)가 질량을 가진다는 사실이 발견되면서 기본 입자 이론에 관한 표준모형(standard model)이 수정되었듯이 말이다. 또는 운동과 중력에 관한 뉴턴의 법칙들이 양자물리학과 일반상대성으로 대체된 것처럼, 완전히 새로운 이론이 나타날 수도 있다.

　이론들이 발전을 거듭하며 이루는 행진의 끝은 이른바 만물의 이론(theory of everything)이다. 그러나 만물의 이론이 실제로 존재하는지, 존재한다면 어떤 모습일지는 아직 아무도 모른다. 아인슈타인이 말년에 추구했던 목표도 모든 것을 설명하는 이론을 세우는 것이었다. 그는 이를 통일장 이론이라고 불렀다. 누군가가 마술사처럼 중절모에서 만물의 이론을 꺼내 보일 수 있었다면, 그가 바로 아인슈타인이었을 것이라고 생각하기 쉽다. 하지만 그는 생애 마지막 십수 년 동안에 주류 물리학과 멀어졌다. 그는 어느 글에서 다음과 같이 밝혔다. "지금 세대가 내 안에서 목격하는 것은 너무 오래

---

* 이 같은 차이가 실험 오류의 문제이거나 예측을 이끄는 데에 활용한 근사법의 결함으로 일어났다고 단정해서는 안 된다.

산 이단자와 반동분자이다."

아인슈타인은 주류 물리학과 멀어지는 상황에 개의치 않았다. 그는 여태껏 엄청난 명성을 쌓았으므로 노년에는 별난 시도를 할 권리가 있다고 생각했다. 그리고 사실상 모든 사람의 충고를 무시하고 원하는 대로 했다. 스티븐처럼 아인슈타인도 고집스러웠다. 그리고 잘 알려졌다시피 1955년 아인슈타인이 세상을 떠나고 몇십 년 뒤에 만물의 이론 탐색은 하나의 유행이 되었다.

만물의 이론에 관한 대부분의 논의는 물리학자들이 19세기 후반에 자신들이 이미 모든 물리학 현상을 일관적으로 설명했다고 믿은 사실을 간과한다. 이 같은 믿음은 제임스 클러크 맥스웰이 전자기 힘에 관한 이론을 세우면서 시작되었다. 뉴턴의 중력 법칙과 더불어 맥스웰의 이론은 당시 알려진 자연의 모든 힘들을 설명했다. 물리학자들은 사물에 힘을 가하면 어떻게 움직이는지 규명하는 뉴턴의 운동 법칙들까지 더하면 우주의 모든 현상을 충분히 설명할 수 있다고 믿었다. 하지만 이는 원칙에 불과했다. 어떤 이론을 적용하려면 관심의 대상이 되는 현상을 설명할 방정식들을 풀어야 했다.

이것은 무척 중요한 문제이다. 방정식들의 답이 없다면 이론은 그저 원칙과 방법론의 틀일 뿐이다. 어떤 물리학적 계(전자와 핵으로 이루어진 원자나 태양계 등)가 있다면, 이론은 계의 성질이 시간에 따라서 어떻게 변하는지(원자의 복사량이나 행성의 궤도 운동 등)를 답하는 방정식들을 제공할 것이다. 하지만 대개의 경우 이런 방정식들을 풀 수 없기 때문에 이론물리학의 결과들 대부분이 적절한 근사법에 의존한다. 이런 점에서 물리학은 과학이면서 예술이다.

19세기 말 물리학자들은 자신감이 하늘을 찔렀다. 1900년 4월 당시 가장 유명한 과학자 중의 한 명이던 켈빈 경은 한 연설에서 맑은 파란 하늘에 구름 두 점만 없애면 "물리학자들의 임무"가 완수될 것이라고 선언했다. 두 구름 중 하나는 미국의 물리학자 앨버트 마이컬슨과 에드워드 몰리가 실험한 빛의 속도였고, 다른 하나는 흑체 복사(blackbody radiation) 현상이었다. 켈빈은 두 문제를 기존 사고의 틀로 조만간 모두 설명될 작은 변수로 생각했다. 하지만 물리학자들이 마주한 것은 파란 하늘의 작은 구름이 아니라 거대한 빙산의 일각이었다.

마이컬슨-몰리 실험은 1905년에 아인슈타인이 특수상대성이론을 제시하고 나서야 규명되었다. 흑체 복사는 수많은 저명한 물리학자들이 1900년부터 1925년에 걸쳐 양자론을 세운 후에야 설명되었다. 두 새로운 이론은 켈빈 시대뿐만 아니라 이전 수세기 동안 물리학을 떠받들던 뉴턴의 운동 법칙이라는 배를 침몰시켰다. 이후 누구도 뉴턴의 운동 법칙을 근본적인 진실로 여기지 않게 되었다.

켈빈은 두 가지 이상 현상을 과소평가하는 데에 그치지 않았다. 그는 세 번째 현상도 놓쳤다. 19세기 중반 수성이 뉴턴의 중력 법칙이 예측하는 궤도를 미세하게 벗어난다는 사실이 밝혀졌다. 오차는 미미했지만 분명했고 이는 법칙에 오류가 있다는 의미였다. 이 미세한 오차는 물리학의 세 번째 혁명을 예고했다. 바로 1915년 아인슈타인의 일반상대성이론이다.

뉴턴의 운동 법칙과 중력 법칙은 특수상대성, 일반상대성, 양자론으로 대체되었다. 맥스웰의 전자기 이론은 격동의 시대에서 살아남았다. 특수상대성과 양자론의 맥락에 맞게 어느 정도 수정되기는 했어도 현재까지 건재하다. 여기에서 얻을 수 있는 교훈은 언젠가 별문제 없이 설명되리라고 여겨졌던 사소한 이상 현상이나 오차가 이론의 불완전성을 암시하는 신호가 되기도 한다는 사실이다.*

스티븐의 건강도 마찬가지였다. 스티븐은 옥스퍼드에서의 마지막 해에 몸의 움직임에 문제가 있다는 사실을 깨달았다. 자세가 자꾸 흐트러졌고 말도 자주 더듬었다. 뻐딱한 자세와 어눌한 말투는 사소한 문제처럼 보였지만, 심각한 질병을 암시하는 빙산의 일각이었다. 그는 건강한 10대처럼 보였지만 실제로는 건강하지 않았다. 병이 신호를 보내고 있었다.

켈빈 경과 달리 스티븐은 빙산의 일각을 그냥 지나치지 않았다. 무엇인가가 단단히 잘못되었음을 감지한 그는 학교 병원을 찾았다. 스티븐을 검사한 의사는 "맥주 금지" 처방을 주고 그를 돌려보냈다.

* * *

---

* 암흑 에너지와 암흑물질은 현재의 물리학이 설명하지 못하는 이상 현상이다. 두 현상이 현재의 이론 틀에서 설명될 것인가 아니면 이론 틀이 수정되어야 할 것인가 아니면 완전히 새로운 접근법이 필요할 것인가? 누구도 알지 못한다.

늦은 오후였다. 스티븐의 간호인 중 한 명인 캐럴이 스티븐에게 으깬 바나나와 커피를 떠주고 있었다. 스티븐은 낯빛이 창백했고 눈을 계속 깜박였다. 보통 우리는 7시가 넘어서까지 작업을 진행했지만 그날 스티븐의 눈 움직임으로 그가 무척 피곤하다는 사실을 알 수 있었다. 캐럴은 스티븐에게 커피와 과일을 다 먹여주고 자기가 마실 커피를 끓이러 전기 주전자가 있는 곳으로 갔다. 인스턴트 커피였는데도 향이 방을 가득 채웠다.

우리는 책을 작업할 때에 장(章)의 순서는 신경 쓰지 않았다. 뒷부분을 작업하다가 앞부분에 수정해야 할 내용이 생기기도 하고, 새로운 아이디어가 떠오르면 이미 끝낸 장을 다시 쓰기도 했다. 그날 스티븐은 갑자기 첫 장 "법칙의 지배"로 돌아가서 수정하자고 말했다. 그는 신화로 이야기를 시작하고 싶어했다. 과거 사람들이 왜 스스로 이해하지 못한 자연 현상을 신화를 통해서 설명하려고 했고, 어떻게 그런 설명이 틀렸다는 것을 깨달았는지 밝히고자 했다. 우리는 한 시간가량 인터넷으로 검색을 해보았지만 적당한 예를 찾지 못했다.

우리는 신화는 우선 "미정"으로 하고 장의 나머지 부분에 대한 아이디어를 좀더 다듬기로 했다. "미정"이란 "레오나르드가 알아서 할 것"이라는 뜻이었으므로, 내가 다음날까지 할 일이 많아졌다는 의미였다. 나는 스티븐에게 오늘은 조금 일찍 작업을 마치고 쉬는 것이 어떻겠느냐고 물었다. 그러면 나는 근처 술집으로 가서 자료를 검색할 계획이었다. 스티븐이 대답하기 전에 또다른 간호인인 마거릿이 들어왔다. 마거릿은 그날 휴일이었지만 종종 그랬듯이 지나가는 길에 인사차 들렀다. 마거릿이 방에 들어오면서 나는 스티븐의 대답을 들을 수 없었다. 마거릿은 자신이 우리를 방해한다는 생각을 전혀 하지 않았다.

붉은빛을 띠는 금발에 호리호리하고 매력적인 이십 대인 마거릿이 자신의 누드 자화상을 스티븐에게 선물한 일화는 유명했다. 그녀는 나중에 휠체어를 밀다가 휠체어가 출입문에 부딪혀서 스티븐의 다리가 부러졌을 때에야 결국 간호인 일을 그만두었다. 스티븐은 자신이 가르치는 학생의 엉뚱한 생각에 놀라운 인내심을 발휘하듯이(항상 그런 것은 아니지만), 마거릿을 책망하지 않았다. 그래도 마거릿은 떠났다. 몇 년 뒤에 내가 마거릿의 이름을 언급하자 스티븐은 "보고 싶군요"라고 말했다.

마거릿은 내게 날씨가 좋으니 뭔가 신나는 일을 찾아보라고 말했다. 내가 안 그래도 오늘은 작업을 조금 일찍 끝낼 생각이라고 말하자 그렇다면 관광을 해야 한다고 답했다. 그러더니 "캠 강에서 펀트"를 타는 것이 어떻겠느냐고 물었다. 펀트는 길이가 약 6미터이고 너비는 90센티미터인 직사각형의 납작한 배로 뒤쪽에 작은 단이 있고 앞쪽은 수면보다 약간 올라와 있다. '펀터'가 배의 뒤편 단에 서서 긴 삿대로 강바닥을 짚어가며 배를 앞으로 밀고 승객들은 담요를 깐 바닥에 앉아 등받이에 등을 기댄다. 마거릿은 자신이 펀터가 되겠다고 했다.

스티븐의 얼굴이 갑자기 빛났다. 그러고는 눈썹을 올렸다. 그도

　　　　　　　　　　　　　　　　스티븐 호킹

같이 가고 싶어했다.

나는 놀랐다. 그때 나는 스티븐이 옥스퍼드 재학 시절에 조정을 했다는 사실을 몰랐지만, 그는 강 위에 있는 것을 무척 좋아했다. 하지만 나는 펀트에 대해서 읽은 적이 있으므로 스티븐에게 이 배를 타는 것이 얼마나 위험할지 쉽게 짐작할 수 있었다. 펀터가 균형을 잃고 넘어지면 배가 흔들리다가 뒤집힐 수도 있다. 승객들은 펀트끼리 부딪히면 강물에 빠졌고 배에 올라타거나 배에서 내릴 때에 균형을 잃기도 했다.

건강한 사람이라면 창피하고 부끄럽고 옷이 젖는 것 말고는 크게 위험하지 않았다. 하지만 스티븐에게는 치명적일 수 있었다. 근육을 마음대로 움직이지 못하면 여러 부작용이 나타나는데 그중 하나는 뼈가 약해지는 것이다. 뼈가 원래의 목적인 밀고 당기는 운동을 전혀 하지 않아 강화될 기회가 없기 때문이다. 마거릿이 밀던 휠체어가 출입문에 부딪쳤을 때에 스티븐의 다리가 부러진 것도 같은 이유에서였다. 그러므로 펀트 선착장에 가야 할 때처럼 그를 데리고 긴 거리를 이동하는 행동은 되도록 하지 않아야 했다.

컴퓨터가 없으면 스티븐과 소통할 수 없으므로 그가 원하는 것을 알 방법이 없다는 사실 역시 중요했다. 가령 목에 있는 스토마가 막히면 숨을 제대로 쉬지 못하게 되므로 관을 비워줘야 하는데 컴퓨터 목소리가 없다면 관을 비워달라고 요청할 수 없었다. 우리 중 하나가 배에 오르다가 미끄러질 수도 있었다. 최악의 시나리오는 스티븐이 강에 빠지는 것이었다. 그렇다면 그를 도저히 구할 수 없다. 스티븐은 이 모든 사실에 개의치 않았다. 나중에 스티븐을 더 잘 알게 된 후에야 나는 그가 그런 위험 때문에 펀트를 더욱 좋아했을 것이라는 사실을 깨달았다. 그는 위험과 마주할 때마다 자신이 살아 있다는 느낌을 받는 것 같았다. 물리학에서와 마찬가지로 그는 삶에서도 기회를 좇았다.

약 30분 후 스티븐의 승합차가 강으로 이어지는 긴 돌계단 꼭대기에 멈췄다. 휠체어 리프트가 스티븐이 탄 전동휠체어를 길에 내려놓자 캐럴은 커다란 까만 가방과 스티븐에게 필요한 의료기구들을 담은 작은 은색 가방을 꺼냈다. 마거릿은 어디에서 구했는지 펀트 소풍에 걸맞는 프랑스산 샴페인 한 병과 딸기를 챙겨왔다.

캐럴과 마거릿이 스티븐을 휠체어에서 들어올렸다.

"제가 안을게요." 내가 말했다.

나는 어쨌든 캐럴과 마거릿보다 몸집이 두 배는 컸고 우리는 울퉁불퉁한 긴 계단을 한참 내려가야 했다. 나는 후에 종종 스티븐을 안아서 옮겼지만, 그때 캐럴은 키득거리며 내게 맡기면 위험할 거라며 손사래를 쳤다. 그러더니 마거릿과 함께 스티븐의 축 늘어진 몸을 양쪽에서 잡고서 계단을 내려갔고, 나는 의료장비와 캐럴의 분홍 가방을 들고 뒤따랐다.

캐럴과 마거릿 누구도 스티븐의 머리를 받치지 않아 둘이 걸을 때마다 그의 머리가 아무렇게나 흔들렸다. 그때 나는 스티븐을 돌보는 일은 과학이 아니라는 사실을 깨달았다. 그의 머리를 건드렸다가 경보음이 울려 공포에 질리고 스티븐이 짜증을 냈던 때가 떠올랐다. 지금은 그의 머리가 시계추처럼 흔들리는데도 모두가 웃고 있었다. 나는 그 광경을 보면서 스티븐이 목이 아프지는 않을까 궁금했다. 스티븐의 얼굴이 조금이라도 찌푸려져 있는지 살폈지만 전혀 아니었다. 물론 나는 한참 뒤에 있었고 그의 머리가 움직이고 있었으므로 확신하기는 힘들다. 나는 뭔가 도와줄 일이 있는지 스티븐에게 물어야 하는 것은 아닌지 생각했지만, 마거릿과 캐럴은 스티븐이 신뢰하는 간호인들이었다. 몇 년이나 스티븐과 함께했다. 나는 그냥 입을 다물기로 했다. 그들은 그들의 일을 하고 나는 분홍 가방을 드는 나의 일을 하는 편이 나았다.

캠은 케임브리지를 관통하는 가장 큰 강이다. 작은 배와 조정용 배만 다닐 수 있는 얕은 물길을 따라 짙은 초록과 유서 깊은 대학 건물들이 줄지어 서 있다. 31개의 케임브리지 단과대학들 중 8개가 강을 등지고 있어서 웅장한 건물과 마당이 펀트 승객들에게 장관을 선사한다. 무척 신나지만 안락한 경험은 아니다. 바닥 시트는 두께가 몇 센티미터밖에 되지 않아 딱딱했다.

우선 간호인들이 스티븐을 들고 배에 올랐다. 캐럴이 고물 역할을 하는 단 맞은편에서 뱃머리에 등을 기대고 다리를 꼬아 앉았다. 그러고는 자신의 위로 거의 눕다시피 앉은 스티븐을 안았다.

스티븐이 말을 못 한다고 해서 가만히만 있었던 것은 아니다. 스티븐은 수동적이지 않았다. 눈을 좌우로 움직이며 어느 쪽으로 가고 싶은지 지시했다. 얼굴을 찌푸리면 자세가 불편하다는 뜻이었고 눈썹을 올리며 웃으면 괜찮다는 뜻이었다. 나는 마침내 그가 편한 자세를 찾은 후 배에 올랐지만 바닥이 흔들리면서 균형을 잃었다. 그 짧은 순간 동안에 나는 내가 스티븐 위로 넘어질까봐 공포에 질렸지만 얼른 무릎을 굽혀 균형을 잡았다. 내가 비틀거리자 스티븐은 한껏 웃었다. 그는 나보다 편해 보였다. 나는 멋쩍었고 비슷한 상황은 이후에도 몇 번이고 일어났다. 이런저런 이유로 스티븐을 걱정했지만 그는 아무렇지 않아하거나 때로는 나보다 훨씬 잘 대처했다.

배가 앞으로 나아갔다. 마거릿이 삿대로 배를 움직이고 내가 스티븐에게 딸기와 샴페인을 조금씩 먹이는 동안 캐럴이 스티븐의 머리를 왼쪽으로 돌렸다가 오른쪽으로 돌리면서 경치를 감상하도록 했다.

* * *

스티븐이 대학생이던 시절에는 옥스퍼드 생활이 그다지 힘들지 않았다. 그는 내게 하루 한 시간 정도만 공부하는 것이 보통이었다고 말했다. 그는 웃으면서 말했지만 나는 몹시 놀랐다. 가장 명석할 뿐 아니라 엄청난 특권을 누리는 옥스퍼드 학생들은 시간과 학교의 자원을 낭비했다. 그들은 노력을 많이 한다는 것은 똑똑하지 않다는 뜻으로 받아들였다. 나 역시 좋은 학교를 다녔다. 우리는 파티도 많았지만 공부도 그만큼 열심이었다. 우리는 아주 오랜 시간을 책상에 앉아 있어야 했다.

스티븐 호킹

스티븐에게 빈둥거림은 어떤 것에도 열정을 느끼지 못해서 일어나는 자연스러운 반응이었다. 그는 졸업 후에 공무원이 될 생각까지도 했다. 당시 공공기관 건물을 관리하는 영국 건설부에 취직하려고 면접도 보았다. 하원 서기가 어떤 일을 하는지도 전혀 모르면서 하원 서기직에도 지원했다. 부족한 열정 탓에 다행히 일자리를 얻지는 못했다. 공무원 시험 날짜를 깜박했기 때문이다.

스티븐은 스무 살에 옥스퍼드를 졸업하고 1962년 가을 물리학 박사 학위를 받기 위해서 케임브리지에 입학했다. 첫 학기는 녹록치 않았다. 여유롭던 학부생 시절은 지나간 과거였다. 대학원에서는 몇 달 내내 소파에 종일 누워 있다가 저녁 먹기 전에 한 시간 동안 몰아서 공부를 하는 것은 불가능했다. 게다가 옥스퍼드에서 제대로 공부하지 않은 탓에 케임브리지 수업을 따라가기가 힘들었다. 스티븐이 첫해 크리스마스를 보내려고 집으로 돌아왔을 때는 낙제 직전이었다.

스티븐의 방황에 그의 어머니는 분명 놀랐을 것이다. 그의 몸 상태도 마찬가지였다. 몸놀림이 더더욱 불편해 보였다. 어머니는 아들을 가족 주치의에게 데려갔다. 주치의는 전문의에게 가보라고 했다. 전문의는 큰 병원에 가서 검사를 받아보라고 했다. 가족은 1인실을 예약했지만 스티븐은 자신의 "사회주의 원칙"에 따라서 거부했다. 2주일 동안 의사들은 그의 팔에서 근육 샘플을 채취하고, 전기충격 요법을 실시하고, 방사성 액체를 주사하고, 갖가지 검사를 했다. 하지만 옥스퍼드의 의사와 마찬가지로 확실한 결론을 내리지 못한 채 그를 집으로 돌려보냈다. 그들이 한 말이라고는 "다발경화증"은 아니라는 것이 전부였고, 다시 케임브리지로 돌아가서 공부를 계속하라고 했다.

케임브리지에서 스티븐의 증상은 계속 악화되었다. 스티븐은 자신이 죽어가고 있다는 생각에 공부에 집중할 수 없었다. 마침내 의사들은 그의 검사 결과를 모두 검토한 끝에 운동 신경이 서서히 퇴행하는 근위축성 측삭 경화증(ALS)이라는 진단을 내렸다.

"마치 비극의 주인공이 된 듯한 기분이었죠." 스티븐이 진단 결과를 들었을 때를 떠올리며 말했다. 1963년 초로 그는 막 스물한 살이 되었다.

벽 아래에 생긴 곰팡이가 점차 퍼져 벽 전체를 덮듯이, ALS는 사지 끝부터 서서히 진행되다가 몸 전체로 퍼진다. 뇌에서 척수로 이어지고 척수에서 몸 전체 근육에 이르는 운동 신경을 덮친다. 운동 신경이 죽으면 뇌는 더 이상 근육을 제어하지 못한다. ALS는 수의근(隨意筋)에만 영향을 미친다.

스티븐은 병이 다리에서 시작해서 위로 진행되었다. 허벅지를 마음대로 움직이지 못하게 되자 더 이상 서 있을 수 없었다. 몸통 근육을 제어하지 못하게 되자 무엇인가에 의지하지 않고는 똑바로 앉을 수 없었다. 가슴까지 병이 퍼졌을 때는 숨쉬기가 어려웠다. 1985년 40대가 되고 병에 걸린 지는 20년이 지났을 때에는 기관절개술을 받아 스토마를 삽입하면서 목소리를 잃었다. 그의 마음은 여전히 완벽하게 작동했지만 마음을 전달할 몸은 기능을 잃어갔다.

스티븐 호킹

ALS 환자는 일반적으로 진단 이후 2-5년 사이에 수명을 다한다. 20명 중 1명꼴로 20년 이상을 산다. 스티븐은 50년을 살았다. 하지만 처음 이 병을 진단한 의사는 그에게 여명이 몇 년 남지 않았다고 말했다. 스티븐은 자신이 얼마 지나지 않아 숨을 쉬지 못해서 죽을 거라고 생각했다.

죽음이 눈앞에 있다고 생각한 스티븐은 불치병에 걸린 여느 환자들처럼 슬픔의 단계들을 거쳤다. 그러다가 결국 심한 우울증을 앓았다. 어두컴컴한 방 안에 처박혀 바그너만 크게 틀어놓았다. 어릴 적 집에서 레코드플레이어로 볼륨을 한껏 올려 바그너를 듣던 그의 부모님처럼 말이다.

스티븐은 어느 순간부터 죽는 꿈을 꾸기 시작했다. 처형당하는 꿈을 꾸기도 했지만 다른 사람들의 목숨을 구하다가 희생당하는 꿈을 몇 번이고 꾸었다. 그는 꿈들이 어떤 의미인지 생각했다. 시한부 선고를 받은 상황에서 남은 시간을 어떻게 보내야 할지 고민했다. 남은 몇 년 혹은 몇 개월을 어떻게 해야 의미 있게 보낼 수 있을까? 무엇인가에 열정을 느낄 수 있을까?

별것 아닌 것처럼 보였던 문제가 실제로는 큰 문제일 수 있듯이, 불행인 듯이 보였던 일이 행운이 되는 역설이 인생에서 펼쳐지고는 한다. 물리학에서도 마찬가지이다. 빙산은 뉴턴 과학이라는 배를 침몰시켰지만 결국 인류를 새로운 물리학으로 인도했다. 스티븐은 자신 역시 병 덕분에 새로운 무엇인가를 찾게 되었다고 말했다.

"우리 모두는 자신이 죽는다는 사실을 알아요. 대부분의 사람들에게 이는 추상적인 생각이죠. 나에겐 그렇지 않아요." 스티븐이 말했다. 그에게는 남은 모든 날이 소중했다.

펀트 소풍 동안에 나는 그 사실을 알 수 있었다. 우리 대부분은 삶을 살아가는 데에 어떤 조바심도 느끼지 않는다. 사회 규범은 우리에게 명예, 돈, 물질적 소유를 좇으라고 말한다. 우리는 입고 있는 옷이 남들에게 어떻게 보일지, 자동차를 세차할 때가 되었는지, 휴대전화를 최신 모델로 바꿔야 하는지 걱정한다. 실제로는 전혀 중요하지 않은 일들로 시간을 채운다. 죽음까지 얼마 남지 않았다는 믿음은 스티븐의 남은 삶을 풍성하게 만들었다. 그는 다른 이들이 당연하게 여기는 것들에 집중했다. 열정을 발견한 연구뿐만 아니라 주변 사람들과 자연 세계를 소중히 여기게 되었다. 스티븐이 강을 바라보는 동안 나는 그의 눈에서 강이 그에게 얼마나 중요한지를 읽을 수 있었다. 강은 그를 깊이 흔드는 듯했다. 그가 밤하늘 별을 볼 때도 그랬다. 자신이 언제라도 죽을 수 있다고 생각한 스티븐은 삶의 매순간 아름다움을 인식했다.

스티븐은 병을 진단받고 약 1년 동안 격렬한 감정의 소용돌이를 겪고 나서 자신의 운명을 정면으로 마주했다. 그가 할 수 없는 신체적 활동이 점차 늘어나면서 그가 할 수 있는 정신적 활동이 더욱 소중해졌다. 몸이 망가지듯이 영혼도 망가트릴지 아니면 여전히 기능하는 마음의 세계를 탐험할지 결정해야 했다. 비슷한 상황에서 신을 찾는 사람들도 있지만 스티븐은 물리학을 찾았다. 그는 박사 과정을 마치기로 결심했다. 자신이 연구를 좋아한다는 사실에 스스

스티븐 호킹

로도 놀랐다.

고대 철학자와 현대 심리학자 모두 행복은 내면에서부터 나온다고 강조한다. 어떤 소유물도 없이 동굴에서 살더라도 페라리와 멋진 직업이 있는 사람만큼 행복할 수 있다. 아니 더 행복할지도 모른다. 스티븐은 몸이 기능을 잃자 내면에서 만족을 찾기 시작했다. 그전까지 그의 마음은 잠자고 있었다. 시험을 앞두었을 때처럼 가끔 작동하기는 했지만 이내 다시 수면 모드로 돌아갔다. 그리고는 병을 진단받았다. 병은 그를 깨웠다. 병이 영감이 되었다. 그렇게 몸은 쇠약해지고 마음은 만개했다. 그는 삶에서 무엇이 중요한지 고민하기 시작했다. 의미를 찾기 시작했고 우주와 우주 속 인류의 위치에 관한 존재론적 질문을 탐구하기 시작했다. 가족도 꾸리고 싶어졌다. 그리고 사회적 영향력을 행사할 수 있는 유명인이 되었을 때는 고통받는 사람, 특히 장애가 있는 사람들을 도울 방법을 적극적으로 찾았다.

나는 스티븐과 대화하면서 그가 자신의 삶을 한탄하는 모습을 한 번도 본 적이 없었다. 나는 스티븐이 병을 진단받고 얼마 후에 그와 알게 된 킵 손과 천문학자 마틴 리스에게 그가 자기 연민에 빠진 모습을 본 적이 있는지 물었지만, 그들 역시 한 번도 본 적이 없다고 말했다. 스티븐은 병이 퍼지면서 서서히 죽어갔지만 상심하지 않았다. 스티븐과 함께한 친구들은 모두 자문하게 된다. 우리의 잠재력은 깨어 있는가?

평범한 나들이일 수 있었던 펀트 소풍은 고작 한두 시간이었지만 나는 스티븐이 선택한 삶의 방식에 관해서 눈을 떴다. 스티븐은 무사히 선착장으로 돌아왔고 이런 결말을 예상하지 못한 사람은 나뿐인 듯했다.

승합차로 돌아온 간호인들은 휠체어 경사로를 내린 뒤에 휠체어를 차에서 꺼내고 스티븐을 휠체어에 앉힌 뒤에 끈으로 고정하고 다시 휠체어를 차에 싣는 긴 작업을 시작했다. 사무실에서 스티븐의 얼굴은 창백했었지만 지금은 화색이 돌았다. 하지만 나는 무척 피곤했다. 얼른 방으로 가서 눈을 붙이고 싶었다. 그런 뒤에 책의 첫 장에 넣기로 한 신화를 검색해야 했다. 하지만 스티븐은 자신의 집에 같이 가자고 말했다. 저녁식사 시간까지는 아직 한두 시간 남았다고 덧붙였다. 그는 일을 계속하고 싶어했다.

스티븐 호킹

3

스티븐의 집이 있는 조용하고 그늘진 워즈워스 그로브 거리는 올드 케임브리지 바로 외곽이어서 그의 사무실과 가까웠다. 검은 너와 지붕의 2층짜리 벽돌 건물이었다. 스위스에서 흔히 볼 수 있는 샬레 (châlet) 건축물 같기도 했다. 그가 어린 시절을 보낸 집보다 훨씬 훌륭한 집이었다. 어릴 적에 그가 살던 집은 가구가 전부 낡았고 벽지는 벗겨졌으며 중앙난방도 없었다. 스티븐의 부모님은 가난하지 않았지만 검소했다. 한편 스티븐의 집은 안과 밖 모두 무척 훌륭했다. 푸릇푸릇한 아이비와 여러 관목들이 울타리를 이루는 마당은 작지만 초록이 무성했다. 바깥 길에서는 2층밖에 보이지 않았다. 스티븐은 계단을 오르지 못하므로 나는 그의 집이 이층집이라는 사실에 놀랐다. 주변 사람들에 따르면 당시 스티븐의 아내 일레인은 스티븐의 공간과 같은 크기이면서도 그가 올 수 없는 2층을 좋아했다고 한다. 내가 간 날에도 일레인은 2층에 있었던 것 같지만 우리와 함께하지는 않았다. 그 역시 주변인들의 말에 따르면 예사였다.

스티븐은 우리가 그의 집에서 일을 마저 할 거라고 했지만 그전에 다른 많은 일들을 처리해야 했다. 우선 배변을 해야 했다. 그런 다음 저녁 식사 메뉴를 정해야 했다. 수십 년간 스티븐을 돌보았고 이제는 간호 일을 하지 않는 백발의 간호사 조언 고드윈이 음식을 차리기 위해서 집에 있었다. 조언은 스티븐이 무엇이 필요한지, 어떻게 하면 기분이 좋아질지를 비롯해 그에 대한 모든 것을 알고 있었다. 스티븐의 큰누나 같은 조언은 스티븐에 대한 자신의 생각을 언제나 기꺼이 내게 공유해주었다.

조언과 이야기를 마친 후, 스티븐은 차를 마시고 열 알이 넘는 비타민을 넘겼다. 그러고는 나와 대화를 나누다가 저녁을 먹고 가라고 했다. 어느새 한 시간이 훌쩍 흘렀다. 스티븐은 시간이 늦어지는 것에 신경 쓰지 않았다. 내가 그저 곁에 있어주기를 바라는 듯했다. 내가 그런 인상을 받은 것은 그때뿐이 아니었다. 주말에 일하기로 약속한 적이 없었는데도 토요일에 갑자기 부르고는 했다. 급하게 논의해야 할 기발한 아이디어가 있다는 듯이 이야기했지만 막상 그의 집에 가보면 그저 수다를 떨거나 같이 뉴스를 보았다. 그날 처음으로 같이 저녁을 먹은 이후 주중에는 거의 매일 저녁식사를 함께했다. 그의 집에서 같이 저녁을 먹는 것은 당연한 일이 되었고, 외식할 계획이거나 둘 중 한 명이 다른 일정이 있을 때에만 서로 저녁 계획을 이야기했다.

나는 스티븐과의 여가를 좋아했지만, 그날 저녁은 드디어 본격적으로 일을 시작할 수 있다는 생각에 기뻤다. 서로 의견을 잠시 나눈 뒤에 나는 내가 중요하게 생각했던 질문을 했다. 조언이 음식을 천천히 준비해서 우리가 작업을 좀더 진전시킬 수 있기를 바랐다. 재료를 몽땅 태워 처음부터 다시 시작해도 좋겠다고 생각했다. 나는 스티븐이 첫 장에 삽입하기를 원했던 신화에 관해서 물었다. 그의 의도를 제대로 파악하지 않으면 엉뚱한 데에 몇 시간을 허비할 수 있기 때문이었다. 스티븐이 답을 타이핑하는 동안 조언이 스테이크와 으깬 감자를 담은 커다란 접시를 들고 걸어왔다. 스티븐은 조언과 음식은 아랑곳하지 않고 계속 타이핑했다. 조언이 그레이비 소스를 가져오려고 다시 주방으로 갔다. 스티븐이 타이핑을 마치고 나를 올려다보자, 컴퓨터 목소리가 흘러나왔다. "와인을 골라봐요." 그날 저녁 우리의 작업은 거기까지였다. 신화에 대한 답은 다음을 기약해야 했다.

조언이 와인이 보관된 곳으로 나를 안내했다. 장 하나에 와인이 가득했다. 대부분은 레드와인이었는데, 주로 선물로 받은 것인 듯했다. 비싸 보이는 것도 있었다. 라벨에 그랑 크루라고 적힌 고급 프랑스 와인과 나의 아이들이 태어나기도 전에 생산된 빈티지 와인도 있었다. 스티븐은 항상 내게 와인을 고르라고 했다. 그는 내가 캘리포니아에서 왔으므로 와인을 잘 안다고 생각한 듯했지만 그렇지 않았다. 나는 아무거나 집거나 특별한 일이 있었던 해의 빈티지 와인을 골랐다. 1998년산 보르도? 프랑스가 월드컵에서 우승한 해군. 한번 마셔보지.

스티븐의 집에서 나누는 저녁 식사는 언제나 즐거웠지만 우리는 식사 동안에는 일에 관한 이야기는 전혀 꺼내지 않았다. 스티븐은 볼 근육을 움직여서 단어를 타이핑해야 했으므로, 먹는 동안 말을 많이 할 수도 없었다. 때로는 스티븐이 의도하지 않은 무의미한 소리가 컴퓨터에서 흘러나왔다. 그래도 간호인들은 언제나 대화를 이어가려고 했다. 첫날 저녁은 우리가 펀트 소풍을 마친 뒤에 교대 근무를 시작한 벨라가 함께했다. 벨라는 그레이비 소스에 섞여 있는 버섯이 싫다고 말했다. 벨라는 버섯을 안 좋아했다. 스티븐은 그녀가 동유럽에서 자라서 그렇다고 말했다. 그는 공산주의 시대 동안 동유럽에서는 버섯을 구할 수 없었다고 벨라에게 말했다. 소비에트 연방은 벨라가 어릴 적에 무너졌지만, 버섯이 싫다고 할 때마다 스티븐은 똑같은 말을 했다.

스티븐은 자신의 연구를 가장 중시했지만, 우정을 쌓는 일 역시 중요하게 생각했다. 병으로 인한 온갖 어려움을 생각하면 이는 쉽지 않은 일이었다. 신체적 제약. 매일같이 치료와 간호를 받아야 하는 시간적 제약. 그가 처한 특별한 상황. 낯선 사람과 가벼운 대화를 하고 싶어도 먼저 말을 걸 수 없었다. 이 모든 어려움에도 불구하고 그는 많은 사람들과 사귀었다. 몸이 안 좋아지기 전인 한창 때에는 누구도 스티븐을 말릴 수 없었다.

* * *

병이 스티븐의 삶을 바꾼 것처럼 ALS를 진단받은 해인 1963년에

스티븐 호킹

기차에 올랐을 때도 그의 인생이 바뀌었다. 전에 수없이 해왔듯이 스티븐은 런던으로 가려고 세인트 올번스에 있는 기차역에 갔다. 하지만 그날은 미래의 배우자를 만날 어느 때보다 특별한 여행이었다. 그녀의 이름은 제인 와일드였다.

사실 스티븐은 그전에 새해 파티에서도 제인을 만났고 이후 1월 8일에 있었던 자신의 스물한 번째 생일 파티에도 그녀를 초대했었다. 하지만 둘은 많은 대화를 나누지 않았다. 이후 얼마 지나지 않아 제인은 스티븐이 몸이 마비되는 병에 걸렸으며 살날이 많지 않다는 소식을 들었다. 그러고는 한 달여가 흘렀다. 제인은 이후 스티븐의 소식을 듣지 못했고 둘의 관계는 그렇게 끝날 것 같았다. 기차역에서 우연히 마주치지 않았더라면 둘은 더 이상 만나지 못했을 것이다.

제인과 스티븐은 같이 앉았다. 30분밖에 걸리지 않는 짧은 거리였지만 둘은 마침내 대화할 기회를 얻었다. 마르고 어수룩한 스티븐은 긴 갈색 앞머리가 안경을 덮었다. 케임브리지에서 우주론을 공부하기 시작하고 얼마 되지 않았을 때였다. 열여덟이던 제인은 세인트 올번스에서 고등학교를 막 졸업한 참이었고, 우주론이 무엇인지 전혀 몰랐다. 제인은 스티븐에게 그가 병에 걸렸다는 소식을 들었다고 말했다. 그러자 스티븐은 코를 찡긋하더니 말을 돌렸다. 둘은 기차에서 쉴 새 없이 이런저런 이야기를 나누었다. 역에 거의 다 왔을 때 스티븐은 제인에게 자신이 주말에는 자주 런던에 온다고 말했다. 그러고는 다음에 또 런던에 오면 같이 극장에 가지 않겠냐고 물었다.

첫 데이트에서 스티븐과 제인은 소호에 있는 화려한 이탈리아 레스토랑에서 저녁을 먹은 다음 올드 빅 극장에서 연극을 보았다. 돈이 많이 든 데이트였다. 스티븐이 돈을 다 쓰는 바람에 제인이 세인트 올번스까지 가는 기차 비용을 치러야 했다. 스티븐이 말했다. "정말 미안해."

얼마 후 스티븐은 제인에게 학교 무도회에 같이 가자고 했다. 이번에는 아버지의 오래된 포드 제퍼에 제인을 태웠다. 스티븐은 제법 큰 차인 포드 제퍼를 빠르고 거칠게 몰았고 몇 년 뒤에 휠체어를 몰 때도 마찬가지였다. 물론 아직 팔을 움직일 수 있을 때의 이야기이다. 그는 두려움을 몰랐을 것이다. 잃을 것이 별로 없다고 생각한 듯하다. 하지만 제인은 두려움을 알았고 잃을 것이 많았다. 제인은 공포에 질렸다. "난 눈앞에 있는 길을 간신히 볼 수 있었어요." 제인이 당시를 회상했다. "반대로 스티븐은 길만 빼고 다른 모든 걸 둘러봤죠."

제인은 데이트의 첫 코스였던 드라이브는 그리 좋지 않았지만 무도회만큼은 즐기려고 했다. 무도회 축제답게 올드 케임브리지에 있는 여러 대학 건물의 교실과 홀에서 사람들이 춤을 추었다. 파티는 밤새 계속되었다. 병이 진행되고 있어서 몸을 마음대로 움직이기가 힘들던 스티븐은 제인에게 자신은 춤추지 않겠다고 했다. "괜찮아." 제인이 답했다. "상관없어." 거짓말이었다. 제인은 춤추고 싶었다.

밤이 깊어가는 동안 제인과 스티븐은 이곳저곳을 옮겨다녔다. 잔디밭에서는 자메이카 스틸 밴드가 연주하고 있었고, 나무 패널로 된 방에서는 현악 4중주 연주단의 음악이 흘렀다. 멀리 있는 무대에서는 카바레가 펼쳐졌다. 스티븐과 제인이 걷는 동안 여러 소리들이 뒤섞였다. 어디를 가든 훌륭한 뷔페와 샴페인이 있었다. 마침내 희미한 푸른 조명만이 비치는 지하실에 도착했다. 재즈 밴드의 연주가 흘렀고 무대에는 사람들이 가득했다. 제인도 함께하고 싶었고 이번에는 스티븐도 제인의 뜻대로 했다. 둘은 연주가 멈출 때까지 음악에 맞추어 움직였다. 아침이 밝아오자 그들은 뉴턴이 연구했던 곳이자 스티븐이 지내는 트리니티 건물로 가서 안락의자에 몸을 깊이 뉘었다. 그리고는 한동안 잠에 빠졌다.

제인은 멋진 밤을 보냈지만 스티븐의 차를 타고 다시 집으로 돌아갈 생각을 하니 정신이 번쩍 들었다. 다시 스릴을 느끼고 싶지 않았던 제인은 스티븐에게 기차를 타고 돌아가겠다고 말했다. 신사인 스티븐에게 그것은 말도 안 되는 소리였다. 제인은 결정해야 했다. 한바탕 소란을 피워야 할까 아니면 눈을 질끈 감고 차에 올라타야 할까? 결국 제인은 안전이 아닌 예의를 선택했다. 차가 집 앞에 도착했을 때 만신창이가 된 제인은 인사도 제대로 하지 않은 채 차에서 뛰어내렸다.

또다시 마지막 만남이 될 뻔했지만, 제인의 어머니가 둘의 모습을 보고 놀라면서 상황이 바뀌었다. 어머니는 제인에게 스티븐을 집으로 들이지 않은 것은 무례하다고 나무랐다. 어머니의 말을 들은 제인은 집 밖으로 뛰어나갔다. 스티븐은 가파른 언덕 위에 있던 제인의 집 앞에서 차의 시동을 걸려고 주차 브레이크를 풀었다. 그가 자동차 열쇠를 찾는 동안 차가 미끄러지기 시작했다. 제인은 그런 스티븐을 보면서 밖으로 나오기를 잘했다고 생각했다. 스티븐은 제인을 보고는 다시 주차 브레이크를 걸었다.

햇살 좋은 마당 출입문 옆에서 둘은 차를 마셨다. 전날 밤을 이야기하며 웃는 스티븐은 세심하고 매력적이었다. 제인은 스티븐과 같이 앉아 있으면서 그의 차에서 보낸 무시무시한 순간이 점차 별일 아닌 것처럼 느껴졌다. 스티븐을 다시 만난다면 더 큰 모험을 경험할 것 같았다. 제인은 독특하고 무모한 그가 좋아졌다. 그것도 무척.

2년 후에 둘은 결혼했다. 그리고 30년 동안 제인은 스티븐을 사랑했고, 그의 명성과 업적이 쌓여가는 것을 보았고, 스티븐의 용기, 천재성, 유머에 감탄했으며, 그를 위해서 집안을 돌보고, 공과금을 내고, 맥주를 사고, 세 아이를 키우고, 나중에는 그의 식사를 먹여주고, 옷을 입혀주고, 목욕을 시키고, 병원에 데려다주고, 그가 죽음의 직전에 이른 순간들을 함께해주었다. 그러는 동안 제인은 정체성을 잃어갔다. 자존감도 떨어졌다. 나는 **누구지**? 제인은 스스로에게 물었다. **아무것도 아닌가**?

***

당신이 앞으로 어떤 사람이 되건 또는 얼마나 많은 것을 알게 되건 간에 물리학 대학원생이 된다면 바닥부터 시작해야 한다. 학부생 시절에 수강한 수업뿐만 아니라 대학원에서 수강할 수업들은 중요하지만, 이것들은 배경지식에 지나지 않는다. 물리학도는 건축을 공부했지만 아무것도 지어보지 않은 건축가이다. 이론물리학에서 박사 학위를 받으려면 자신만의 건축물을 지어야 한다. 아니면 기존의 건축물을 증축해야 한다. 아니면 망가진 건축물을 찾아서 보수해야 한다. 한 번이건 열 번이건 이 같은 과정을 거친 후에야 비로소 진정한 이론물리학자가 되며 이론물리학자라는 정체성을 이해하게 된다.

대부분의 박사 학위 과정에서는 입학하고 약 1년 뒤에 자신의 건축 프로젝트에 도움을 줄 멘토나 감독이 될 "지도 교수"를 만난다. 하지만 케임브리지의 상황은 조금 달랐다. 스티븐이 입학할 당시에는 지도 교수를 미리 선택해야 했다. 스티븐은 당시 영국에서 가장 유명한 천문학자였던 프레드 호일 밑에서 연구하고 싶었다. 케임브리지는 스티븐의 입학은 허가했지만 호일은 이미 지도 학생이 너무 많았으므로 또다른 이론물리학자인 데니스 시아마를 지도 교수로 지정해주었다. 스티븐은 데니스 시아마의 이름을 한 번도 들어본 적 없었다.

좋은 지도 교수를 만나는 일은 중요하다. 서로 마음이 맞아야 해서이기도 하지만 관심사가 다르면 앞으로의 길이 순탄치 않기 때문이다. 가장 기본적으로 결정해야 하는 것은 이론가가 되고 싶은지 아니면 실험가가 되고 싶은지이다. 지금까지 대부분의 물리학자들은 실험가가 되기를 원한다. 이론을 세울 사람보다는 이론을 시험하는 데에 필요한 장치를 만들 과학자가 더 많이 필요하므로 실험가의 수요가 훨씬 높을 수밖에 없다. 대학원에 입학하는 학생 대부분은 자신의 마음이 어느 쪽을 향하는지를 안다. 하지만 이는 시작에 불과하다.

물리학은 여러 전문 분야와 하위 부문으로 이루어진 광범위한 학문이다. 그중 몇몇은 근본적인 자연법칙을 밝히는 데에 초점을 맞춘다. 자연법칙을 구체적인 현상이나 계에 적용하는 분야도 있다. 가령 광학에서는 기본적인 전자기 법칙을 응용해서 빛의 거동과 빛이 물질과 상호작용하는 방식을 연구한다. 핵물리학은 원자 안에서 이루어지는 양성자와 중성자의 상호작용을 밝힌다. 양자 정보는 양자론의 기본 법칙을 적용해서 초강력 컴퓨터를 개발하는 것을 목표로 삼는다.

한편 근본적인 법칙들 자체에 관한 연구는 두 개의 기둥만이 떠받친다. 그중 하나인 일반상대성은 중력만을 다루는 이론으로 물질이 중력에 따라서 어떻게 움직이는지를 설명한다. 하지만 자연에는 중력 외에도 전자기력, 강한 핵력, 약한 핵력의 힘이 존재한다. 이 세 가지 힘은 일반상대성에 등장하지 않는다. 대신 근본적인 법칙들의 두 번째 분야인 표준모형이 세 가지 힘의 본질과 영향을 다룬다.

표준모형은 막스 플랑크가 1900년에 발견한 양자 가설을 아우르는 일종의 양자론이다. 양자 가설에 따르면 에너지 같은 성질들은 고유한 값만을 가진다. 뉴턴 이론에서는 에너지가 흐르는 물처럼 연속적이라면, 플랑크 이론에서는 밀가루를 이루는 작은 입자처럼 미세한 단위로 나뉘어 있다. 양자론에서 입자, 장, 우주의 모든 성질은 구름처럼 "퍼져" 있고 확률로 표현된다. 이 같은 특징을 반영하지 않은 모든 이론은 고전 이론으로 불린다. 일반상대성도 뉴턴이 발명한 기존의 고전 이론들과 전혀 다르지만 고전 이론으로 분류된다.

그러나 표준모형은 그저 양자론에 그치지 않는다. 이것은 공상과학 영화에서 나오는 힘의 장처럼 힘들을 "장(field)"으로 설명하기 때문에 양자장 이론으로 알려진 양자론의 하위 분야에 속한다. 영화와 다른 점은 장이 모든 시공간에 퍼져 있다는 사실이다.

일반상대성은 고전 이론이므로 표준모형 같은 양자론과 어울리려고 하지 않는다. 물리학을 잘 모르는 사람이라면 중력은 고전 이론이 다루고 다른 힘들은 양자론이 다룬다는 사실이 모순처럼 느껴질 수도 있지만, 두 이론은 일반적으로 서로 다른 상황에 적용되므로 정신 분열을 걱정하지 않아도 된다. 하지만 이는 분명 이상적인 상황은 아니며 현재 많은 물리학자들이 일반상대성의 양자적 버전인 **양자 중력** 이론을 찾고 있다. 궁극적인 목표는 양자 중력과 표준모형을 모두 포용하는 하나의 양자론이다. 자연의 네 가지 힘을 모두 설명할 아직 발견되지 않은 이 이론을 아인슈타인은 통일장 이론이라고 불렀고 오늘날 물리학자들은 만물의 이론이라고 부른다.

스티븐이 대학원에 입학했을 당시에는 중력에 관한 양자론이나 만물의 이론을 세우는 데에 관심을 보이는 물리학자가 거의 없었다. 앞에서도 말했듯이 일반상대성과 양자론이 평화롭게 공존할 수 있다는 사실이 그 이유 중의 하나였다. 두 이론은 서로 다른 힘을 설명하고 서로 다른 척도에서 자연을 규명한다. 생물학에서 포유류에 관한 연구가 박테리아 연구와 별개이듯이, 물리학에서 일반상대성에 관한 연구는 양자론 연구와 별개였다.

그러나 스티븐은 여느 물리학자와 달랐다. 스티븐이 대학원에 입학해서 본격적으로 연구를 시작했을 때, 물리학의 온갖 개념들 가운데 그를 자극한 것은 일반상대성 중에서도 우주론이라는 분야였다. 우주론은 일반상대성을 토대로 우주의 기원과 변화를 추적하는 학문이다. 스티븐이 우주론에 끌린 것은 그의 가장 큰 관심사인 존재의 질문에 답할 유일한 분야였기 때문이다. 나중에 표준모형이 된 기본입자 이론을 연구하는 사람들은 스티븐이 보기에 우주론의 심오한 질문에 답하기보다는 갖가지 입자와 힘을 분류하는 데에만 몰두하는 듯했다. 스티븐은 그들의 일을 "식물학"에 비유하면서 같은 부류가 되고 싶어하지 않았다.

스티븐이 처음에 지도 교수로 선택한 호일은 당시 우주론 분야의 거물로 정상우주론(steady-state cosmology)이라는 이론을 세운 사람 중의 한 명이다. 호일 대신 시아마의 지도를 받게 된 스티븐은 낙담했다. 하지만 시아마를 만난 것은 스티븐의 삶에서 처음에는 불행처럼 보였던 일이 행운으로 바뀐 또다른 사건이었다. 스티븐은 정상우주론을 알게 될수록 반감이 들었다. 그가 대학원에 입학하고 얼마 지나지 않아 호일이 런던 왕립학회에서 강연을 열었을 때, 질의

응답 시간에 일어나 호일의 수학에서 결함을 발견했다고 말해 사람들을 놀라게 하기도 했다. 몇 년 뒤에는 스티븐이 박사 논문 첫 장에서 정상우주론을 비판하면서 둘의 관계는 더욱 악화했다.

호일은 항성의 핵반응으로 수소와 헬륨이 더 무거운 원소가 되는 과정을 밝히며 선구적인 연구를 이끈 위대한 물리학자이다. 하지만 과학자로서 그에게는 심각한 결점이 있었다. 그는 정상우주론을 비롯해서 자신이 세운 이론을 반박하는 증거가 나오더라도 인정하는 법이 없었다. 그러므로 호일이 스티븐의 지도 교수가 되었다면 둘은 그리 잘 지내지 못했을 것이다. 한편 또다른 저명한 우주론자였던 시아마는 호일의 이론에 환멸을 느꼈으므로 정상우주론에 관한 스티븐의 반박은 둘 사이에 어떤 충돌도 일으키지 않았다.

스티븐은 지도 교수 배정에서 운이 좋았지만 전공 선택에 한 가지 문제가 있었다. 바로 그가 우주론을 거의 모른다는 것이었다. 옥스퍼드에서 물리학을 공부하기는 했지만 배운 것은 많지 않았다. 하지만 순식간에 많은 내용을 터득하여 몇 년 뒤에는 연구자들 사이에서도 모르는 사람이 없을 정도가 되었다는 사실은 그의 천재성을 가늠하게 해준다. 그리고 이는 물리학에 관한 또다른 사실을 알려준다.

이론물리학은 법이나 의학처럼 얼마나 많은 내용을 흡수하는지가 아니라 개념을 얼마나 이해하는지가 중요하므로 학습 속도가 무척 빠를 수 있다. "외울 필요가 없어요." 한번은 스티븐이 내게 웃으며 말했다. "그저 추론하면 돼요." 물리학은 경험을 축약한 학문이기 때문이다. 예를 들면 아인슈타인의 방정식들은 단 한 줄로 쓸 수 있지만, 행성 궤도에서부터 날아가는 축구공의 움직임, 블랙홀로 붕괴하는 항성에 이르기까지 수많은 계의 행동과 성질을 설명한다.

아인슈타인의 간결한 방정식들이 그처럼 강력한 것은 마법이 아니다. 방정식을 구성하는 몇 가지 기호들이 나타내는 개념들을 제대로 이해하려면 엄청난 노력이 필요하다. 우리는 누구나 경험을 어느 정도 압축한다. 그렇지 않으면 너무나 복잡한 세상을 이해할 수 없다. 우리는 빨간불 앞에서 포드가 멈추고, 빨간불 앞에서 토요타가 멈추고, 빨간불 앞에서 폭스바겐이 멈춘다는 사실을 일일이 기억하지 않는다. 이 모든 관찰을 "차는 빨간불 앞에서 멈춘다"는 한 가지 원칙 또는 법칙으로 정리할 수 있다. 이것이 물리학자가 하는 일이다. 다만 이를 수천 번씩 반복하고 한 가지 법칙에서 또다른 법칙을 이끌어낼 수 있는 우아한 수학의 언어로 표현할 뿐이다. 변호사가 이 같은 일을 할 수 없는 까닭은 인간이 세운 법칙은 일반적인 원칙이 있더라도 각 상황에 맞추어 만든 것이므로 하나의 법칙에서 다른 법칙을 유추할 수 없기 때문이다. 의사 역시 의료에 관한 어떤 기본 원칙으로부터 인간의 해부학적 사실을 끌어낼 수 없다. 한편 물리학에서는 하나의 법칙에서 다른 법칙을 유추할 수 있으며, 모든 물리학자는 이 같은 경이에 감탄을 금치 못한다.

스티븐은 우주론 원칙에 관한 인류의 지식을 압축한 책과 논문을 탐독했고 매우 빠르게 배웠다. 몇 년 안에 죽을 예정이었지만 우주론의 흥미로운 질문들을 탐구하는 데에 기꺼이 그의 시간을 쏟았다.

＊ ＊ ＊

스티븐과 제인은 결혼 이후 1965년 프랑스 혁명 기념일에 올드 케임브리지의 리틀 세인트 메리 가 11번지에 작고 오래된 집을 빌렸다. 그 옆에는 거리와 같은 이름의 중세 교회가 있었다. 방들은 작고 천장은 낮았다. 수리한 지 얼마 되지 않았지만 가구는 없었고 둘은 가진 돈이 많지 않았다. 호킹 부부는 침대, 식탁, 의자 몇 개를 샀고 오후 내내 고민한 끝에 냉장고도 마련했다.

　스물셋 스티븐은 아직 대학원생이었다. 제인은 스물하나였고 런던에서 언어학 학사 과정을 마치기까지 1년이 남아 있었다. 제인은 주중에는 거의 대부분 런던에 있었지만, 주말에는 스티븐과 함께했다. 리틀 세인트 메리 집의 장점은 당시 스티븐의 사무실에서 약 90미터밖에 떨어지지 않았다는 것이다. 하지만 그 집은 출근은 쉬웠을지 몰라도 지내기에 그리 편하지 않았다. 2층 안방에 가려면 독특한 나선형 계단을 올라야 했다. 화장실도 2층에 있었다. 3층도 있었다. 당시만 해도 스티븐은 혼자서 집에 있을 수 있었고 다른 사람의 도움이 필요하지 않았다. 하지만 화장실에 가려면 암벽 등반을 하듯이 난간에 있는 밧줄을 잡고 몸을 끌어올려야 했다. 화장실에 가기까지 10분이나 걸렸지만, 주변에 다른 사람이 있더라도 그는 도움을 받으려고 하지 않았다. 스티븐은 "좋은 운동이야"라고 말했다.

스티븐은 되도록 병을 무시하려고 했으나 다른 모든 사람은 그의 몸 상태가 악화되고 있음을 분명하게 알 수 있었다. 한번은 친구 로버트 도너번과 저녁을 먹기로 했다. 스티븐은 바지가 찢어지고 이마에 상처가 난 채 나타났다. 오다가 심하게 넘어진 것이 분명했고, 심히 걱정이 된 로버트는 스티븐에게 병원에 가자고 말했다. 하지만 스티븐은 반창고를 붙이고 싶어하지 않았고, 옷도 갈아입으려고 하지 않았다. 아무 일도 없었다는 듯이 저녁을 먹으러 가자고 했다. 그래서 둘은 저녁을 먹으러 갔다.

스티븐은 제인과 결혼하기 전에는 오래된 저택을 학생들이 사용할 여러 개의 방들로 나눈 케임브리지 기숙사에서 지냈다. 건물 뒤에는 넓은 잔디밭과 정원이 있었다. 그곳에서 사람들은 크로케를 쳤다. 스티븐 방의 베란다에서는 크로케를 치는 잔디밭이 내려다보였다. 말 그대로 빅토리아풍이었다.

어느 날 스티븐의 부모인 프랭크 호킹과 이소벨 호킹이 아들과 차를 마시러 케임브리지를 찾았다. 부부 모두 옥스퍼드 출신이었다. 이소벨 호킹은 졸업 이후 의료 연구기관에서 비서로 일했지만 자신의 교육 수준에 걸맞지 않는다는 생각에 직장을 그다지 좋아하지 않았다. 하지만 그곳에서 열대병을 연구하던 의사 프랭크를 만났다. 프랭크는 스티븐이 자신을 따라 의사가 되기를 바랐다. 스티븐은 의사가 되는 것은 단 한 번도 진지하게 고민하지 않았고 스티븐의 세 남매 중 메리만이 아버지를 따라 의사가 되었다.

이소벨과 프랭크가 온 날에 로버트 도너번도 함께했다. 화학과 대학원생인 로버트는 스티븐의 1년 후배였다. 로버트는 케임브리지에 도착한 날 스티븐을 처음 만났다. 스티븐과 같은 기숙사 건물에 방을 배정받은 로버트는 방문을 어떻게 열어야 할지 몰라 쩔쩔매다가 뒤뜰에서 홀로 크로케를 연습하던 한 남자에게 말을 걸었다. 그는 걸음걸이가 어딘가 이상했다. 그가 바로 스티븐이었고 둘은 50년 지기가 되었다.

스티븐의 부모와 한 시간가량 차를 마신 뒤에 로버트가 일어섰다. 과제가 있어서였다. 그러자 프랭크가 뒤따라 나왔다. 매년 겨울이면 연구를 위해서 몇 달 동안 아프리카로 떠났던 프랭크는 자녀들에게 다정한 아버지는 아니었다. 하지만 스티븐이 아프기 시작하자 헌신적인 아버지로 바뀌었다. 심지어 데니스 시아마에게 스티븐이 죽기 전에 박사가 될 수 있도록 학위를 좀더 빨리 달라고 부탁하기까지 했다. 시아마는 거절했다.

프랭크는 로버트를 몰랐지만 그와 스티븐이 좋은 친구라는 사실을 알아채고는 따라 나온 것이었다. "스티븐이 괜찮은지 지켜봐줄 수 있는가?" 프랭크가 말했다. "잘 좀 부탁하네. 무슨 일 있으면 알려주고." 스티븐이 뒤이어 나왔다. 그러고는 불같이 화냈다. "내 일은 내가 알아서 한다고요." 스티븐이 아버지에게 소리를 질렀다. "도움이 필요하면 내가 친구들한테 말하면 되잖아요. 아버지가 할 일이 아니라고요."

3 ✳

로버트는 스티븐에게 고개를 끄덕이면서도 스티븐의 아버지에게 걱정하지 마세요. 부탁하신 대로 할게요라는 눈빛을 보냈다. 그때는 1963년이었다. 로버트와 스티븐은 스티븐과 제인만큼 가까워졌다. 로버트와 그의 아내는 첫 아이 이름을 제인으로 지었고, 스티븐과 제인은 첫 아이의 이름을 로버트로 지었다. 둘은 매일 만나다시피 했지만 7년 후에 에든버러에서 직장을 구한 로버트는 그곳에 정착했다.

두 친구 중 한 명이 더 성공하면 우정이 깨지는 경우가 많지만, 스티븐의 명성과 바쁜 일정, 케임브리지와 에든버러 사이의 물리적 거리에도 불구하고 둘은 줄곧 가장 친한 친구였다. 스티븐은 에든버러에 가는 것을 즐겼고, 로버트는 가족 행사가 있을 때마다 케임브리지를 찾았다. 스티븐이 주최하는 유명한 파티에도 참석했다. 그저 스티븐이 보고 싶다고 말하면 찾아올 때도 있었다. 스티븐이 자신의 일을 알아서 하지 못하게 된 지 한참 후에도 로버트는 스티븐의 부모님과 함께 차를 마시던 때를 생생하게 기억했다. 그는 당시를 떠올리며 스티븐의 몸이 마음을 따를 수 있었던 때를 추억했다.

스티븐의 아버지는 1986년에 세상을 떠났고 어머니는 2013년에 떠났다. 로버트가 케임브리지에서 보낸 7년 동안 그는 한 번도 스티븐의 아버지에게 연락할 일이 없었다. 이후 수십 년 동안에도 스티븐은 로버트를 한 번도 크게 걱정시키지 않았다. 2017년 어느 밤까지는 말이다. 12월의 여느 날처럼 케임브리지 대학가는 춥고 어두웠다. 당시 스티븐은 제인과의 20여 년간의 결혼 생활에 종지부를 찍은 상태였지만 로버트와는 여전히 자주 만났다. 그들은 학교 근처에 있는 고급 식당에서 저녁을 먹을 계획이었다. 스티븐이 타이핑하기 시작했다.

"내 생각에⋯⋯." 컴퓨터 목소리가 말했다.

그러고는 아무 말이 없었다. 스티븐이 계속 타이핑했다. 로버트는 기다렸다. 5-6분이 지났다. 영원과도 같은 시간이었다. 마침내 컴퓨터 목소리가 흘렀다.

"내 생각에 살날이 많지 않은 것 같아."

로버트는 놀랐다. 스티븐은 아파 보이지 않았다. 왜 그런 말을 하지? 수십 년 전에 스티븐이 심하게 넘어진 날처럼 로버트는 의사를 찾아가보자고 다그쳤다. 최소한 집에서 쉬라고도 해보았다. 하지만 스티븐은 그러고 싶어하지 않았다. 그는 저녁을 먹으러 가고 싶어했다. 결국 그들은 같이 저녁을 먹었고 그날은 로버트가 스티븐을 본 마지막 날이 되었다.

4

신체적 즐거움의 대부분을 누릴 수 없게 된 사람은 남은 기쁨이 더 없이 소중해진다. 촉각. 교향곡. 향. 맛. 식사는 스티븐에게 항상 중요했다. 식사를 하는 시간은 연결의 시간이기도 했다. 숫자의 세계에서 벗어나서 인간의 영역에 머물 수 있는 안식처이기도 했다. 하지만 식사를 하는 동안에도 스티븐의 예리한 사고 과정은 쉬지 않았다. 물리학에 관한 그의 접근법은 다른 사람들을 향한 접근법만큼이나 재기발랄했고, 사람들에 대한 접근법은 물리학에 관한 접근법만큼 날카로웠다.

한번은 스티븐이 박사 과정 중이었을 때, 남아프리카공화국에서 온 공학도와 트리니티에서 저녁을 먹게 되었다. 그는 케임브리지에 온 지 얼마 되지 않았다. 내가 그랬던 것처럼 그 역시 뉴턴이 머물렀던 트리니티를 비롯해서 케임브리지의 건물들을 보고 무척 놀랐겠지만 자신의 감정을 입 밖으로 내지는 않았다. 대신 그는 남아프리카공화국이 빠르게 발전하고 있다는 사실만 장황하게 이야기했다. 자신의 고국이 황금기를 맞고 있다고도 말했다.

한편 스티븐은 자기 생각을 숨기는 법이 없었다. 그는 유명해진 뒤에 오페라「나비 부인」을 현대식으로 각색한 공연에 초대받아 베를린을 방문한 적이 있었다. 하지만 공연은 그저 그랬다. 스티븐을 초대한 극단장은 공연이 끝난 뒤에 기대에 차서 물었다. "호킹 교수님. 어떠셨나요?" 스티븐이 답했다. "썩 괜찮지는 않네요. 그렇죠?" 극단장은 놀랐다. 하지만 다음과 같이 답했다. "그러게 말입니다. 저도 같은 생각입니다."

남아프리카공화국 공학도의 말은 그저 그렇다거나 멋지다고 평가할 수 있는 성격이 아니었다. 그저 지나치게 긴 의견이었다. 하지만 스티븐은 흥미를 느꼈고, 공학도의 말에 관한 자신의 감상을 감출 생각이 없었다. 스티븐이 물었다. "흑인들은 어떤가요?"

"흑인들은 별개의 얘기죠." 공학도가 답했다. 1960년대 초에는 이상한 답이 아니었다.

"왜 별개죠?" 스티븐이 물었다.

"스스로를 책임지지 못하기 때문이죠." 그가 답했다. 그러고는 인종차별 정책인 아파르트헤이트에 관해서 이야기했다. 그는 아파르트헤이트가 효과적이며 필수적이라고 덧붙였다.

스티븐은 자기 주장을 말하는 대신 계속 질문했다. 반대 의견을 내지 않고 마치 소크라테스처럼 공학도가 자신이 하는 이야기의 의미를 있는 그대로 보게 했다.

공학도는 자신이 진실이라고 "생각한" 이야기로 대화를 시작했다. 그는 자신의 생각을 한 번도 자세히 들여다보지 않았다. 하지만 스티븐은 그날 저녁 식사를 공학도의 믿음을 탐구하는 자리로 만들었다. 공학도 스스로는 한 번도 한 적이 없는 탐구였다. 마지막에 그는 버벅거렸다. 아파르트헤이트와 흑인의 본성에 관한 그의 믿음을 떠받치는 토대를 이해하게 되자 스스로를 의심하기에 이르렀다.

학창 시절에 한 물리학 교수님은 내게 다음과 같이 조언했다. "뭔가를 묻고 답을 찾길 즐긴다면 물리학자가 되어야 한다. 답을 배우고 그걸 응용하길 좋아한다면 공학자가 되어야 한다." 과도한 일반화일지도 모르지만, 두 영역의 철학과 심리가 어떻게 다른지를 생생하게 보여주는 말이다. 당신은 지식을 배우고 응용하는 사람인가 아니면 질문하여 지식을 만드는 사람인가? 남아프리카공화국 공학도를 자문하게 한 스티븐은 그저 스티븐이었다. 자기 자신의 믿음과 다른 이들의 믿음을 탐구하다 보면 삶에서뿐만 아니라 물리학에서도 중요한 발견을 이룰 수 있다.

공학도가 자신의 나라를 바라보는 관점은 대다수의 사람들이 밤하늘을 방대하고 시시한 검은 바다를 유유히 떠다니는 하얀 점들로 이루어진 별자리라고 생각하는 것과 같았다. 스티븐은 질문을 통해서 별 이상을 보게 했다. 동료 물리학자들에게도 같은 방식으로 질문했다. 별과 은하를 보며 감탄하는 동료들에게 스티븐은 그 사이에 있는 공간에 대해서 물었다. **공간은 어디에서 왔는가? 어떻게 시작되었는가?** 스티븐이 보기에 이는 우리 존재의 의미를 이해하는 가장 기본적인 질문들이었다. 하지만 그가 박사 과정을 시작했을 때에는 그런 질문을 하는 사람이 거의 없었다.

당시는 일반상대성과 우주론의 정체기였다. 물리학이 경험 과학이고 우주의 기원은 직접 관찰할 수 없다는 사실을 떠올리면 물리학자들이 우주의 탄생에 그다지 관심이 없었던 까닭을 이해할 수 있다. 빛이 우리에게 닿기까지 시간이 걸리므로 먼 은하에서 나온 빛을 관찰하면 그만큼의 과거를 볼 수 있지만 아주 먼 과거는 보기 힘들다. 게다가 1960년대 초에는 우주의 기원에 관한 이론을 간접적으로 검증할 방법을 누구도 알지 못했다. 이 같은 문제들 때문에 물리학자들은 우주론을 실험 가능한 영역을 벗어나는 유사과학의 놀이터 정도로 생각했다. 그러나 1964년에 우주 배경 복사(cosmic background radiation)라고 불리는 빅뱅의 희미한 잔광이 우연히 발견되면서 상황이 바뀌기 시작했다. 이는 스티븐이 케임브리지에서 본격적으로 우주를 연구한 지 1-2년 후의 일이었다.

아인슈타인의 이론이 실제로 무엇을 예측하는지 이해하는 것 자체가 어렵다는 문제도 있었다. 물리학의 다른 이론들과 마찬가지로 아인슈타인의 이론은 이론의 대상과 이론이 적용되는 방식에 관한 수학과 규칙으로 이루어져 있다. 이론이 어떤 특정 계에 관해서 무엇을 말하려는지 유추하려면, 수학과 규칙으로 해당 계에 적절한 방정식을 세운 다음 방정식을 풀거나 최소한 답의 근사치를 얻어야 한다. 아인슈타인의 방정식은 대부분 슈퍼컴퓨터를 사용해야 의미를 파악할 수 있을 만큼 극도로 어려웠으므로 당시의 컴퓨터로는 무리였다.

이런 어려움 때문에 스티븐이 케임브리지에 입학했을 당시에는 주로 수학자들이 일반상대성과 우주론을 연구했으며 그들의 연구는 현실과 동떨어지고 그들의 우주 모형은 비현실적이었다. 수학자들은 연구를 계속했지만 누구도 그들의 논문에 주목하지 않았다. 칼텍의 물리학자 리처드 파인먼은 1962년에 바르샤바에서 열린 중력 학회에 참석하여 형편없는 연구 결과들을 보고는 아내에게 다음과 같은 편지를 보냈다. "이 분야는 실험이 이루어지지 않아서 능동적이지 않아……여기에는 얼간이들이 얼마나 많은지 혈압이 걱정될 지경이야. 너무 시시한 문제들이 진지하게 논의되어서 나도 말다툼에 말려들었다니까……."

거의 모든 물리학자들이 막다른 길이라고 생각한 우주의 기원에 대한 질문은 스티븐의 마음을 사로잡았다. 스티븐은 우주의 기원 분야가 뒷전이라는 사실에 주눅 들기는커녕 자신에게 유리하다고 생각했다. 그에게 우주의 기원은 "죽은" 것이 아닌 "무르익은" 분야였다. 잘 익은 과일을 수확할 사람이 바로 자신이었다.

과학자가 아닌 많은 사람들은 이론물리학자라고 하면 문제를 푸는 사람들이라고 생각한다. 하지만 문제를 푸는 일보다 중요한 것은 문제를 내는 일이다. 어떤 질문을 하느냐에 따라서 찾고자 하는 답이 달라지기 때문이다. 질문은 우리가 세상을 보는 방식을 반영할 뿐만 아니라 결정한다. 스티븐에게는 중요하지 않을 것으로 밝혀질 문제를 무시하고 핵심이 될 문제를 재빨리 찾아내는 능력이 있었다. 그는 자신의 직관을 따라서 정곡을 찌르는 질문을 하고 다른 이들의 미심쩍은 가정에 의문을 제기했다. 이런 이유에서 그는 반골로 여겨지고는 했다. 그런 역할은 운전 속도 제한과 의사의 조언을 무시하듯이 사회적 통념을 거부하는 그에게는 자연스러운 일이었다. 거칠고 무모한 운전 방식처럼 그의 물리학은 거칠었고 어떤 제약도 거부했다. 하지만 무모하지는 않았다. 스티븐은 물리학에서만큼은 대학원생일 때부터 어디로 가고 싶은지, 왜 가고 싶은지를 언제나 분명하게 인식했다.

＊＊＊

물리학은 이성과 논리의 영역이어야 한다. 이는 물리학에서 중요한 사실이지만, 논리적으로 추론하기 위해서는 우선 앞으로 할 가정, 활용할 개념, 답을 구하기 위해서 던지는 질문들을 정의할 생각의 틀을 마련해야 한다. 사람들은 종종 다른 사람들이나 역사 또는 자신의 과거로부터 물려받은 틀을 그대로 받아들이면서 어떤 질문도 하지 않거나 제대로 검증하지 않는다.

　스티븐이 치열하게 고민한 "모든 것은 어떻게 시작되었는가?"라는 질문에 관해서 인류는 약 2,000년 동안 우주가 항상 변하지 않는 상태로 존재해왔거나 『성서』에서처럼 어느 순간 누군가가 창조한 뒤에 지금의 모습을 언제나 간직해왔다고 추측했다.* 아리스토텔

＊ 여기에서 "변하지 않는"이라는 의미는 우주 척도의 의미이다. 행성의 궤도 운동, 암석의 낙하, 인간의 삶과 죽음 같은 작은 척도의 변화는 자연의 일부이다.

　　　　　　　　　　　　　　　　　　　스티븐 호킹

레스부터 칸트에 이르는 철학자뿐만 아니라 아이작 뉴턴을 비롯한 과학자 역시 그렇게 믿었다.

뉴턴은 더 잘 알았어야 했다. 은하단과 항성들이 중력을 통해서 서로를 끌어당긴다면 어떻게 정적인 구조를 유지할 수 있는가? 시간이 흐르면서 서로 충돌해야 하지 않는가? 게다가 영원은 긴 시간이므로, 지금쯤이면 모든 물질이 커다랗고 조밀한 공으로 뭉쳐져 있어야 하는 것 아닌가? 뉴턴은 이 문제들을 인지하고 있었지만, 우주가 무한히 크다면 물질은 서로 뭉치지 않을 거라고 스스로를 납득시키며 문제를 회피했다. 그의 주장은 틀렸다. 뉴턴 이후에도 사람들은 그의 이론을 미세하게 수정하여 먼 거리에서는 중력에 척력이 작용하도록 해서 행성의 궤도에는 눈에 띌 만한 영향을 주지 않지만 우주가 내부로 붕괴하는 것은 막을 수 있도록 하려고 했다. 하지만 성공하지 못했다. 아인슈타인도 게임에 함께했다. 그는 우주의 수축을 막는 데에 필요한 척력을 제공하기 위해서 우주 상수 (cosmological constant)로 불리는 또다른 "반중력 조건"을 일반상대성에 추가했다.*

이처럼 저명한 철학자와 과학자들의 생각과 달리 우주는 변화하고, 팽창하며, 진화 중이라는 깨달음은 20세기에 이루어진 가장 놀라운 발견 중의 하나이다. 이는 미국 인디애나 주 뉴올버니의 한

---

* 우주 상수는 매우 큰 척도에서만 작용한다. 당시 기술로 측정할 수 있는 척도에서는 우주 상수의 영향을 감지할 수 없었으므로 아인슈타인은 자신이 원하는 대로 우주 상수를 방정식에 포함할지 말지를 결정할 수 있었다. 하지만 1998년에 상황이 바뀌었다. 우주 상수는 실제로 필요한 조건임이 밝혀졌다.

고등학교에서 스페인어와 농구를 가르치다가 시카고 대학교의 박사 과정에 입학한 천문학자 에드윈 허블 덕분이었다.

박사 과정을 마친 허블이 1919년에 취직한 윌슨 산 천문대는 칼텍과 멀지 않은 곳으로 운 좋게도 막 최신 망원경이 설치되었다. 당시 대부분의 과학자들은 우주가 오직 우리 은하로만 이루어졌다고 생각했다. 그러다가 1924년 허블은 항성 사이에 퍼져 있는 희뿌연 구름인 성운을 관찰할 때에 발견되는 점들이 더 먼 곳에 있는 다른 은하들이라는 사실을 깨달았다. 이 같은 은하 구름들은 윌슨 산 천문대 망원경으로 볼 수 있는 가장 먼 곳까지 퍼져 있는 것처럼 보였다. 지금 우리는 더 먼 곳에도 은하가 있다는 사실을 안다.

항성은 뜨거우므로 항성 대기에 있는 원자들은 에너지 상태가 높다. 일부 에너지는 운동 에너지이지만 일부는 원자 안에 있는 전자 내부에 저장된다. 양자론에 따르면, 궤도 운동을 하는 전자들은 고유한 에너지 값을 가진다. 전자가 한 단계 낮은 에너지 준위로 변할 때 원자가 내보내는 빛의 진동수는 전자가 처음 들어왔을 때의 준위와 마지막에 안착한 준위의 에너지 차이를 나타낸다. 하지만 원소마다 에너지 준위의 구성이 다르다. 따라서 수소 원자, 헬륨 원자, 기타 다른 원소들은 서로 다른 진동수로 이루어진 빛을 발산한다. 이 빛은 빛을 발산한 원소의 정체를 알아낼 지문이 된다. 천문학자들은 이 지문을 통해서 혜성, 성운, 그리고 다양한 항성의 유형을 알아낸다.

허블은 윌슨 산 천문대에서 연구하는 동안 다른 은하들에서 나오는 빛이 지구에 있는 원자들에서 나오는 빛에 비해서 더 낮은 진동수로 이동하여 스펙트럼의 적색 부분을 향한다는 사실을 발견했다. 게다가 먼 은하일수록 이 같은 "적색 이동(redshift)"의 정도가 컸다.

허블의 상상력을 사로잡은 이 같은 진동수 변화는 오스트리아의 물리학자 크리스티안 도플러가 1842년에 처음 연구한 현상 때문이다. 도플러는 어떤 물체에서 관찰되는 빛의 색이 관찰자의 위치를 기준으로 물체가 어떻게 이동하는지에 따라서 달라지는 현상을 발견했다. 물체가 멀어지면 빛은 붉어지고 가까워지면 푸르러진다. 허블은 도플러의 이론을 바탕으로 은하들이 우리에게서 멀어지고 있으며 먼 은하일수록 이동 속도가 빠르다고 판단했다. 이는 우주가 그 누구의 생각보다 훨씬 더 광활할 뿐만 아니라 팽창하고 있다는 놀라운 결론으로 이어졌다.

천체물리학자들은 허블의 생각을 "건포도 빵"에 비유하여 설명하고는 한다. 이를 본격적으로 설명하기에 앞서서 우주의 팽창은 폭탄의 폭발과는 다르다는 사실을 짚고 넘어가야 한다. 폭탄은 뜨거운 가스와 파편을 이미 존재하는 바깥 공간으로 퍼뜨린다. 하지만 우주에는 "바깥"이 없다. 우주가 팽창한다는 물리학자들의 말은 공간 자체가 안에서부터 커진다는 의미이다. 따라서 우주 공간 내의 두 지점은 시간이 지날수록 거리가 멀어진다.

이제 건포도 빵 비유를 살펴보자. 당신이 건포도가 거의 균일하게 박힌 밀가루 반죽 덩어리 안에 있다고 상상해보라. 반죽 덩어리는 3차원 공간의 우주이다. 건포도는 은하단이다. 사실 이 모형에는 한 가지 결함이 있다. 반죽 덩어리 공간에는 가장자리와 바깥 표면이 있다는 것이다. 우주에는 그런 가장자리가 없지만, 이 같은 차이는 우리의 이야기에서 그다지 중요하지 않다. 이제 반죽을 반지름이 두 배가 될 때까지 부풀린다. 당신으로부터 1인치 떨어져 있던 건포도는 2인치 멀어져서 처음보다 1인치 더 떨어져 있다. 이 시나리오에서 원래 3인치 떨어져 있던 건포도는 이제 6인치 떨어져 있다. 같은 시간 동안 3인치를 이동했으므로 1인치 떨어져 있던 건포도보다 세 배 빠르게 움직인 것이다. 마찬가지로 5인치 떨어져 있던 건포도는 10인치 멀어졌으므로 같은 시간 동안 5인치를 움직였다. 반죽이 계속 팽창하면 모든 건포도는 당신에게서 멀어지고, 멀리 있는 건포도일수록 후퇴 속도가 빠르다.

찰스 다윈이 진화론을 구상하기 시작하고 거의 한 세기가 지난 1929년에 허블은 우주 역시 진화한다는 사실을 발견했다. 하지만 우주가 변하지 않는다는 믿음은 쉽사리 사그라지지 않았다. 물리학자들은 새로운 이론을 만드는 특기를 살려서 자신들의 기존 생각을 지키려고 했다. 그중에서 가장 유명한 이론 중의 하나가 프레드 호일의 정상우주론이다. 정상우주론 지지자들은 먼 은하가 후퇴하고 있다는 사실은 부정하지 않았지만, 새로운 물질이 계속 생성되어 새 공간을 채우기 때문에 우주가 팽창하더라도 물질의 밀도는 변하지 않는다고 주장했다. 그렇다면 우주적 척도는 어떤 변화도 없이 일정할 수 있다.

당시 정상우주론의 가장 큰 경쟁 상대는 빅뱅 이론이었다. 호일은 빅뱅 이론에 어떤 기여도 하고 싶어하지 않았지만, "빅뱅(big bang)"이라는 이름을 지은 장본인이 되었다. 1949년 BBC 라디오 방송에 출연한 그는 "우주의 모든 물질이 아주 먼 과거의 어느 한 순간 단 한 번의 커다란 폭발로 창조되었다는 가설"을 빅뱅으로 일컬었다. 그가 빅뱅이라는 단어를 조롱조로 사용했다는 주장도 있다. 호일은 사실이 아니라고 반박했다. 사실이든 아니든 그 이후로 모든 사람이 빅뱅이라는 용어를 쓰기 시작했다.

어떤 이론이 큰 관심을 받으면 물리학자들이 하는 일들 중의 하나는 그것에 대한 이름을 짓는 것이다. 빅뱅 이론이 나온 지 약 20년이 지나도록 이름이 없었다는 사실은 이 이론에 대한 관심이 얼마나 적었는지를 짐작할 수 있게 한다. 빅뱅 이론은 벨기에의 사제이자 물리학 교수인 조르주 르메트르가 발명했다. 아인슈타인의 방정식들을 분석하던 르메트르는 허블이 우주 팽창을 입증하기 2년 전인 1927년에 이미 우주 팽창을 주장했다. 또한 우주가 점차 커지고 있으며 과거에는 지금보다 작았고 먼 과거로 거슬러오를수록 더 작았다고 생각했다. 1931년에는 과거 어느 순간에 우주의 크기가 0이었다고 결론을 내리며, 우주의 모든 물질이 하나의 점으로 응축되어 있었다고 주장했다. 그리고 이 점을 "원시 원자(primeval atom)"라고 불렀다.

빅뱅 이론은 창조의 순간이 있었음을 암시하는 듯하지만, 영리한 물리학자들은 이 같은 결론을 피할 방법을 찾아냈다. 빅뱅 이론의 한 가지 버전에 따르면, 시간을 거슬러오르면 물질은 하나의 점으로 응축되는 것이 아니라 작은 부피로 뭉쳐져 있어서 물질 입자들은 서로를 빠르게 스칠 수 있었다. 그 결과 입자들은 하나의 점으로 압축되지 않고 서로 가까워지다가 다시 멀어졌다. 그렇게 되면 우주는 영원할 수 있지만 팽창과 수축을 반복하는 주기 속에서 존재하게 된다. 스티븐이 케임브리지에 입학할 당시, 우주의 기원을 한 번이라도 고민한 몇 안 되는 물리학자들은 정상상태를 믿는 무리와 다양한 형태의 빅뱅 이론을 믿는 무리로 나뉘어 있었다.

언젠가 내가 스티븐에게 종교 이야기를 꺼냈을 때, 그는 자신은 "형이상학에는 관여하지" 않는다고 말했다. 스티븐은 철학자들처럼 원대한 질문들의 답을 구하려고 했지만 과학을 통해서 구하고자 했고, 이것이 철학보다 훨씬 더 어렵다는 사실을 잘 알았다. 과학에서는 이성만이 전부가 아니다. 철학에서는 자유롭게 이론을 세울 수 있지만 과학에서는 실험으로 당신이 틀렸음이 증명될 수 있다. 스티븐은 뉴턴부터 아인슈타인에 이르는 과거의 과학자들이 이론이나 실험으로 뒷받침되지 않은 물리학적 아이디어에 현혹된 까닭은 철학적, 종교적 믿음으로 인해서 흔들렸기 때문이라고 생각했다. 따라서 스티븐은 우주가 변하지 않고 영원하다는 믿음을 의심했다. 또한 우주가 그렇게 중요한 문제는 아니라는 더 만연한 믿음 역시 의심했다.

* * *

스티븐 호킹

케임브리지 문서보관실에는 1966년 2월 1일이라고 찍힌 스티븐 호킹의 박사학위 논문 「팽창하는 우주의 성질(*Properties of Expanding Universe*)」이 보관되어 있다. 당시 그는 스물넷이었다. 논문의 첫 문장은 "팽창하는 우주의 몇몇 의미와 영향을 고찰하다"이다. 손을 마음대로 움직일 수 없던 스티븐을 대신해서 제인이 타이핑한 논문은 4개의 장(章)으로 이루어져 있으며 중요한 부분에는 밑줄이 그어져 있고 손으로 쓴 방정식들도 있다. 스티븐이 동료들 사이에서 유명해진 것은 20쪽가량의 마지막 장 때문이었다.

스티븐은 1962년 10월 케임브리지에 입학했다. 대학원 생활 중 첫 2년 동안에는 평생의 친구들을 만나고 결혼도 하면서 안정적인 삶을 꾸렸지만, 물리학에서는 방황했다. 지도 교수인 시아마와 함께 전망이 밝다고 생각한 일반상대성과 여러 관련 문제들을 파고들었지만 주목할 만한 발견은 이루지 못했다.

박사 논문에서 당시의 연구를 다룬 앞의 3개의 장은 그다지 특별하지 않았다. 다양한 주제를 수학적으로 분석하고 호일의 정상우주론을 주로 수학적인 측면에서 비판하며 몇 가지 흥미로운 점을 제시하기는 했지만, 여러 결함들이 있었고 답을 구하지 못한 질문들도 있었다. 이 3개의 장으로는 박사학위를 받을 수 없었을 뿐만 아니라 유명해질 수도 없었다. 하지만 스티븐이 서른세 살의 수학자로저 펜로즈의 연구를 접하면서 다른 사람의 도움을 거의 받지 않고 네 번째 장을 쓸 수 있었고, 그 장을 논문에 덧붙인 덕분에 그는 본격적으로 물리학자의 길을 걸을 수 있었다. 스티븐은 펜로즈가 런던 킹스 칼리지에서 강연을 한 후인 1965년 1월에 그의 연구를 알게 되었다. 펜로즈보다 열 살 어린 스티븐은 전부터 그의 여러 강연에 참석했다. 공교롭게도 킹스 칼리지 강연에는 참석하지 않았지만 케임브리지의 동료인 브랜던 카터에게 강연 내용을 들었다.

우주 이야기에서 모든 물질이 서로를 끌어당기는 힘이 중요한 것처럼, 항성의 이야기에서도 인력이 중요하다. 예를 들면 물질이 일으키는 인력이 항성의 내부 붕괴로 이어지지 않는 사실은 의아할 수 있다. 이는 항성 안에서 일어나는 핵반응 때문이다. 핵반응으로 항성이 뜨거워지면 항성 가스는 팽창하려는 성질을 얻게 되므로 중력의 수축 효과를 상쇄한다. 펜로즈는 그 강연에서 이후 거대해진 항성이 핵연료를 모조리 소진한 뒤에 식어가면 어떤 일이 벌어질지를 이야기했다. 연료가 전부 떨어져 죽어가는 항성은 스스로의 중력을 이기지 못하고 붕괴하기 시작한다.

펜로즈는 항성 붕괴는 복잡하고 혼란스러운 과정이므로 항성의 본래 형태인 말끔한 구형 대칭이 반드시 유지되는 것은 아니라고 밝혔다. 따라서 붕괴는 두 가지 시나리오로 진행될 수 있다. 그중 하나는 입자들이 서로를 스쳐 지난다는 빅뱅 이론 버전과 비슷하다. 항성이 붕괴되면 구성 물질들은 전부 항성 중심을 향해 떨어지지만 모두 정확히 같은 지점을 향하지는 않는다. 이처럼 구성 물질들이 빠르게 움직이면서 팽창기가 시작된다. 또다른 시나리오에서는 붕괴의 혼돈 속에서도 물질이 전부 항성 가운데의 정확히 같은 지점으로 모여 한 점으로 응축되어 물질의 밀도가 무한히 커진다.

스티븐 호킹

펜로즈가 궁극적으로 증명한 두 번째 시나리오는 아인슈타인의 방정식들이 요구하는 조건에 부합한다. 1969년 물리학자 존 휠러는 별의 중심에 무한한 밀도의 한 점을 가진, 이런 죽은 항성들을 가리켜 블랙홀이라고 불렀지만, 1965년까지만 해도 통일된 이름이 없을 만큼 학자들의 관심이 적었다.

물리학자들은 물리량들이 무한해지는 점을 특이점(singularity)이라고 부른다. 물리학자들은 무한을 회피하므로 특이점을 회피한다. 무한을 회피하는 까닭은 수학에서는 무한이 일어날 수 있지만 현실 세계에서는 일어나지 않기 때문이다. 우리가 측정하는 그 어떤 것도 무한하지 않으므로 특이점을 예측하는 모든 이론은 틀릴 수밖에 없다.

물리학자들은 차선책으로 특이점의 존재를 없앨 방법을 찾기 시작했다. 그 결과 몇 가지 대안이 나왔다. 그중 하나는 아인슈타인의 이론이 양자론이 아니라는 사실을 꼬집는다. 따라서 항성이 붕괴하면서 특정 크기로 작아지면 아인슈타인의 이론이 어떤 (아직 발견되지 않은) 수정 없이는 더 이상 작용하지 않는다. 그러한 수정이 특이점을 없앨 것인가? 우리는 모른다. 또다른 주장에 따르면, 우리는 블랙홀 내부를 볼 수 없으므로 특이점은 영원히 숨겨져 있어서 관찰할 수 없기 때문에 중요하지 않다. 이 같은 주장은 논리적으로 들리지만 그렇게 단순한 문제는 아니다. 블랙홀은 회전할 수 있는데 몇몇 복잡한 계산에서 블랙홀의 회전은 특이점의 존재를 드러낸다. 따라서 과학자들은 여전히 결론에 이르지 못하고 있다.

4 ✳

스티븐의 논문에서 유명한 네 번째 장은 위의 내용과 전혀 상관 없었다. 펜로즈의 연구는 많은 이론가들이 블랙홀에 관심을 가지게 한 계기가 되었지만, 스티븐은 여느 때처럼 자신의 방향대로 나아 갔다. 그는 중력의 영향으로 항성이 붕괴하는 이야기가 빅뱅의 이야기와 비슷하다는 주장을 역으로 바라보았다. 우주가 거대한 블랙홀과 같았다면, 시간을 되돌릴 경우 펜로즈의 항성 중의 하나처럼 붕괴한 시기가 있지 않았을까? 펜로즈의 수학적 방법론을 수정하면 아인슈타인의 방정식들에서도 벗어날 수 있는 통찰을 얻을 수 있을까? 아인슈타인의 방정식들이 팽창과 수축이 반복되는 버전이 아닌 빅뱅 이론을 입증한다는 것을 증명할 수 있을까?

원시적인 망원경의 성능을 개선해서 천체를 관찰한 갈릴레오처럼, 스티븐은 펜로즈의 수학적 방법론을 응용해서 우주를 연구했다. 스티븐은 박사 논문의 네 번째 장과 이후 몇 년간 펜로즈와 함께한 후속 연구에서 특이점을 비롯한 빅뱅의 모든 내용은 일반상대성의 불가피한 결과임을 증명하면서 스승인 데니스 시아마는 물론이고 지도 교수가 되어주기를 바랐던 프레드 호일보다도 유명해졌다. 우주에는 팽창과 수축의 주기가 없고 대신 물리학자들이 싫어하는 부피가 0인 시기가 있었다. 최소한 아인슈타인의 이론에서는 이 같은 결론은 필연적이었다.

스티븐이 이론을 완성할 때쯤 관측 천체물리학자들이 빅뱅의 실험적 증거들을 발견하기 시작했다. 이전에 핵물리학자들은 빅뱅이 일어나고 첫 몇 분 동안에 극도로 높은 온도와 압력 때문에 수소 핵(양성자)이 서로 융합하여 헬륨이 되었음을 밝혔었다. 구체적인 계산에 따르면, 수소 핵 10개마다 약 1개의 헬륨 핵이 발견되어야 하는데 천문학 관측이 이를 입증한 것이다. 빅뱅 이론은 빅뱅으로 발산된 복사 일부가 우주 배경 복사의 형태로 지금까지 존재해야 한다는 사실도 예측했다. 이 역시 스티븐이 논문을 발표하기 2년 전에 발견되었다. 하지만 빅뱅이 아인슈타인 방정식의 필연적인 결과임을 보여주는 수학적 방법론은 스티븐이 물리학의 세계에 본격적으로 발을 들이면서 탄생했다.

5

우리가 함께 펀트를 탄 후에 몇 달이 지났다. 나는 다시 케임브리지를 찾았다. 내가 며칠 전에 도착한 후로 스티븐과 나는 더디지만 꾸준히 작업을 이어갔다. 그날 아침 스티븐은 내게 평소와 다른 이메일을 보냈다. 편지에 담긴 제안에 무척 놀란 나는 한시라도 빨리 그를 만나고 싶었다. 그전까지 우리는 책에서 어떤 이야기를 하고 싶은지 서로 의견이 일치했지만, 스티븐은 그날 아침 보낸 이메일에서 중요한 주제에 대해 태도를 180도 바꾸려고 했다.

계단을 올라 내가 스티븐의 방 앞에 도착했을 때에는 문이 닫혀 있었다. 닫힌 문의 의미를 이제는 알았으므로 잠시 복도를 거닐기로 했다. 나는 문 옆 왼편에 걸린 녹색 칠판을 바라보았다. 시대착오적인 물건이었다. 건물은 전체적으로 현대적이었다. 스티븐의 사무실의 문은 검은색이었고 손잡이는 레버 형태의 금속 재질이었다. 벽은 보라색이었고 앞으로 열릴 학회를 알리는 게시판은 환한 노란색이었다. 화이트보드와 가루가 날리지 않는 지우개가 일반적인 시대에 지저분한 녹색 칠판은 과거의 유물이었다. 학생들이 칠판에 휘갈긴 도표 역시 마찬가지였다. 물리학자들이 일반상대성을 이해 하도록 돕는 이른바 시공간 도표였다. 아인슈타인을 가르친 교수들 중 한 명인 헤르만 민코프스키가 1907년에 만든 이 도표 역시 유물 이었다.

나는 민코프스키에 대해서 생각했다. 한 세기 전에 취리히에서 연구하던 민코프스키는 "원대한 생각"을 떠올린 뒤에 칠판에 기록 했다. 아인슈타인의 특수상대성에서 영감을 얻은 그는 특수상대성 의 3개의 공간 차원에 시간을 더했다. 아인슈타인의 특수상대성은 중대한 혁신이었지만, 시공간 개념에 현재 우리가 부여하는 형식적 인 의미를 형성한 것은 민코프스키이다.

우리 모두는 원대한 생각을 이야기하기를 즐긴다. 최소한 물리학 에서 원대한 생각은 끝이 아니라 시작이다. 당신이 어떤 생각을 가 지고 있건 물리학에서 마주하는 도전 중의 하나는 그 생각을 더 큰 지식과 연결하고 뜻 깊게 만드는 의미와 구체적인 방정식들을 밝히 는 일이다. 시공간의 경우 무엇보다도 중요한 것은 시간을 네 번째 차원으로 간주하는 상황에서 "거리"가 무엇을 의미하는지를 정의하 는 일이다. 우리 모두는 두 지점 사이의 거리에 대해서는 익숙하지 만, A와 B 지점이 공간과 시간을 모두 나타낸다면 둘 사이의 거리 는 어떻게 되는가?* 민코프스키의 수학적 해결법은 여기에서 구체

---

* 공간은 경도, 위도, 높이로 구체화할 수 있는 점들로 이루어져 있다. 어떤 한 점이 다른 점과 얼마나 먼지는 이 세 가지 좌표의 차이로 알 수 있다. "사건들"로 구성

스티븐 호킹

적으로 이야기하지 않아도 된다. 중요한 것은 그가 답을 찾았다는 사실과 그의 새로운 거리 개념 덕분에 시공간에 관한 그의 생각이 영향력을 발휘할 수 있었다는 사실이다. 실제로 민코프스키가 떠올린 개념은 아인슈타인이 후일에 일반상대성을 세우는 데에 핵심적인 역할을 했다.

민코프스키는 발견을 이루고 나서 다음과 같이 말했다. "내가 사람들에게 선보이기를 바라는 공간과 시간에 관한 견해는……급진적이다. 따라서 공간 자체와 시간 자체는 그저 그림자로 사라질 운명이고 둘 사이에서 일어나는 일종의 결합이 독립적인 실재를 보존할 것이다." 그의 예측은 사실이 되었다.

복도에 서 있던 나는 우리가 민코프스키의 시공간을 떠올릴 때마다 시공간을 초월하여 공간과 시간이 존재하지 않는 생각들의 평면 위에서 그와 연결된다는 사실을 깨닫고 전율했다. 스티븐 역시 민코프스키와 같은 크기의 영향력을 미쳤으며 지금으로부터 한 세기 후에 어느 물리학자가 스티븐의 도표와 방정식 앞에서 그의 상상력에 경탄하며 스티븐과 연결되었다고 느낄 생각을 하니 소름이 돋았다.

민코프스키와 마찬가지로 스티븐은 상대성을 자신이 발견한 곳에서 한 단계 도약시켰다. 하지만 스티븐은 아인슈타인이 승인하지 않았을 방향으로 도약시켰다. 아인슈타인은 양자론을 좋아하지 않

되는 시공간에서는 공간의 각 지점에 시간 도장이 찍혀 있고, 사건 사이의 거리는 공간의 거리뿐 아니라 시간의 차이에 따라서도 달라진다.

5 *

앗고 그의 일반상대성은 양자론의 원칙들과 어긋났다. 아인슈타인의 발견 이후 수십 년이 지나도록 일반상대성을 연구하는 과학자들은 많지 않았으며 양자론과의 부조화에 신경을 쓰는 물리학자도 거의 없었다. 하지만 스티븐은 초기 우주에 관한 이론과 블랙홀에 관한 이론에서 일반상대성과 양자론을 같은 영역으로 아우를 방법을 모색하며 둘 사이의 조화 가능성을 입증하여 상대성 물리학을 새로운 방향으로 이끌었다.

인류의 지식이 선사한 일반상대성과 양자론은 우아할 뿐만 아니라 눈부시게 성공적이었다. 두 이론 모두 현재의 기술을 발전시켰고 자연에 관한 물리학자들의 이해를 형성했다. 하지만 두 이론이 동시에 옳을 수는 없다. 서로 충돌하고 모순된다. 나는 스티븐을 더 깊이 알게 되고 그의 성격을 이해하게 되면서 모순된 이론과 관련 생각들을 조화시키는 것이야말로 그의 가장 큰 강점 중의 하나라는 사실을 깨달았다. 새가 나는 것처럼 모순은 스티븐에게 자연스러운 것이었다. 그는 죽었으면서 살아 있고, 강하면서도 무력하고, 대담하면서도 섬세했다. 스티븐에게 모순은 삶의 철학일 뿐만 아니라 삶의 방식이었다.

* * *

스티븐의 방문이 열리기를 기다리는 동안 나는 우리가 살펴보아야 할 방대한 자료를 떠올리면서 우리의 작업 속도가 스티븐이 타이핑할 수 있는 단어의 속도만큼이나 얼마나 더딘지를 생각했다. 나는 스티븐의 앞에 앉아 그가 단어와 문장을 작성하기를 기다려야 하는 소통의 병목현상에 익숙해져야만 했다.

스티븐은 병을 진단받은 이후 첫 20년 동안 대화 능력이 서서히 감퇴했다. 나중에는 제인, 킵, 로버트 도너번, 몇몇 박사 과정 학생들만이 그의 말을 이해했다. 그들이 통역사 역할을 하지 않으면, 그는 다른 사람과 대화할 수 없었다. 그러다가 1985년에 당시 마흔셋이던 그는 심각한 폐렴에 걸렸다. 스티븐은 몇 주일 동안이나 호흡기를 달고 있었는데 의사들이 호흡기를 떼려고 할 때마다 호흡 곤란으로 인한 발작을 일으켰다. 의사들은 제인에게 스티븐이 살 유일한 방법은 기관절개술이며 수술을 받고 나서는 이전 상태로 돌아갈 수 없다고 말했다. 다시는 말을 하지 못할 것이라는 뜻이었다. 하지만 스티븐은 수술을 받기에도 몸 상태가 영 좋지 않았으므로 결정은 제인의 몫이었다. 제인은 수술에 동의했다. 스티븐은 회복했지만 스펠링 카드 없이는 대화할 수 없게 되었다. 곁에 있는 사람이 카드의 여러 글자들을 돌아가면서 짚으면 스티븐이 원하는 글자에서 눈썹을 올리는 방식이었다.

스티븐은 자신이 살아 있지만 죽은 것처럼 느껴졌다. 수술이 꼭 필요했다는 사실을 받아들이기 힘들어했다. 수술에 동의한 제인에게 화를 냈다. 대화 능력을 잃어버린 이 시기에 스티븐은 병을 진단을 받고 나서 처음으로 자신의 병 때문에 좌절했고, 이내 심한 우울증을 앓았다.

약 1년 후에 당시 스티븐의 비서였던 주디 펠라가 BBC 방송을 통해서 장애인을 위한 컴퓨터 프로그램을 알게 되었다. 주디는 프로그램 개발자를 찾아 연락했고 얼마 지나지 않아 스티븐은 앞으로 평생을 같이할 커뮤니케이션 시스템의 초기 버전을 장착하게 되었다. 새로운 기술 덕분에 스티븐은 비디오게임을 하듯이 문장을 작성할 수 있었다. 안경에 달린 센서를 볼로 움직여서 화면 위 커서를 이동시키며 원하는 글자나 단어를 선택했다. 문장을 다 만들면 아이콘을 클릭해서 그의 유명한 컴퓨터 목소리가 타이핑한 내용을 읽게 했다. 익숙해지자 1분 동안 약 여섯 단어를 타이핑할 수 있었다. 빠르지는 않았지만 최소한 대화는 할 수 있었다. 게다가 더 이상 통역사가 필요하지 않았다. 다시 말해서 스티븐은 수년 만에 처음으로 원한다면 누군가와 단둘이 대화할 수 있게 되었다.

나는 스티븐과 칼텍에서 『짧고 쉽게 쓴 '시간의 역사'』를 같이 쓰고 『위대한 설계』의 계획을 짜면서 1분 동안 여섯 단어를 기다리는 게임을 여러 번 했었다. 하지만 여전히 적응하기가 힘들었다. 대답을 듣기까지 1분이 걸릴 때도 있었지만, 5분이나 10분이 걸릴 때도 있었다. 처음에는 조바심이 났다. 하지만 점차 마음을 편안히 먹는 법을 터득했고 나중에는 거의 명상 상태에 이르게 되었다. 그러나 『짧고 쉽게 쓴 '시간의 역사'』 집필이 작은 둔덕이라면, 『위대한 설계』는 산이었다. 『위대한 설계』 때는 명상이 불가능했다.

『위대한 설계』를 작업하면서 나는 스티븐이 타이핑하는 시간을 내 눈앞에 놓인 문제를 고민하는 데에 쓰기 시작했다. 더딘 의견

교환은 오히려 소중한 기회가 되기도 했다. 실시간으로 대답을 건네서 생각이 곧바로 머리를 떠나버리는 보통의 대화에서보다 문제를 더 깊이 생각하고 날카롭게 바라볼 수 있었다. 때때로 나는 모든 사람이 이 같은 방식으로 대화를 나누는 상상을 했다. 하지만 물엿 속을 거니는 듯한 답답한 상황을 아무도 견디지 못할 것 같았다.

스티븐과 가까워질수록 우리의 교감 방식은 진화했다. 스티븐의 가장 중요한 의사소통 수단은 단어가 아니었다. 시각장애인의 청각이 점차 발달하듯이, 스티븐은 비언어 소통 능력을 발전시켰다. 이를 활용할 줄 아는 그의 가까운 친구들은 대화를 주도하면서 그의 반응을 살폈다. 친구들은 물리학자들이 원자에 닿은 빛이 산란되는 방식을 관찰하여 원자를 이해하듯이, 스티븐을 자세히 관찰하며 그의 마음을 간접적으로 읽은 뒤에 자신의 단어로 표현했다. 스티븐은 필요할 때면 단어나 문장을 끼워넣었지만, 그의 감정을 전달하는 가장 강력한 수단은 눈, 이마, 입을 움직이며 짓는 표정이었다. 인상을 찌푸리는 것처럼 한 번에 알 수 있는 표정도 있었지만, 미묘한 표정도 있었다. 때로는 스티븐이 의도한 뜻을 이해하면서도 그가 어떻게 그 뜻을 전달했는지는 알 수 없었다. 이는 스티븐이 기관절개술을 받기 전에 가까운 사람들이 그의 어눌한 말을 알아들을 수 있게 된 것처럼 가까운 사람만이 이해할 수 있는 특별한 언어였다. 스티븐에게 음성 언어는 고기에 곁들인 소스일 뿐이었다.

* * *

스티븐의 방문은 여전히 닫혀 있었다. 닫힌 문 앞에서 한참을 기다리다 보니 점차 지루해졌다. 주디스는 자신의 사무실 안에서 어깨에 올린 전화기에 대고 무엇인가를 빠르게 말하며 앞에 잔뜩 쌓인 편지를 훑고 있었다.

스티븐의 세계는 혼돈의 도가니였다. 상황이 조금이라도 안정되는 기미가 보이면, 그는 다시 모든 것을 휘저었다. 그는 모든 것에 혼란을 일으키려고 했고『위대한 설계』때도 마찬가지였다. 우리가『짧고 쉽게 쓴 '시간의 역사'』의 집필을 마치고 나서 내가 그에게 또다른 책을 같이 써보는 것이 어떨지 물었을 때에 내가 염두에 둔 주제는 그가 당시 수행하던 흥미로운 최신 물리학 연구였다. 오로지 물리학에 초점을 맞추더라도 획기적인 걸작을 만들기에 충분했다. 하지만 스티븐은 이내 더 원대한 계획을 세웠다.

스티븐은『위대한 설계』를 통해서 자신의 최신 연구가 지닌 철학적 의미를 이야기하고 싶어했다. "난 이론물리학의 새로운 철학을 제시하고자 합니다."그가 말했다. 대범한 목표였다. 너무 진지하게만 받아들이지 않으면 흥미로운 생각이었다. 우리 중 누구도 철학 분야의 전문가가 아니었다. 하지만 한편으로는 물리학자들이 자신의 연구를 이야기하고 그것이 세상과 맺는 관계를 어떻게 생각하는지 살펴보는 것이라면 문제가 없어 보였고, 실제로도 과학 서적에서 이 같은 논의가 이루어졌다.

스티븐이 철학을 이야기하겠다고 말한 뒤였으므로 나는 그날 아침 그의 이메일을 받고 놀랄 수밖에 없었다. 그는 책의 첫 장 앞부분에 다음의 문장들을 넣기를 바랐다. "우리가 속한 세계를 어떻게 이해할 수 있을까? 우주는 어떻게 행동할까? 실재의 본질은 무엇일까? 이 모든 것은 어디에서 왔을까? 우주에 창조자가 필요했을까?"

그리고 다음의 문장을 덧붙였다. "이런 질문들은 전통적으로 철학의 영역이었으나, 철학은 죽었다……."

"이론물리학의 새로운 철학"을 제시할 책의 시작이 어떻게 철학의 죽음일 수 있는가?

내가 생각에 잠겨 있는 사이에 주디스가 마침내 통화를 마쳤다. 그리고는 미소 지으며 큰소리로 외쳤다. "레오나르드! 좋은 아침이에요!" 이미 오후였지만 나도 "좋은 아침입니다"라고 말했다. 우리가 약속한 시각은 정오에서 1시 사이였다.

주디스가 사무실로 들어오라고 내게 손짓했다. 이미 책과 서류가 방을 가득 메우고 있었지만, 더 많은 책과 서류가 상자들 안에 담겨 있었다. 책장에는 『시간의 역사』의 외국어 번역본들이 꽂혀 있었는데 그중에는 어떤 언어인지 도통 짐작할 수 없는 것도 많았다. 스티븐이 세르보크로아트어 번역본의 반응이 좋았다고 알려준 기억이 떠올랐다.

주디스는 기다리다가 지쳐버린 나를 딱하게 여겼다. "성자가 아니고서야 박사님과 함께 일하긴 힘들죠." 그녀가 말했다. "여기 산더미같이 쌓인 편지를 전부 읽어야 한다니까요! 매일 이렇죠. 근데 이 편지는 꼭 읽어봐야 해요. 분명 흥미로울 거예요! 얼마나 놀라운지 몰라요!" "호킹 교수님께"라고 적힌 두 장짜리 편지에는 미사여

5 *

구가 가득한 문장들이 꾹꾹 눌러 쓰여 있었다. 첫 문장은 "제가 교수님의 연구에서 얼마나 큰 기쁨을 느꼈는지 말로 다 표현할 수 없습니다"였다. "기억하실지 모르겠지만, 전에도 런던에서 안부 편지와 함께 수제 트뤼플 초콜릿을 보내드렸습니다⋯⋯." 그리고 몇 줄 아래로 다음과 같은 내용이 이어졌다. "저와 물리학의 관계는 사랑이면서 증오이기도 했습니다. 그러다가 2005년 12월 25일 제가 사는 런던 집 문 앞에서 예수님을 만났습니다⋯⋯목발을 짚고 계셨죠. 금발 청년의 모습이었고 이마에는 옥스브리지[옥스퍼드/케임브리지] 인장이 찍혀 있었어요. 예수님은 텔레파시를 보내서 자신이 설계한 시스템이 얼마나 단순한지/단순했는지 내가 곧 깨달을 것이며 우주들의 작동방식, 특히 우리 우주를 운영하는 자신의 방법도 이해하게 될 거라고 알려주셨습니다."

나는 주디스에게 이런 편지들을 스티븐에게 보여주는지 물었다. "아니요. 박사님은 내가 이런 편지로 시간을 뺏으면 짜증을 내요. 바로 귀를 닫아버리죠. 많은 사람들이 박사님께 자신이 세운 이론이나 외계인에 관한 편지를 보내요. 박사님은 그들을 괴짜로 취급해요. 대신 내가 답장을 보내죠. 전 괴짜들을 좋아하거든요. 사실 이 편지를 보낸 여자와 박사님이 바라는 건 같아요. 그 여자도 우주의 시스템을 이해하고 싶은 거잖아요."

속으로 나는 동감했다. 복잡한 수학 방정식들이 나열된 두꺼운 책을 파고들 필요 없이 목발을 짚은 예수의 텔레파시만 듣고도 이해할 수 있는 우주는 얼마나 경이로울까. 신이 텔레파시로 알려준 이론이므로 한 치의 의심도 없이 믿을 수 있다면 얼마나 좋을까. 실험을 하지 않아도 되고 나의 믿음이 틀릴 위험도 없다. 나는 어느샌가 편지를 보낸 여자를 부러워하고 있었다. 머리는 이상해도 행복한 사람이었다.

그러다가 나에게도 스티븐에게 편지를 보낸 여자가 만난 존재와 비슷한 존재가 있음을 문득 깨달았다. 내게는 스티븐이 있었다. 우주에 관한 스티븐의 통찰은 놀라웠고, 그의 언어는 비록 텔레파시는 아니었지만 마법과 같았다. 이마에 인장은 없었지만 어쨌든 옥스브리지 출신이기도 했다. 다만 스티븐의 이론은 안타깝게도 신성하지 않으며 절대 진리로 확신할 수 없었다.

스티븐의 방문이 드디어 열렸다. 그가 나를 맞을 준비가 된 것이다. 나 역시 그를 만날 준비가 되어 있었다. 사실 무척 오래 기다렸지만 스티븐은 방으로 들어온 내게 눈길을 주지 않았다. 그는 스푼으로 차와 함께 비타민을 먹고 있었다. 간호인이 동네 식당에서 훔쳐온 커다란 스푼을 컵에 담근 다음 약을 넣고 스티븐의 입에 가까이 댔다. 스티븐이 온 힘을 다해 입을 벌리면 스푼을 입안으로 집어넣었다. 스티븐은 수시로 갈증을 느꼈지만 언제나 수분보다 비타민을 더 찾았다. 내게는 집착으로 보였다.

***

스티븐은 하루에 약 80가지 비타민을 복용했다. 두 시간마다 복용했는데 대부분 간호인이 그의 복부에 뚫린 "페그 관"으로 용액을 직접 주입하는 방식이었다. 스티븐의 아버지는 엽산 같은 항산화제가 아들에게 도움이 되리라고 믿었다. 이는 근거 없는 추측에 불과했고, 50년이 지난 뒤에도 항산화제의 효능을 입증하는 증거는 나오지 않았다. 처음에 나는 스티븐이 영양제의 효능을 진심으로 기대한다고 생각하지 않았다. 몸에 해롭지 않다면 시험 삼아 복용해도 손해 볼 것은 없지 않은가? 물리학자 조지 가모브가 양자론의 선구자인 닐스 보어에 관해서 이야기한 한 가지 일화가 있다. 보어는 덴마크 티스빌레에 있는 별장 대문에 말굽을 걸어두었다고 한다. 이를 본 손님이 물었다. "당신같이 위대한 과학자도 말굽이 행운을 불러온다고 믿나요?" "아니요." 보어가 대답했다. "안 믿어요. 그런데 믿지 않아도 효과가 있다고들 하잖아요!"

얼마 지나지 않아 나는 내 짐작이 틀렸음을 깨달았다. 스티븐은 보어처럼 그저 시험 삼아 비타민을 복용하지 않았다. 그는 아주 진지했고 비타민의 효능을 **진심으로** 믿었다. 심리적으로 의존할 만큼 굳건한 믿음이었다. 간호인들은 내게 스티븐이 비타민 중독이라고 말했다.

한번은 스티븐이 학회 참석차 텍사스에 머무는 동안 아이슬란드의 에이야프야틀라이외쿠틀 화산이 폭발한 적이 있다. 북유럽을 통과해야 하는 비행 편은 엿새 동안 운항이 중단되었다. 스티븐은 공황 상태에 빠졌고 극도로 불안해했다. 평소 알고 지내던 스페인 펠리페 왕세자(지금은 국왕이다)에게 개인용 비행기로 비타민을 공수

해주거나 그를 유럽으로 데려다달라고 부탁하려고 했지만, 주디스가 반대했다. 주디스는 "비타민 때문에 비행기를 빌리는 사람이 어디 있어요?"라며 스티븐의 계획을 무시했다.

스티븐은 세상에서 몸이 가장 약한 사람 중의 한 명이었다. 혼자 음식을 먹을 수도, 스스로를 돌볼 수도 없었다. 뼈가 쉽게 부러지고, 온몸에 힘이 없고, 만성 폐렴에 시달렸으며, 해가 갈수록 몸이 더욱 약해졌다. 이 모든 어려움에도 불구하고 그는 사람들을 만나고, 파티에 참석하고, 전 세계를 여행하는 것을 좋아했다. 그는 모험가였다. 개조한 보잉 727기가 우주왕복선 활주로에서 이륙해서 반복적으로 급하강하며 무중력 상태의 스릴을 경험하게 하는 "멀미 혜성" 프로그램에도 참가했다. 언젠가 리처드 브랜슨의 초대를 수락해 우주에도 가볼 계획이었다. 그에게 단 한 가지 두려운 것이 있다면 바로 비타민이 다 떨어지는 상황이었다.

주치의들이 보기에 영양제 덕분에 살고 있다는 스티븐의 믿음은 그가 우편으로 받은 우주에 관한 이상한 이론만큼이나 사실일 가능성이 낮았다. 스티븐은 편지를 보낸 사람들의 기괴한 우주 이론들을 무시했지만, 자신의 위치를 이해하고 싶어하고 곤궁을 이길 힘을 원하는 인간의 기본적인 욕망만큼은 그들과 공유했다. 스티븐의 아버지는 비타민으로 병과 싸울 수 있다고 말했다. 물리학에서 스티븐은 수학으로 여러 아이디어들을 검증할 수 있었다. 하지만 병은 그럴 수 없으므로 자신이 사랑하는 의사 출신의 아버지가 한 조언에 매달렸고 그가 유산으로 남긴 처방을 온전히 따랐다.

5 *

스티븐의 타고난 회의주의를 떠올리면 비타민에 대한 신봉은 그의 성격과 어울리지 않아 보인다. 그의 마음은 닫혀 있지 않았다. 그는 이미 알려진 사실과 모순되지 않는다면 어떤 이론이라도 최소한 잠정적으로는 받아들일 준비가 언제나 되어 있었다. 일반상대성과 양자론이 그러하듯이, 전혀 다른 이론이 전혀 다른 방식으로 세상을 개념화하더라도 문제 삼지 않았다. 두 이론을 모두 인정했으며 필요에 따라 서로 다른 설명을 오갔다. 스티븐이 이론에 요구하는 가장 중요한 조건 중의 하나는 관찰이나 실험으로 입증하거나 반박할 수 있는 예측을 해야 한다는 것이었다. "실재에 관한 그림은 모두 유효해요." 스티븐이 내게 말했다. "관찰에 부합한다면 말이죠."

플라톤은 수학의 세계는 분명한 불변의 법칙으로 이해할 수 있지만 감각으로 인지해야 하는 물리적 세계에 대해서는 진정한 지식을 결코 얻을 수 없다고 믿었다. 스티븐은 플라톤의 믿음에 동의하는 데에 그치지 않고 그의 견해를 한 걸음 더 발전시켰다. 칸트와 마찬가지로 스티븐은 우주에 관한 우리의 물리적 지각과 우주에 관한 우리의 수학적 설명을 구성하는 개념들은 모두 우리 뇌의 구조에 의해서 만들어진다고 생각했다. 이 같은 시각에 따르면, 뇌의 본질은 우리가 사고하는 방식과 우리가 떠올릴 수 있는 생각의 종류를 결정한다. 따라서 스티븐은 과학자들이 특정 방식으로만 자연을 볼 수밖에 없고 제한된 범위의 이론만 이해한다고 믿었다. 그러므로 우리의 과학 이론이 설명하는 세계는 우리의 마음에서만 존재하며,

"객관적인" 실재의 존재를 상정하는 것은 무의미하다.

『위대한 설계』에서 스티븐이 가장 좋아한 부분 가운데 하나는 내가 인터넷에서 찾은 이탈리아의 어느 마을에 관한 이야기이다. 그곳에서는 둥근 어항에서 금붕어를 키우는 행위를 금지했다. 동물 보호단체들이 둥근 어항에서는 어항 밖의 세상이 왜곡되어 보이므로 이것이 금붕어에게 잔인하다고 판단했기 때문이다. 보통 스티븐은 이 같은 이야기에 웃으며 눈을 치켜뜨지만, 금붕어 시나리오는 그가 물리학 세계에 대한 인류의 지식에 관해서 꼬집고 싶어한 중요한 사실을 생생하게 보여주었다.

뉴턴은 자유롭게 움직일 수 있는 물체는 직선으로 이동한다고 주장했다. 하지만 빛은 공기에서 물로 이동할 때에는 휘어진다. 따라서 어항 밖에서 직선으로 움직이는 물체는 금붕어가 보기에는 휘어진 경로를 따라서 움직인다. 금붕어 과학자가 어항 밖 "바깥 공간"에 있는 사물들의 움직임을 설명하는 운동 법칙을 만든다고 상상해보자. 금붕어 과학자가 만든 법칙들은 금붕어의 경험을 반영하므로 자유롭게 움직이는 물체는 휘어진 경로를 따라 이동한다고 주장할 것이다. 우리에게는 이상해 보이는 이론일지 몰라도 금붕어에게는 어항 밖 물체들의 움직임을 정확히 예측하는 데에 유용한 이론이다.

두뇌가 무척 뛰어난 또다른 금붕어가 새로운 이론을 세웠다고 가정해보자. 새 이론에 따르면 어항 밖에서 자유롭게 움직이는 물체들은 직선으로 이동한다. 명석한 금붕어는 빛이 바깥에서 안으로 들어올 때에 휘어지므로 선들이 휘어져 **보이는** 것일 뿐이라고 주장한다. 두 번째 금붕어의 이론은 첫 번째 이론과 같은 관찰을 설명하지만 다른 방식으로 표현한다. 첫 번째 이론은 물체들이 휘어진 경로를 따른다고 말하지만, 두 번째는 경로는 직선이고 휘어진 것은 빛이라고 말한다.

두 이론은 같은 예측을 하지만, 어떤 금붕어 과학자들은 두 번째 이론을 선호하고 어떤 과학자들은 첫 번째를 지지한다. 아니면 주어진 맥락에서 어떤 이론이 유용한지에 따라 두 가지 모두를 응용하는 과학자도 있을 수 있다. 어떤 이론이 "실재"에 부합하는지 논쟁을 벌이는 금붕어 철학자들도 있을 것이다.

이 이야기를 읽은 우리 인간은 두 번째 이론을 선호한다. 우리의 관점이 "외부 관점"이기 때문이다. 금붕어에게 우리는 그들의 우주를 창조하고 그들로서는 결코 알 수 없는 바깥 영역을 경험한 신과 같은 존재이다. 그러나 어항을 통과할 수 없는 금붕어의 관점에서 어떤 이론이 바깥세상을 더 잘 설명하는지는 결코 답을 구할 수 없는 문제이다.

스티븐은 우리가 금붕어와 같은 상황이라고 믿었다. 첫 번째 이유는 인간 정신의 구성은 세상을 이해할 수 있는 방식을 제한하는 어항에 빗댈 수 있기 때문이다. 두 번째로는 현대 물리학의 점차 많은 이론들이 금붕어의 두 가지 이론처럼 어떤 현상에 대해서 서로 다르고 때로는 모순되는 그림을 제시하지만 검증 가능한 예측에서는 모두 일치하기 때문이다. 유명한 파동/입자 이중성(wave-particle duality)도 초기의 사례 중의 하나이지만, 코페르니쿠스 시대로까지 거슬러올라가는 예들도 있다.

　기원후 2세기에 프톨레마이오스가 만든 천체 모형에서는 지구가 가운데에 있다. 그 주위를 둘러싼 8개의 원에는 달, 태양, 별, 행성들이 각각의 원에서 더 작은 원인 주전원(周轉圓)을 그리며 움직인다. 프톨레마이오스의 모형은 이 같은 방식으로 하늘에서 관측되는 복잡한 경로들을 설명했다. 하지만 16세기에 니콜라우스 코페르니쿠스는 태양이 가운데에 있는 지금 우리에게 익숙한 태양 중심 이론을 제시했다. 많은 사람들이 코페르니쿠스가 맞고 프톨레마이오스가 틀리며 코페르니쿠스가 지구가 아닌 태양이 태양계의 "실제" 중심이라는 사실을 우리에게 가르쳤다고 말한다. 그러나 우리는 지구를 가운데에 두어도 태양을 가운데에 둘 때와 마찬가지로 밤하늘의 관측을 설명할 수 있는 모형을 만들 수 있다. 현대 물리학의 관점에서 두 가지 접근법은 모두 유효하다. 태양 중심 모형은 더 단순하다는 면에서 우수하지만, 이는 실용성이나 심미학의 문제일 뿐이다.

　스티븐은 무엇이 실재인지에 관한 질문은 결코 합의를 이룰 수 없으므로 우리는 그와 같은 질문에 시간을 쏟아서는 안 된다고 믿었다. 그는 그런 질문을 받을 때면 상한 고기를 먹었을 때처럼 오만상을 찌푸렸다. 우리는 우리가 확인하고 검증할 수 있는 예측을 제시하는 이론이라면 그것을 믿어야 한다. 또다른 이론이 세상을 다르게 설명하지만 그 예측을 검증할 수 있다면 그 역시 믿어야 하며,

지금 눈앞의 목적에 가장 유용한 실재에 관한 그림을 활용하면 된다. 또다른 성공적인 이론이 우리가 닿을 수 없는 다른 우주나 차원에 관한 추가적인 예측을 하더라도 괜찮다. 우리는 그러한 영역이 "실제로 존재하는지" 걱정하지 않아도 된다. 이것이 물리학에 관한 스티븐의 철학이었다.

스티븐은 철학이 죽었다고 선언했지만, 위의 문제들을 이야기하면서 철학과 교감했다. 그의 생각들은 과학적 실재론 대 반실재론이라는 오랜 전통의 철학적 논증에 부합했다. 실재론에 따르면 과학 이론의 역할은 세상을 정확하게 설명하는 것이다. 반실재론에 따르면 이론의 역할은 그저 우리의 감각 경험을 체계화하는 것이다. 실재에 관한 스티븐의 생각들은 실재론과 반실재론을 뒤섞은 듯했다. 이에 대해서 나는 "모형 의존적 실재론(model dependent realism)"이라는 이름을 떠올리게 되었다.

스티븐은 물리학에서도 이름이 중요하다고 생각했다. 그는 "블랙홀"을 탁월한 이름이라고 평가했다. 휠러가 "블랙홀"이라는 이름을 떠올리기 전까지 사용되던 "중력적으로 완벽하게 붕괴한 물체"가 계속 사용되었다면, 대중은 블랙홀에 그다지 흥미를 느끼지 않았을 것이라고 생각했다.

나는 실재론 대 반실재론 논쟁을 이야기하며 내가 지은 이름을 설명하려고 과학론 교과서 한 권을 들고 스티븐의 방을 찾았다. 하지만 책을 꺼내들었을 때, 스티븐이 별 흥미를 보이지 않자 나는 계획을 포기해야겠다고 생각했다. 그래서 한쪽으로 책을 치우고

"모형 의존적 실재론"을 그저 내뱉었다. 스티븐은 좋아했고 그렇게 해서 우리는 그 이름을 사용하게 되었다. 나에게 모형 의존적 실재론은 용도에 따라서 다른 이론을 받아들이고 현실적인 목표에 따라서 다른 실재를 받아들인다는 의미였다. 나는 비타민에 대한 스티븐의 믿음도 같은 방식으로 이해했다. 입증되지 않았지만 반박되지도 않은 비타민 모형이 제시하는 실재에 스티븐은 매력을 느꼈다.

* * *

스티븐이 비타민을 다 먹고 나서야 나는 마침내 질문할 수 있었다.

"왜 철학이 죽었다고 쓰고 싶은 거죠?" 내가 물었다. "철학은 죽지 않았어요. 한때 '자연철학'으로 불렸던 건 죽었지만 철학은 아닙니다." 난 곧바로 말했다.

과학의 전신인 자연철학은 이성과 경험의 조합이 아닌 순수한 이성을 통해서 자연을 이해하려는 철학의 한 분야였다. 과학적 방법론이 탄생하면서 자연철학은 구시대적 유물이 되었다. 스티븐은 이모든 사실을 알았지만, 나는 그래도 계속 설명했다.

"이제 철학보다는 과학을 통해 우주를 더 잘 이해할 수 있다는 사실에는 저도 동의합니다." 내가 말했다. "하지만 삶에 관한 철학도 있습니다. 윤리도 있고요. 논리도 있죠. 수학이나 물리학 같은 구체적인 과학 분야에 관한 철학도 있습니다. 이런 철학들은 죽지 않았습니다."

스티븐은 나를 나무라듯이 쳐다보았다. 나와 생각이 다른 것이 분명했다. 나는 답을 기다리는 동안 멍하니 그를 바라보았다. 어느 순간 그가 입은 재킷이 두 치수 정도 크다는 사실을 깨닫고는 놀랐다. 그는 옷에 완전히 파묻혀 있었다. 바지도 마찬가지였다. 근육이 거의 없는 그에게 꼭 맞는 옷을 찾기란 어려웠을 것이다. 뼈에는 살이 거의 없었다.

"제게 생각이 있어요." 스티븐에게 말했다. 그는 답을 타이핑하다 말고 나를 올려다보았다. "이렇게 쓰면 어떨까요? '물리적 세계를 이해하는 방식으로서 철학은 죽었다.'"

스티븐이 인상을 찌푸렸다. 그러고는 다시 컴퓨터 화면으로 눈을 돌리고 대답을 타이핑하기 시작했다.

나는 대답을 빨리 듣고 싶은 마음에 일어서서 그가 타이핑하는 화면을 바라보았다. 이런 일은 잘 없었고 스티븐이 다른 사람이 자신의 화면을 보는 것을 "일반적으로" 좋아하지 않는다는 말을 들었던 터라 나는 상황이 우스꽝스럽게 느껴졌다. 하지만 스티븐은 신경 쓰지 않는 듯했다. 시간이 흐르면서 스티븐은 내가 의자를 당겨 곁에 앉아도 불편해하지 않았다. 작업 속도를 높일 수 있으므로 오히려 좋아했다. 내가 그가 만드는 문장을 화면으로 보고 있으면 때로는 대신 문장을 끝내거나 무슨 말을 할지 미리 짐작할 수 있기 때문이었다. 나의 추측이 맞아 문장을 끝내지 않아도 되면 시간을 절약할 수 있었다. 하지만 틀리면 그는 짜증을 냈다. 두 번 연속 틀리면 **진심으로** 짜증을 냈다.

나는 곁으로 가서 그가 타이핑을 막 끝낸 문장을 보았다. "그 문장에는 힘이 없어요."

나는 컴퓨터 목소리가 타이핑된 문장을 읽기 전에 대답했다.

"맞아요." 내가 맞받아쳤다. "힘은 좀 없지만, '철학은 죽었다'는 지나친 단순화예요."

스티븐은 다시 컴퓨터 화면으로 눈을 돌렸지만 새로운 문장을 만들지 않고 방금 작성한 문장을 컴퓨터가 읽게 했다. "그 문장에는 힘이 없어요."

"무슨 말씀인지 잘 알아요." 내가 말했다. "하지만 철학이 죽었다고 말하면 많은 사람들이 화를 낼 겁니다."

스티븐은 다시 화면을 보고는 또 한 번 같은 문장을 클릭했다. 스티븐은 컴퓨터 목소리의 볼륨을 조절할 수 있었는데 이번에는 소리가 아주 컸다. "그 문장에는 힘이 없어요."

나는 스티븐을 쳐다보았다. 과장된 미소를 지을 때처럼 입술이 잔뜩 휘었지만 웃을 때와 달리 입꼬리 방향이 밑을 향했다. 내가 자신의 말을 받아들이지 않아 분명 화가 나 있었다. 나의 문장에 힘이 없다는 것은 어쨌든 사실이었다. 스티븐은 힘 있는 문장을 좋아했다.

스티븐은 두 종류의 동료를 견디지 못했다. 첫 번째는 자신의 말을 이해하지 못하는 명석하지 않은 사람이고, 두 번째는 자신의 말을 받아들이지 않는 사람이었다. 내가 그의 문장을 너무 글자 그대로 받아들였나? 극적인 효과를 불러일으키는 스티븐의 재능을 짓

밟으려고 했나? 스티븐이 아직 휠체어를 스스로 움직일 수 있었을 때, 그의 학생이던 돈 페이지가 스티븐과 논쟁을 벌이다가 물러서지 않자 스티븐이 휠체어를 돌진시켰고, 돈이 피하지 않았다면 그는 휠체어와 정면으로 충돌해서 쓰러졌을 것이다. 내가 스티븐을 알게 되었을 때는 더 이상 휠체어를 스스로 움직이지 못했다. 그러므로 나를 향해 돌진할 수 없었다. 하지만 그가 그럴 수 있더라도 지금 문제는 그럴 만한 가치는 없었다.

"알겠습니다." 내가 말했다. "하지만 소용돌이가 일어날 겁니다."

스티븐의 입꼬리가 올라가더니 환한 미소를 지었다. 소용돌이를 일으킬 생각에 신이 난 것이다.

＊＊＊

몇 년 후에 우리의 책이 나왔을 때, 스티븐의 직감은 적중했다. 그의 문장은 많은 독자들에게 찬사를 받았다. 하지만 나의 예상 역시 맞았다. 많은 사람들이 화를 냈다. 특히 철학자들이 분노했다.

처음 물리학에 발을 들이는 사람들 대부분은 자신의 일이 지니는 심오한 의미를 깊이 생각하지 않는다. 하지만 원로 물리학자들은 자주 고민한다. 오랜 시간 물리학과 관계를 맺다 보면 자기 일의 의미에 대한 철학과 태도를 점차 형성하게 된다. 스티븐이 그랬다. 그의 물리학은 모형 의존적 실재론에 관한 아이디어에서 비롯된 것이 아니었다. 모형 의존적 실재론에 관한 아이디어가 그의 물리학에서 파생되었다.

스티븐은 스물넷이던 1966년에 박사 논문을 마친 이후 본격적으로 물리학자의 길을 걸었다. 그는 논문에서 우주가 아인슈타인의 일반상대성에 따라서 빅뱅으로 시작되었음을 증명했다. 그러면서 우주론계의 유명인사가 되었지만, 아직은 막대한 영향력을 행사하는 인물은 아니었다. 그의 명성을 드높인 것은 우주, 시공간의 본질, 힘, 운동, 심지어 현재가 미래에 영향을 미치는 의미를 전혀 다르게 개념화하며 서로 충돌하는 일반상대성과 양자론을 조합한 다음 프로젝트였다. 모형 의존적 실재론에 관한 스티븐의 아이디어들이 탄생한 뿌리는 두 이론이 일으키는 모순의 포용에서 발견할 수 있다. 그는 두 이론을 자유자재로 넘나들며 하나의 중요한 물리적 현상에 일반상대성과 양자론을 모두 적용한 첫 물리학자가 되었고 이후 많은 학자들이 그의 뒤를 따랐다. 바로 블랙홀 현상이다. 스티븐의 블랙홀 연구는 후에 호킹 복사(Hawking radiation)로 불린 현상을 발견하면서 정점에 이르렀다.

6

내가 케임브리지를 찾기 시작하기 전인 2005년과 2006년에 스티븐이 칼텍을 방문한 동안에 우리는 책에 어떤 내용을 포함할지 계획을 세웠다. 나는 그런 계획에 익숙하지 않았다. 판테온 출판사의 나의 담당 편집자 에드워드 커스텐마이어는 내가 혼자 책을 쓸 때에는 내게 많은 재량권을 주었다. 양자 컴퓨터에 관해서 쓴다고 해놓고서는 여자 축구에 관한 원고를 주면 문제가 되겠지만, 그렇지 않고서는 원하는 대로 쓸 수 있었다. 대충의 윤곽만을 짠 다음 글을 쓰면서 완성해가는 식이었다. 스티븐도 그의 화제작 『시간의 역사』를 쓸 때에 계획을 거의 세우지 않았다. 하지만 『위대한 설계』 작업에는 마치 물리학 논문을 쓸 때처럼 세밀하게 계획을 짰다.

스티븐은 우리가 글을 쓰기 전에 모든 것을 결정하려고 했다. 하지만 최종적인 것은 아무것도 없었다. 어떤 결정을 내리더라도 며칠 후면 수정했다. 우리는 여전히 같은 일을 반복하고 있었다. 나는 이런 식으로 하다가는 계속 의논만 할 뿐 아무것도 쓰지 못하리라는 생각이 들었다. 이미 한참을 논의한 문제들을 가지고 오후 내내 씨름하던 어느 날 스티븐이 갑자기 말했다. "이제 얘기는 그만할 때인 것 같군요." 처음에는 그의 말을 이해하지 못했다. 저녁을 먹자는 말인가? 하지만 그는 와인과 저녁 메뉴 이야기를 하는 것이 아니었다. 이제 쓰기 시작하자는 말이었다. 아직 채워야 할 부분들이 있었고 논의를 끝내지 못한 내용도 있었지만, 스티븐은 이제 그만하면 됐다고 생각했다. 그렇게 해서 내가 케임브리지를 오가게 되었고 우리는 원고를 쓴 뒤에 교환하고 모든 아이디어와 단어를 검토하기 시작했다.

스티븐과 일할 때면 나는 나의 견해를 주저 없이 방어해야 했다. 때로는 그의 주장을 격렬하게 반박하다가 30분 뒤에는 아무렇지 않게 술집에 앉아 서로 웃으며 이야기했다. 스티븐이 세상을 떠나기 몇 년 전에 저명한 우주론자이자 그의 친구인 닐 투록은 스티븐이 가장 자랑스럽게 여기던 몇몇 연구를 비판하는 논문들을 발표했다. 하지만 둘의 우정에는 아무 문제가 없었다. 이는 이론물리학의 문화이다. 누군가가 나의 생각에서 결함을 발견하고는 당신은 치열하게 고민했겠지만 약간의 오해 때문에 다른 모든 면에서는 탁월한 논증의 유효성에 영향이 있었던 것 같군요라고 말한다면, 한마디로 멍청하긴이라는 말로 들릴 것이다. 하지만 충고자의 내면을 깊이 들여다보면 그는 당신에게 호의를 베푼 것이다. 어떤 생각이 옳지 않다면 당신이나 다른 사람들이 막다른 골목을 향하며 시간을 낭비하기 전에 그 사실을 깨닫는 편이 낫다. 이론가는 자신의 생각 대부분이 반박되리라는 사실을 안다. 이론가의 거의 모든 생각이 옳다면 현재 물리학의 모든 문제는 이미 해결되었을 것이다. 따라서 누군가에게 지적을 받았다면 잘못된 생각을 찾는 헛수고를 덜게 된 것이므로 그에게 악감정을 느낄 이유가 없다.

우리는 작업하는 내내 『시간의 역사』에 관한 스티븐의 경험이 보내는 경고의 메시지를 마음에 새겼다. 광원뿔, 허수시간 같은 개념을 다룬 『시간의 역사』는 수많은 편집을 거치고 엄청난 인기를 누렸지만 사실 읽기가 무척 힘들다. 우리가 칼텍 근처에 있는 저렴한 햄버거집인 버거 컨티넨탈에서 햄버거를 먹고 있을 때, 한 학생이 다가와 『시간의 역사』가 자신이 가장 좋아하는 책들 중 한 권이라고 말했다. 그러자 스티븐이 물었다. "고맙습니다. 그런데 끝까지 읽었나요?" 스티븐은 대부분의 사람들이 그 책을 끝까지 읽지 않았다는 생각에 언제나 같은 질문을 했다. 그런 일이 무척 자주 일어났으므로 문장을 아예 컴퓨터에 저장해놓았다. 스티븐은 『위대한 설계』는 다르기를 바랐다. 대부분의 사람이 어려워할 최신 물리학에 관한 내용도 있겠지만 거의 모두가 끝까지 읽기를 원했다.

서로의 원고를 검토하기 위해서 나는 또다시 케임브리지를 찾았다. 스티븐의 집에서 막 저녁을 먹고 난 뒤였다. 다른 때와 마찬가지로 스티븐의 부인 일레인은 보이지 않았고 백발의 조언이 음식을 만들었다. 조언은 서서 음식을 하는 동안 허리에 통증을 느끼는 듯했지만 언제나 밝았고 한 번도 불평하지 않았다.

저녁 메뉴는 소스를 잔뜩 뿌린 양고기 스튜였다. 그날 밤 찾아온 간호인 제럴드가 고기를 잘게 썰어 소스와 섞은 뒤에 스티븐에게 먹였다. 소스 덕분에 스티븐은 고기를 잘 삼킬 수 있었다. 언제나 그랬듯이 접시에는 음식이 가득 쌓여 있었다. 양고기 외에도 민트 젤리, 각종 채소와 스티븐이 좋아하는 음식 중 하나인 으깬 감자가 함께 나왔다. 후식으로는 클로티드 크림을 곁들인 베리가 나왔다. 그리고 여느 때와 같이 내가 고른 와인이 있었다. 이번에는 라벨이 예뻐서 골랐는데 맛이 나쁘지 않았다. 최소한 내 입맛에는 그랬다.

스티븐은 와인을 마실 때에 잔에 든 채로 마셨지만 한 번에 한 스푼 정도 넘겼다. 그러므로 과음한 적이 거의 없었다. 하지만 그날 밤은 조금 많이 마셨다. 나도 마찬가지였다. 양고기 때문이었던 듯 하다. 다른 날처럼 그날도 테라스가 있는 거실 옆 식탁에서 저녁을 먹었다. 다른 맞은편 주방에서 조언은 이미 설거지를 시작했다. 조언은 은퇴한 것이나 다름없었지만 여전히 이런저런 일로 스티븐을 도왔다. 조언은 스티븐에게 헌신했고 스티븐과 다른 간호인 모두 조언을 사랑했다.

나는 간호인들이 여러 면에서 스티븐의 가족이라는 사실에 놀랐다. 스티븐은 일요일마다 찾아오는 딸 루시와 가까웠다. 막내아들 팀과는 가끔 만났고 큰아들 로버트는 시애틀에서 살았다. 일레인은 마치 벌새처럼 아주 잠시 나타났다가 사라질 뿐이었다. 하지만 조언, 주디스, 간호인들은 내내 스티븐을 돌보았다. 저녁을 먹이고, 침대에 눕히고, 의사에게 데려다주고, 전 세계를 여행하며 그의 힘겨운 나날을 함께하고 필요한 도움을 모두 주었다.

간호인들이 생일이나 기념일처럼 가족 행사가 있으면 스티븐은 자주 참석했고, 간호인들에게 필요한 것이 있으면 돈을 주기도 했다. 어느 간호인에게는 자동차를 사도록 돈을 빌려준 적도 있었고 다른 간호인의 딸에게는 결혼할 때에 불꽃놀이를 해주겠다고 약속했다. 10대 시절 친구들과 불꽃놀이를 즐겨 하던 스티븐은 여전히 불꽃놀이를 좋아했다. 그가 여는 성대한 파티에서는 자주 불꽃이 터졌다. 어렸을 적에 하던 아마추어 수준이 아니라 스포츠 경기장에서나 볼 수 있을 법한 제대로 된 불꽃놀이였다. 누군가가 신고를 하는 바람에 경찰이 찾아온 적도 있었다. 경찰이 떠난 뒤에 스티븐은 다시 불꽃을 터트렸다.

그날 저녁은 무척 훌륭했지만 나는 기분이 별로 좋지 않았다. 조언은 무척 지쳐 보였다. 그녀가 떠나고 얼마 후에 제럴드도 방으로 가서 책을 읽었다. 제럴드가 방으로 가면서 텔레비전 뉴스를 켰다. 스티븐은 뉴스를 좋아했는데 뉴스를 보다가 화를 낼 때가 많았으므로 나는 그가 뉴스를 좋아하는 것이 의아했다. 이번에는 국회의원들의 어떤 투표 결과를 보며 얼굴을 잔뜩 찌푸렸다. 나는 텔레비전을 끌지 물었다. 그가 그러라는 의미로 눈썹을 치켜올렸고 나는 텔레비전을 껐다.

우리는 잠시 아무 말 없이 서로를 바라보았다. 나는 그 순간 그가 왜 저녁에 나와 함께 있으려는지를 깨달았다. 그는 식사가 끝나면 이내 무척 외로워졌다. 스티븐의 눈꺼풀이 내려오기 시작했다. 와인 때문에 잠이 들려는 듯했다. 하지만 무슨 생각이 떠올랐는지 눈을 번쩍 떴다. 그러고는 타이핑하기 시작했다.

"이제 몸은 괜찮은가요?" 그가 물었다.

나는 고개를 끄덕였다. 나는 지난번 케임브리지를 다녀온 후에 캘리포니아에서 소장 폐색 수술을 받았고 얼마 지나지 않은 어느 날 갑자기 기절했다. 병원에 도착했을 때는 혈압이 58/30이었다. 장에서 엄청난 출혈이 일어났다. 의료진은 내게 정맥 주사기를 꽂은 뒤에 총 13포의 혈액 주머니를 수혈했다. 몸속 피를 모조리 새로 바꾼 것이다. 그런데도 출혈이 산발적으로 계속 일어났고 온갖 검사와 시술을 했지만 출혈이 일어나는 혈관을 찾을 수 없었다. 어느 밤 중환자실에 있던 나는 주치의가 레지던트에게 나를 잘 지켜보라고 당부하며 아침이 되기 전에 "출혈로 사망할" 수 있다고 말하는 것을 듣게 되었다. 그는 의과대학을 다닐 때, 환자가 들을 수 있으니 목소리를 낮춰야 한다는 사실을 제대로 배우지 못한 것이 분명했다. 예언력도 영 신통치 않았다. 느닷없이 시작된 출혈은 열흘 후에 느닷없이 멈췄다.

병원에 누워서 곧 죽을지도 모른다는 말을 듣고 나니 온갖 상념들이 몰려왔다. 가족과의 마지막 만남이 어땠는지 떠올렸다. 나는 내 아이들이 누구와 결혼할지, 앞으로 어떤 삶을 살아갈지 모를 것이다. 아이들이 나를 필요로 할 때, 나는 세상에 없을 것이다. 아직 어린 아이들은 앞으로 나를 기억하지 못할까? 내 삶은 어떤 의미가 있었을까?

파도, 눈부신 해안, 눈 덮인 산의 이미지가 순서 없이 마음에 떠

스티븐 호킹

올랐다. 진부하다고 생각했지만 그렇다고 애써 지우고 싶지 않았다. 창밖을 바라보며 캘리포니아의 파란 하늘과 야자수가 얼마나 아름다운지 생각했다. 이 모든 것들을 이제껏 당연하게 여겼단 말인가? 좀더 자주 멈춰서서 아름다움을 느꼈어야 하지 않았을까? 이제는 너무 늦었나?

스티븐도 같은 생각을 하는지 궁금했다. 죽음의 문턱에 이르렀을 때마다 하늘이나 그가 바라보기를 즐기는 별들을 생각했을까? 아이들을 위해서 좀더 살기를 원했을까? 어떤 후회를 했을까? 나는 스토마 고장, 폐렴, 나트륨 불균형처럼 삶에 위협이 되는 일들을 수없이 겪은 스티븐에게 죽음의 목전에 이르는 것은 일상이라는 사실을 깨달았다. 곤경은 끊임없이 찾아왔지만 그는 자신의 삶과 때때로 나타나는 죽음의 가능성을 받아들였다. 스티븐은 내가 생사의 갈림길에 서면서 마주하게 된 모든 생각을 이미 한참 전에 겪었다.

중환자실에서 나는 스스로가 얼마나 나약한 존재인지 그 어느 때보다도 생생하게 깨달으면서 스티븐이 나약하다고 여긴 내 생각이 얼마나 큰 착각이었는지 생각했다. 스티븐의 나약한 외면 안에는 철인이 있었다. 과학을 이루는 관찰과 증거는 스티븐의 겉모습이나 의사들의 진단과 달리 그 무엇도 스티븐을 무너트릴 수 없음을 보여주었다. 반대로 나는 나약함이 드러났다. 병실에 누워서 나는 내가 책을 마치기 전에 스티븐보다 먼저 세상을 떠난다면 얼마나 아이러니할지 생각했다. 나는 꿈을 꿨다. 장면은 흐릿했지만, 나와 스티븐이 달리기를 했다. 시작과 동시에 신이 난 나는 질주했고 스티븐은 덜컹거리는 전동휠체어를 타고 천천히 뒤따랐다. 그러다가 내가 넘어져 트랙에 엎어지자 스티븐이 눈썹을 치켜올리고 미소를 띠며 내 곁을 지나갔다.

삶의 마지막이 될지도 모르는 순간에 그런 생각들을 하고 그런 꿈을 꾼 것이 이상했다. 나는 스티븐에게 그때 일을 이야기했고 그는 재미있어했다.

"내기하는 거 좋아하시잖아요." 내가 말했다. "우리 중 누가 먼저 세상을 뜨는지 내기를 해보는 게 어때요."

그가 인상을 구겼다.

"안 될 게 뭐가 있나요?" 내가 물었다.

스티븐이 타이핑하기 시작했다.

"진 사람이 돈을 줄 수 없잖아요." 그가 말했다.

그의 말이 맞았다. 나는 와인을 한 모금 마신 뒤에 그에게 턱에 맺힌 침을 닦아줘도 되겠냐고 물었다. 그가 그래 달라고 답했다.

시간이 흐르면서 간호인들은 내가 스티븐 곁에 있으면 긴장을 늦추었고, 나는 사소한 일들은 그들을 대신할 수 있게 되었다. 스티븐은 사람들의 관심을 즐겼다. 가끔은 다른 사람의 손길을 느끼려고 자세를 고쳐달라거나 안경을 다시 씌워달라고 하는 듯했다. 스티븐은 신체적 접촉을 좋아했고 나는 그 마음을 이해할 수 있었다. 그는 혼자 잠을 잤고 사랑하는 사람을 안거나 만질 수 없었다. 친구와 포옹할 수도, 다른 사람과 악수할 수도 없었다.

내가 출혈로 병원에 입원했다는 소식을 들은 스티븐은 주디스를 포함한 여러 사람들의 서명이 담긴 카드를 보냈다. 스티븐에게 그때 고마웠다고 말했다. "우습게도 막상 병원에 누워 있게 되니 죽음에 대해 많은 생각이 들더군요." 내가 말했다. "전에는 한 번도 그런 적이 없었거든요."

스티븐은 동지가 된 것을 환영한다고 말하는 듯했다.

"언제나 죽음의 두려움을 느끼시잖아요."

스티븐이 눈썹을 올렸다. 그렇다는 뜻이었다. 그러고는 타이핑하기 시작했다. "이내 다시 물리학으로 돌아오죠."

물리학. 스티븐과의 대화가 물리학에서 멀어진 적은 단 한 번도 없었다. "방정식을 쓸 수 없다는 사실이 실망스럽지 않으신가요?" 내가 물었다.

스티븐이 얼굴을 찌푸렸다. 그렇다는 뜻인지, 아니라는 뜻인지, 내가 주제넘었다는 뜻인지 알 수 없었다. 전에도 궁금한 문제였지만 아직 우리가 그런 이야기를 나눌 만큼 가까운 사이인지 확신할 수 없어 묻지 못했었다. 나의 질문이 선을 넘은 것은 아닌가 싶어 불안했다.

그가 타이핑했다. "내 장애는 서서히 나타났어요. 적응할 시간이 있었죠."

"몸이 불편하지 않았다면 물리학을 연구하는 게 더 수월하지 않았을까요." 내가 말했다.

그가 아니라는 뜻으로 얼굴을 구겼다. 그러고는 타이핑하기 시작

6 *

했다. 시간이 걸렸지만 나는 화면을 보지 않았다. "몸이 아픈 건 도움이 되었어요. 집중하는 데 도움이 되었죠." 그가 마침내 말했다.

나는 곤궁 속에서도 긍정적인 무엇인가를 찾아내는 스티븐의 능력에 감탄했다. 물리학을 향한 열정에도 놀랐다. 스티븐이 패서디나에 왔을 때 우리는 내 아들 니콜라이와 함께 몇 번 만났었다. 내가 스티븐에게 농구선수인 니콜라이는 매일 몇 시간씩 연습하면서도 "농구는 인생"이라는 말을 달고 산다고 말했다. 나는 그가 수십 년간 온갖 시련을 겪었으면서도 그의 열정에는 변함이 없다는 사실이 놀랍다고 말했다. "박사님에게는 물리학이 인생이죠."

스티븐이 코를 찡그렸다. 또다시 나의 말에 동의하지 않았다. 그가 타이핑하기 시작했다.

"사랑이 인생이에요."

* * *

사랑이 인생이라는 스티븐의 말에 나는 감동했다. 감정적, 신체적 교감을 방해하는 장애라는 장벽 앞에서도 그가 누구보다도 많은 사람과 인간적 관계를 맺었다는 사실을 새삼 깨달았다. 하지만 그가 살면서 사람과의 관계보다 물리학을 우선했다는 사실을 떠올리면 그의 말은 의외였다. 휠체어에 앉기 전에도 어떤 중요한 문제를 고민할 때면 며칠이고 누구와도 이야기하지 않았다. 아이들이 자랄 때에도 많은 시간을 함께하지 않았다. 아내 제인은 외로워했다. 하지만 스티븐에게 가족과 친구가 행복의 중심이었다는 사실에는 의심의 여지가 없었다. 놀랍게도 그는 물리학에서와 마찬가지로 삶에서도 갖가지 모순을 포용했다.

스티븐에게 물리학의 모순은 무엇인가를 다시 연구하거나 타협하거나 때로는 그저 이해하고 받아들일 기회였다. 그가 박사 논문을 끝내고 연구를 계속하는 동안에도 세상을 모험할 그의 신체적 능력은 점차 쇠약해졌지만, 물리학으로의 모험은 더욱 담대하고 대범해졌다. 우주의 기원을 연구하던 스티븐은 몇 년 후에 신비한 블랙홀 세계를 탐험하기 시작한 모험가들과 합류했다.

킵 손은 내게 스티븐이 블랙홀 선구자들 사이에서도 "유난히 대범한 사상가"였다고 말했다. 킵의 말은 의미심장했다. 스티븐은 건장한 씨름 선수들 사이에서도 유난히 체격이 좋은 씨름 선수 같기도 하고 갓 잡은 생선들 사이에서도 유난히 신선한 생선 같기도 했다. 기이하고 별난 블랙홀에 대한 지식이 아직 새로웠던 시대에는 누구도 소심하지 않았다. 결코 소심해질 수 없었다. 보편적인 시간의 "흐름"과 "현재"가 없으며 가장 이해하기 힘든 상대성 법칙들이 지배하는 세상을 모험하는 그들은 선구자였다. 우리는 사물들이 현재에 "존재하고" 사건들은 하나의 사건 뒤에 일어난다고 생각하지만, 아인슈타인이 말했듯이 "물리학자를 믿는 사람들에게 과거, 현재, 미래 사이의 구분은 쉽게 떨칠 수 없는 환상일 뿐"이다.

블랙홀 이론에서는 심지어 시간 여행도 가능하다. 블랙홀 안으로 들어가서 한동안 머문 뒤에 돌아오면 수백 년에서 수천 년이 지났을 수 있다. 이를 반복하면 여러 문명이 탄생하고 무너지는 것을 지구의 미래를 담은 비디오테이프를 빨리 감기하는 것처럼 볼 수 있다. 지금이야 공상과학에 자주 등장하는 블랙홀 세계가 많은 사람들에게 익숙하지만, 공간이 휘어질 수 있다는 사실을 모든 학생들이 알기 전인 당시에는 이 모든 이야기가 새롭고 충격적이었다. 그리고 블랙홀 선구자들 사이에서도 스티븐은 단연 눈에 띄었다.

블랙홀 물리학에 관한 스티븐의 첫 공헌은 블랙홀이라는 생소한 대상을 정의하는 핵심 개념인 블랙홀 지평선에 관한 것이었다. 일상의 용어로 쉽게 이야기하자면, 물리학자들은 중력이 몹시 강한 블랙홀을 그 어떤 것도 빠져나오지 못하는 영역으로 생각해왔다. 이 같은 영역은 그 지평선으로 경계가 정해진다. 로저 펜로즈에 따르면, 블랙홀 지평선은 "구멍을 빠져나오려는 광자[빛]가 중력으로 인해서 안으로 이끌리는 가장 바깥 부분"이다. 블랙홀 지평선이라는 용어는 태양과 지구의 관계에서 유추한 것이다. 지구에서 우리는 지평선을 넘어간 태양을 볼 수 없듯이, 외부 관찰자는 블랙홀 지평선 너머를 볼 수 없다.

로저 펜로즈는 자신의 연구에서 블랙홀의 정의를 정확한 수학적 형태로 표현했다. 그의 방정식은 합리적으로 보였고 곧 표준이 되었다. 하지만 블랙홀 물리학을 연구하던 스티븐은 펜로즈의 지평선이 킵의 말처럼 "지적으로 막다른 골목"이라는 사실을 깨달았다.

펜로즈의 접근법에는 두 가지 문제가 있었다. 첫 번째는 상이한 관찰자마다 결과가 모순되는 상대성의 핵심을 건드리는 것이었다.

상대성에 따르면, 서로 다른 관찰자들은 그들이 속한 중력의 크기와 그들의 상대적인 움직임에 따라서 각자가 경험하는 공간의 크기와 형태, 시간의 길이를 다르게 느낄 수 있다. 이는 분석을 복잡하게 만든다. 하지만 해결책이 있다. 연구자가 관찰자와 상관없는 방식으로 정의되는 개념들만 고수하면 된다. 그렇다면 여러 혜택들을 누릴 수 있다. 첫째로 연구자가 발견한 법칙과 현상들을 모두에게 적용할 수 있다. 또한 계산이 단순해진다. 그리고 가장 중요한 마지막 혜택으로 방정식을 해석하기가 훨씬 더 수월해진다. 하지만 펜로즈의 정의에서는 블랙홀의 경계가 모든 관찰자에게 동일하지 않았다. 예를 들면 블랙홀로 빨려 들어가는 관찰자에게는 펜로즈의 지평선이 블랙홀 바깥을 배회하는 관찰자와는 다르게 보일 것이다. 그렇다면 어느 지평선이 진짜일까? 누가 보느냐에 따라서 지평선은 달라진다.

펜로즈 접근법에서 또다른 문제는 그의 방식대로 정의한다면, 블랙홀 지평선이 불연속적으로 변화할 수 있다는 것이다. 가령 어떤 작은 새로운 물질 덩어리가 안으로 떨어져서 블랙홀이 커지면 지평선은 갑자기 크기가 늘어나게 될 것이다. 두 블랙홀이 충돌하는 것처럼 복잡한 상황에서는 이 같은 불연속적인 변화가 독특하게 일어나서 다루기가 어려워질 수 있다.

펜로즈는 이 같은 결점들을 알고 있었지만 자신의 정의를 고집했다. 그러다가 1971년 초 스티븐은 블랙홀 지평선을 펜로즈처럼 특정 시간의 공간 영역으로 보기보다는 시공간의 영역으로 보는 것이 훨씬 효율적이라는 사실을 깨달았다. 따라서 스티븐은 지평선을 시간과 공간 모두의 경계로 다시 정의하면서 지평선 너머에서는 광선 같은 신호들을 먼 우주로 보낼 수 없음을 설명했다. 그는 펜로즈 접근법의 약점들을 해결한 자신의 정의에서는 모든 관찰자에게 블랙홀의 경계가 동일하게 보이며 경계가 갑작스럽게 변하지 않고 항상 연속적으로 변한다는 사실을 수학적으로 증명했다.

이 두 가지 정의의 차이를 어떻게 이해할 수 있을까? 블랙홀 주위에 질량이 아주 큰 어떤 잔해가 있다고 상상해보자. 지금은 블랙홀 바깥에 있지만 곧 붕괴하면서 안으로 빨려들 것이다.* 그리고 작은 우주선 한 대가 블랙홀 바로 바깥에서 블랙홀의 인력에서 벗어나려고 한다. 우주선은 동력을 최대한 가동해서 블랙홀로부터 멀어지려고 한다. 우주선이 블랙홀 바깥에 있으므로 성공할 수 있으리라고 생각하기 쉽다. 하지만 거대한 잔해물이 빨려 들어가면 블랙홀은 곧바로 커질 것이고, 잔해물의 질량이 아주 크므로 우주선과 닿을 만큼 블랙홀이 커지면 우주선은 탈출할 수 없게 된다.

이 같은 상황을 펜로즈의 방식대로 설명하면, 처음에는 우주선이 블랙홀 지평선 바깥에 있었다. 얼마 뒤에 질량이 큰 잔해물이 빨려 들어가면서 지평선이 갑자기 커져서 우주선이 안에 갇혔다. 따라서 우주선은 블랙홀을 탈출할 수 없게 되지만, 펜로즈의 지평선은 처음부터 이를 고려하지 않는다. 거대 질량의 잔해물이 블랙홀로 빨

---

* 엄밀히 말해서 이 잔해는 둥그런 껍질 형태를 띠어야 하지만, 지금 여기에서는 중요한 내용이 아니다.

스티븐 호킹

려든 다음에야 고려한다.

　스티븐의 정의에서는 우주선이 크기가 증가한 블랙홀로 빨려 들어갈 운명이라도 이는 놀랄 일이 아니다. 호킹의 지평선은 처음부터 우주선을 포함할 예정이었기 때문이다. 다시 말해서 호킹 지평선은 거대한 질량의 물체가 안으로 들어오기 전에 커진다. 이는 사물들의 현재 상태가 아니라 미래에 벌어질 일에 달려 있다. 따라서 인과관계 법칙에 어긋난다. 결과(블랙홀 지평선이 커지는 것)가 원인(질량이 큰 물체가 안으로 들어오는 것)을 앞서는 것이다.

　지평선에 관한 스티븐의 정의에서는 시공간의 미래 전체를 포함하는 모든 역사를 알아야 한다. 물론 실질적으로는 아주 먼 시공간의 물체들은 무시할 수 있다. 물리학자들은 무엇인가가 미래의 사건들로 결정되는 정의를 목적론적 정의로 부른다. 이는 눈앞의 원인이 아닌 궁극적인 목표로 현상을 설명하는 철학자들에게서 빌려온 용어이다.

　적어도 아리스토텔레스 시대부터 철학자들은 자연의 목적론적 법칙들을 고민했다. 과학에서 비가 내리는 이유는 구름 속 습기가 물방울로 응축되어 공기보다 무거워지면서 밑으로 떨어지기 때문이다. 하지만 아리스토텔레스의 관점에서는 다른 이유가 있다. 비가 내리는 까닭은 인간이 먹을 작물을 자라게 하기 위해서이다. 그는 미래의 필요가 현재를 정한다고 믿었다. 우리는 살아가면서 모두 어느 정도 이 같은 방식으로 결정을 내린다. 예를 들면 점심때 눈앞에 치즈케이크 한 조각이 있으면 현재의 욕망에 따라 반응하는 대신에 저녁으로는 무엇을 먹어야 할지 고민하기도 한다. 한편 현재의 조건에 따라서 힘이 작용하고 사물이 반응하는 물리학에서는 목적론적 개념이 우리 일상의 일부분이라고 하더라도 거의 적용되지 않는다. 지평선에 대한 스티븐의 목적론적 정의는 그의 창의력이 얼마나 대단한지를 생생하게 보여준다. 스티븐이 펜로즈를 비롯해서 목적론적 정의를 무조건 거부한 사람들과 달리 파격적인 아이디어를 포용하고 탐구할 수 있었던 것은 그의 대담함 덕분이었다.

용어의 정의는 자연에 관한 진술이 아니라 물리학자들의 선택이므로 이론가들이 블랙홀 지평선을 어떻게 정의하는지는 그리 중요한 문제가 아닌 것처럼 보일 수 있다. 하지만 물리학자들이 발명한 개념들은 그들이 내놓은 아이디어와 도출한 결론에 영향을 준다. 시간이 흐르면서 스티븐의 정의는 중대한 도약으로 밝혀지며 널리 인정받았다. 그의 정의는 다른 물리학자들의 직관을 이끌고 블랙홀 작용에 관한 그림을 제시했다. 스티븐은 자신이 만들어낸 지평선 개념을 절대적 지평선이라고 부르고, 펜로즈의 버전을 겉보기 지평선이라고 불렀다. 스티븐은 지평선을 재정의하면서 이론가들이 블랙홀을 생각하는 방식도 다시 정의했다.

＊＊＊

블랙홀에 관한 새로운 사고방식으로 무장한 스티븐은 일반상대성이 블랙홀을 지배하는 법칙들에 관해서 무엇을 말해주는지를 이해하고자 연구에 몰두했다. 때로는 며칠 동안 스스로를 가두었다. 제인이 일상의 문제들을 의논하기 위해서 다가와도 물리학 세계에서 나올 생각을 하지 않았다. 제인은 자신이 스티븐에게 중요한 존재라는 확신을 얻기 위해서 그에게 다가갔지만 스티븐은 이를 무시했다. 병을 진단받았을 때에 그랬듯이, 그리고 어릴 적 그의 부모가 그랬듯이, 스티븐은 일하는 몇 시간 내내 바그너의 오페라를 크게 틀어놓았다. 제인은 바그너를 증오하게 되었다. 그녀에게 바그너는 부부 관계를 망가뜨리는 "사악한 천재"였다.

바그너가 호킹 부부의 결혼생활에는 걸림돌이 되었을지 몰라도 스티븐의 물리학 연구에는 분명 보탬이 되었다. 스티븐은 약 1년 반 동안 두 명의 동료와 연구한 끝에 두 번째 중요한 성취인 블랙홀 역학 법칙들을 완성했다. 스티븐이 불과 서른이던 1972년 8월에 만든 이 법칙들은 물질이 블랙홀로 들어올 때에 블랙홀의 크기가 커지는 과정과 블랙홀이 다른 블랙홀과 상호작용할 때에 일어나는 일들을 설명했다.

스티븐의 법칙들은 시대를 앞섰다. 심지어 블랙홀의 존재 자체가 간접적이나마 처음 증명된 것은 백조자리 X-1 천체가 관찰된 1990년경에 이르러서이다. 블랙홀이 충돌하면서 특징적으로 나타나는 중력파 형태의 시공간 왜곡은 2015년에 라이고(LIGO)* 망원경으

---

* LIGO는 레이저 간섭계 중력파 관측소(Laser Interferometer Gravitational-Wave Observatory)의 약자이다. 중력파 관측 발표는 2016년에 이루어졌다.

로 처음 직접 관측되었다. 이 관측으로 킵 손은 노벨상을 공동 수상했다. 블랙홀이 처음으로 (거의) 직접 관측된 것은 스티븐이 세상을 떠나고 한 해 뒤인 2019년이다.

당시에는 블랙홀을 볼 수 없었는데도 스티븐은 블랙홀이 중력, 공간, 시간의 본질에 관한 독창적인 성찰을 제공해서 일반적인 환경에서는 정체를 드러내지 않는 비밀을 밝혀주리라고 믿었다. 그의 직관은 적중했다.

블랙홀 역학 법칙의 발견은 블랙홀의 신비를 이해할 중요한 걸음이었다. 하지만 또다른 측면에서 중요한 독특한 특징이 있었다. 열에 관한 물리학인 열역학 법칙들과 무척 비슷하다는 사실이었다. 실제로 각각의 블랙홀 법칙은 몇몇 용어를 그에 상응하는 열역학 용어로 바꾸면 열역학 법칙과 완전히 일치한다.

면적 증가에 관한 블랙홀 법칙을 예로 들어보자. 이 법칙에 따르면 다른 블랙홀과의 융합, 물질 흡수, 다른 블랙홀과의 충돌처럼 블랙홀이 겪는 모든 상호작용에서는 블랙홀 지평선의 면적의 총합이 항상 증가한다. 일반적인 물체에서는 그렇지 않다. 이를테면 똑같은 찰흙 덩어리 두 개를 합쳐서 하나의 덩어리로 만들었다고 생각해보자. 고등학생이 배우는 간단한 수학으로 계산하면 새로 만든 덩어리의 표면적은 원래 두 덩어리의 표면적을 합친 것보다 약 20퍼센트 작다. 하지만 두 개의 블랙홀이 합쳐지면 표면적에 해당하는 지평선은 공간 왜곡 때문에 두 블랙홀의 표면적을 더한 것보다 커진다.

물리학자들은 면적 증가에 관한 블랙홀 정리가 열역학 제2법칙과 놀라우리만큼 닮았다는 사실을 곧바로 깨달았다. 면적 증가 정리에 따르면 모든 블랙홀 상호작용에서는 블랙홀의 "지평선 면적"의 합이 항상 증가한다. 열역학 제2법칙에 따르면 모든 물리학적 상호작용에서는 닫힌계의 엔트로피(무작위 정도)가 항상 증가한다. "지평선 면적"을 "엔트로피"로 바꾸면 블랙홀 법칙은 열역학 법칙이 된다.

　사실상 모든 물리학자들이 두 법칙 사이의 일치를 기묘하지만 무의미한 우연으로 여겼다. 그러나 프린스턴 대학교의 대학원생 제이콥 베켄슈타인은 달랐다. 그는 블랙홀의 엔트로피가 지평선의 표면적에 비례한다는 사실을 지적하며 열역학 법칙과 블랙홀 법칙의 연관성을 문자 그대로 해석해야 한다고 주장했다.

　엔트로피는 무질서 정도를 뜻한다. 예컨대 얼음에서 물 분자는 규칙적인 육각형 고리로 배열되어 있지만, 액체 상태에서는 마구잡이로 움직인다. 따라서 얼음은 엔트로피가 물보다 낮고 온도가 올라 녹으면 엔트로피가 증가한다. 일반적으로 엔트로피가 낮은 계일수록 질서가 높은 계이거나 무질서해질 수 있는 구성요소들이 많지 않은 단순한 계이다. 한편 엔트로피가 높은 계는 무질서한 복잡한 계이다.

　블랙홀은 무질서 상태가 되기에는 지나치게 단순해 보였다. 빈 공간에서 안정적인 상태로 형성된 블랙홀은 당구공에 비유되기도 했다. 구성요소가 없으므로 무질서 상태에 이를 만한 것이 아무것도 없었다. 따라서 블랙홀은 무질서가 전혀 없으므로 엔트로피가 0으로 여겨졌다. 이 같은 그림과 모순되는 베켄슈타인의 주장은 많은 학자들의 조롱을 받았다.

사람들은 또다른 이유에서 베켄슈타인의 이론을 좋아하지 않았다. 열역학 법칙에 따르면 엔트로피가 0보다 큰 모든 계는 온도가 반드시 0보다 높아야 하므로 열이 전혀 없는 상태는 불가능하다. 그리고 절대 0도보다 온도가 높은 모든 물체는 복사가 이루어지므로 빛을 내보내야 한다.*

이 같은 사실이 문제인 까닭은 빛을 내보내는 물체는 에너지를 발산하기 때문이다. 이 에너지는 블랙홀의 질량에서 나와야 한다. 다시 말해서 빛을 내보내는 블랙홀은 (아인슈타인의 유명한 공식 $E = mc^2$에 따라) 질량을 서서히 전자기 에너지로 바꾸어 외부로 방출한다.** 그 결과 블랙홀은 점차 수축하다가 결국 완전히 소멸한다. 내부의 모든 것이 복사의 형태로 새어나가므로 어떤 측면에서 보면 "증발하는" 것이다.

오늘날에는 이 같은 복사가 호킹 복사로 알려져 있지만, 아이러니하게도 당시 스티븐은 블랙홀 증발을 비롯해서 베켄슈타인의 어떤 생각도 믿지 않았다. 베켄슈타인의 아이디어는 스티븐과 다른 여러 학자들이 일반상대성 방정식으로부터 어렵게 도출한 그림과

---

* 진동수가 반드시 가시광선 영역일 필요는 없다.

** 블랙홀이 회전하면 이야기는 좀더 복잡해지지만 지금의 이야기에서는 다루지 않아도 된다.

스티븐 호킹

모순되었다. 베켄슈타인은 자신의 블랙홀 엔트로피 이론에서 블랙홀 복사가 필요하다는 사실을 인정했다. 그러면서 동시에 블랙홀이 복사를 할 수 없다는 의견에도 동의했다. 그는 이 문제를 어떻게 해결해야 할지 몰랐지만, 블랙홀이 엔트로피를 지닌다는 생각에는 변함이 없었다.

베켄슈타인을 향한 많은 학자들의 공격은 물리학에서 새로운 생각을 주장하려면 얼마나 큰 용기가 필요한지를 생생하게 보여준다. 설득력 있는 증거가 있다면 전장에서 이길 확률이 높다. 하지만 베켄슈타인은 블랙홀의 엔트로피는 믿었지만 그로 인해서 블랙홀 복사가 일어난다는 사실은 받아들이지 않았다. 그리고 자신의 아이디어들을 제대로 방어하지도 못했다. 따라서 거의 아무도 그의 견해를 받아들이지 않았다. 베켄슈타인은 무참히 쓰러졌고, 스티븐은 그를 저격하는 데에 누구보다도 앞장섰다.

그러나 나중에 밝혀졌듯이 일반상대성만을 토대로 한 기존 블랙홀 이론이 수정되어 양자론 원칙들을 포용하면서 블랙홀이 엔트로피를 지닌다는 주장은 인정받았다. 스티븐은 내키지 않았지만 자신이 틀렸다고 선언하며 기존 주장을 번복하고 베켄슈타인이 옳았음을 직접 증명했다.

* * *

와인과 양고기로 배를 가득 채우고 병상에서 죽음의 문턱에 이른 경험을 한참 이야기한 뒤에 스티븐의 집에서 나왔을 때는 이미 10시가 넘었다. 하지만 나는 키스 단지에 있는 내 방으로는 돌아가고 싶지 않았다. 나는 종종 스티븐과의 업무 일과 때문에 늦게까지 밖에 머문 후에 방으로 돌아가 곧바로 침대에 쓰러졌다.

그때는 겨울이었고, 돌벽에 작은 창이 뚫려 있고 천장은 낮은 내 방은 작고 어두컴컴했다. 박쥐라면 무척 좋아했을 공간이다. 그날은 침대에 누워 천장이나 응시할 기분이 영 아니어서, 스티븐의 집에서 30분가량 걸어 평소 알던 술집으로 갔다. 케임브리지 술집들은 11시면 문을 닫아야 했지만 "닫는다"는 사람마다 다른 의미를 띠었다. 내가 간 술집의 주인인 40대 중국 여성에게는 말 그대로 문을 닫는다는 뜻이었다. 그녀는 11시가 되자마자 문을 닫고 단단히 잠갔다. 다만 그와 영국인 바텐더 남편은 손님들에게 나가라고 하지 않았다. 대신 손님이 하나둘씩 떠날 때까지 계속 술과 음식을 날랐다. 새벽 2시가 넘을 때도 있었다. 법적으로는 미심쩍지만 어쨌든 성공한 사업 모델이었다.

케임브리지 술집들은 다른 지역의 술집과 달랐다. 옆에서 반쯤 취한 채 맥주잔을 비우는 사람은 평범한 취객이 아니었다. 천체물리학 대학원생이거나 저명한 신경과학자일지도 모른다. 나는 케임브리지 술집에서 많은 저녁을 보냈는데 그중에서도 맥주를 잔뜩 마신 사람과 서아프리카 농업 경제에 대해서 이야기를 나누었을 때가 무척 즐거웠다. 내가 평소에 대화하는 주제가 아니었는데도 흑맥주와 견과류 안주에 놀라우리만큼 잘 어울렸다.

스티븐 호킹

그날 밤 나는 바텐더에게 스티븐과 작업한 이야기를 하는 실수를 저질렀다. 나는 단골이었으므로 바텐더와 그의 아내는 내가 스티븐과 일한다는 사실을 알았지만, 나는 될 수 있으면 스티븐의 이야기는 하지 않으려고 했다. 하지만 그날은 아니었다. 바텐더가 잔을 채워주면서 맥주 값은 블랙홀 이야기로 치르라고 했기 때문이다. 나는 그런 상황이 내키지 않았다. 블랙홀을 잠시 잊으려고 찾은 술집에서 나는 다시 블랙홀을 떠올려야만 했다.

다행히 바텐더는 듣기보다 말하기를 좋아하는 사람이었다. 내게 질문을 하면 내가 대답을 막 시작하는 순간부터 끼어들었다. 그러고는 20분 동안 블랙홀에 대해서 자신이 아는 모든 것을 말했다. 그의 말은 대부분 맞았다.

나는 바텐더와 대화하면서 블랙홀이 사람들에게 낯선 주제였던 스티븐의 연구 초창기부터 지금까지 우리가 긴 길을 걸어왔다는 사실을 새삼 깨달았다. 당시에는 블랙홀을 이야기하는 물리학자가 거의 없었다. 이제는 바텐더에게서도 블랙홀에 대해서 배울 수 있다. 바텐더가 끊임없이 이야기하고 그의 아내가 이따금 우리를 흘겨보는 동안에 나는 스티븐이 이런 상황을 만드는 데에 얼마나 큰 공헌을 했는지, 물리학계 문화뿐 아니라 전반적인 문화에 얼마나 막대한 영향력을 미쳤는지 생각했다. 노년에 접어든 스티븐은 그 사실을 더욱 분명하게 알았다. 그가 답하고 싶어한 문제들은 물리학자뿐 아니라 우리 모두를 위한 문제였다. 나는 술집에서 그의 물리학적 발견뿐만 아니라 그가 대중과 공유한 물리학적 지식 역시 그에게 일종의 불멸을 선사했다는 사실을 깨달았다. 장 수술을 받은 후부터 나는 스티븐이 그 무엇으로도 파괴할 수 없는 존재라고 생각해왔고 그날은 그 생각에 더욱 확신이 들었다.

7

1970년대 10년간 스티븐의 몸 상태는 썩 좋지 않았다. 물리학자로서는 성숙했지만 동시에 병도 깊어졌다. 1970년대 초에는 손을 거의 움직일 수 없었다. 그때 마지막으로 그는 방정식을 쓰고 도표를 그렸다. 1970년까지만 해도 보행 보조기를 짚고서 스스로 걸을 수 있었지만 1972년부터는 전동휠체어가 필요했다. 1975년에는 그와 오랜 시간을 같이한 사람만이 그의 말을 알아들을 수 있었다. 당시 그는 서른셋이었다.

스티븐은 자신이 살아남으리라는 사실을 몰랐다. 그는 1970년대가 지나기 전에 자신이 죽을 것이라고 생각했다. 생각하고 느낄 수는 있지만 움직이는 것은 거의 불가능했다. 휠체어는 그의 옥좌가 되었고, 그가 아무리 스스로에 대한 믿음이 강하다고 하더라도 서서히 진행되는 몸의 쇠락은 죽음의 운명을 예고했다. 스티븐은 병이 호흡에 필요한 근육으로까지 침범하면 더 이상 살 수 없다는 사실을 알았다. 폐렴에 시달리다가 결국 질식할 것이라고 생각했다.

몇 년 안에 이 모든 일이 일어나리라고 예상했다. 그는 물리학에서 어떤 성취를 이룰지에 대한 꿈을 꿨지만 자신의 운명에 대해서는 어떤 꿈도 품지 않았다.

스스로의 유한함을 인식하며 자신의 존재가 끝나기 전에 존재론적 의미를 이해하고 싶어진 스티븐은 존재론적 의미 탐구에 영감을 준 질문들의 답을 구하겠다고 마음먹었다. 그렇지만 그는 더 이상은 다른 물리학자들과 같은 방식으로 연구할 수 없다는 사실을 알았다. 접근법과 스타일을 바꾸어야 했다. 장애에 굴복하지는 않았지만 기꺼이 적응했다. 개인적 삶에서는 정교한 비언어 소통 수단을 개발했고, 직업적 삶에서는 자신의 이론에 대한 수학적 접근법을 두 가지 고유한 방식으로 바꾸었다.

첫 번째는 스티븐이 허용 가능하다고 판단한 수학적 근사법에 관한 것이다. 갈릴레오는 자연의 책은 방정식으로 쓰여 있다고 유창하게 주장했지만, 우리가 그 방정식들을 풀 수 없다는 사실은 말하지 않았다. 뉴턴의 중력 이론은 행성의 궤도 운동을 설명한 것으로 유명하지만, 우리는 행성이 단 하나뿐인 비현실적으로 단순한 태양계의 방정식만 풀 수 있다. 많은 찬사를 받은 원자의 양자론에서는 모든 화학이 하나의 방정식에서 비롯되지만, 우리가 그 방정식을 통해서 행동을 **정확히** 계산할 수 있는 원소는 가장 단순한 구조인 수소가 유일하다. 우리가 실제 항성계의 궤도 운동을 알아내거나 수소 이외의 다른 원소의 화학 작용을 기술하고 싶다면, 경험에서 비롯된 추측을 수학적으로 나타낸 근사적 그림을 그려야 한다. 근사치와 추측치는 수학적인 정확성을 담보하지는 않지만, 물리학자들은 어떤 것이 유효하고 어떤 것이 그렇지 않은지를 만족스러운 수준으로 판단할 수 있다.

물리학자들은 "유효할 것이 분명하다"고 판단하는 수학적 조작을 받아들이지만, 수학자들은 항상 증거를 깐깐하게 요구한다. 따라서 수학자들은 물리학자들이 자신들의 학문을 오용한다고 불평한다. 그들의 불평은 사실이다. 물리학자들은 방정식이 숨기고 있는 진실을 파헤치기 위해서 수학 법칙을 어기고, 수학의 단속을 회피하고, 수학의 명령을 무시한다. 물리학자들은 방정식들을 잘게 쪼개서 심문한 다음 방정식들이 고백한 사실들을 끼워 맞추며 자신들이 원하는 진실과 충분히 가까운지를 확인한다. 이론물리학에서 가장 단순한 형태의 연구는 무엇인가를 변경하고 추측하고 근사치를 상정한 다음 이를 바탕으로 세운 가장 단순한 모형과 그 모형에서 도출한 결론이 유효한 이유를 주장하는 것이다. 결론은 때로는 유효하지만 때로는 유효하지 않다. 이 같은 논증은 물리학자들이 나누는 (종종 무척 열띤) 대화에서 중요한 부분이며 전형적인 과학적 기술보다 훨씬 더 복잡하다. 하지만 비행기가 날고, 레이저가 빛나며, 컴퓨터가 연산을 수행한다는 사실은 물리학자들의 이 같은 복잡한 작업방식이 결국에는 성공적이라는 사실을 보여준다.

허점이나 결함이 있거나 미심쩍은 수학적 조작이 수반되는 논증을 얼마나 허용하는지는 이론가마다 다르다. 무척 엄밀한 이론가도 있고 무척 관대한 이론가도 있다. 엄밀한 이론가는 자신의 논증에 대한 강력한 증거를 찾았을 때에만 논문을 발표하고, 관대한 이론가는 좀더 자유롭게 논증을 펼친다. 처음에 스티븐은 엄밀한 이론가였지만 점차 바뀌었다. 1970년대 초부터 자신의 끝이 가까워졌다고 생각하면서 관대해지기 시작했다. 스티븐에게는 선을 그리고 점을 찍을 시간이 없었다. "난 최대한 많은 일을 하고 싶지만 엄밀하게 굴어서는 그럴 수 없지." 스티븐이 킵에게 말했다. "엄밀하기보다는 옳아야 해."

스티븐이 했던 또다른 적응은 방정식이 아닌 그림, 다시 말해서 기하학으로 생각하는 것이었다. 물리학의 많은 부분들은 기하학으로 바라볼 수 있다. 반드시 그럴 필요는 없지만 그럴 수 있다. 기하학적 접근법과 그렇지 않은 접근법 사이의 관계는 우리가 고등학생 때에 배운 기하학과 대수학의 관계와 비슷하다. 기하학 수업에서는 선, 각도, 원, 삼각형을 비롯한 여러 형태들을 규칙을 통해서 이해한다. 대수학 수업에서는 같은 개념들을 다루지만 직선이나 원에 관한 방정식 또는 사인-코사인 함수 같은 방정식의 형태를 띤다. 같은 이론이라도 두 가지 방식으로 증명할 수 있다. 물리학도 마찬가지이다. 특히 상대성에서는 민코프스키가 증명했듯이, 그림으로 나타내는 기하학 관점이 아주 적절하다.

스티븐은 방정식을 적을 수 없게 된 대신에 자신이 연구하고자 하는 물리학적 문제를 머릿속으로 그리는 정교한 기하학 언어를 개발했다. 화이트보드에 방정식을 적는 대신 머릿속에 곡선과 직관적인 도표를 그리는 일에 점차 익숙해졌다. 그는 여느 물리학자와 항상 다르게 생각해왔지만, 자신만이 구사할 수 있는 고유의 언어까지 개발하기에 이른 것이다.

어떤 문제들에서는 스티븐의 언어가 전통적인 방정식보다 더 강력한 힘을 발휘했다. 그런 문제들에서는 장애가 불리한 조건이 아니라 막강한 힘의 원천이 되었다. 다른 사람들이 보지 못한 것을 보고 다른 사람들이 얻을 수 없는 통찰을 얻었다. 스티븐의 접근법이 다른 물리학자들의 접근법보다 비효율적인 문제들도 있었다. 스티븐은 어떤 문제가 그러한지 파악하고 자신에게 유리한 문제들에 집중했다. 자신의 접근법이 유용한 문제에서는 킵 손의 말처럼 "누구도 대적할 수 없는 힘"을 발휘했다.

* * *

호킹 복사로 가는 길은 모스크바를 경유했다. 1973년 9월 스티븐은 반체제인사이거나 유대인이라는 이유로 소비에트 정부에 의해서 이동이 제한된 저명한 러시아 물리학자들을 만나러 제인, 킵과 함께 모스크바를 찾았다. 러시아 물리학자들은 스티븐을 만나러 케임브리지로는 올 수 없었지만 붉은 광장과 가까운 로시야 호텔의 방 두 개짜리 스위트룸으로는 순례를 올 수 있었다. 스티븐은 그들과 만난 자리에서 자신을 초청한 야코프 젤도비치의 독특한 추측을 접하게 되었다.

누군가가 죽은 뒤에 화장을 하면 뚱뚱하건 마르건, 키가 크건 작건, 아름답건 못생겼건, 선하건 악하건, 무지하건 똑똑하건, 그의 몸은 그저 탄소로 이루어진 잿더미가 된다. 각각의 인간은 하나의 개인이지만 탄소는 탄소일 뿐이다. 뚱뚱한 왕의 유해와 날씬한 발레리나(발레리노)의 유해를 구분해주는 것은 잿더미의 양뿐이다. 특정 크기보다 큰 항성 역시 비슷한 운명을 맞는다.*

질량이 큰 항성이 수명을 다해서 내부 붕괴하여 블랙홀이 되면 전에 지녔던 정체성의 모든 흔적은 사라진다. 항성을 구성하던 모든 원소와 입자, 항성에서 소용돌이치던 플라스마의 상태, 항성이 만든 층 구조, 이 모두가 존재하지 않게 된다. 항성이 내부 붕괴한 후에 남는 유일한 과거 정체성은 질량, 스핀, 전하로, 이 세 가지 매개변수는 블랙홀을 규정하는 유일한 성질들이다.

블랙홀에 관한 보편적인 지식과 블랙홀 물리학에 관한 대부분의 연구는 전하와 스핀이 0인 가장 단순한 블랙홀에 초점을 맞춘다. 이 같은 블랙홀이 가지는 유일한 특성은 질량이다. 하지만 젤도비치는 회전하는 블랙홀에 대해서 생각했다. 블랙홀이 회전하면 에너지를 내보낸다는 그의 주장은 당시에는 무척 이상한 생각이었다.

젤도비치는 방출된 에너지가 블랙홀의 회전에서 나온다고 설명했다. 시간이 흐를수록 이 같은 복사로 인해서 회전 에너지가 점차 낮아져서 블랙홀의 회전 속도가 서서히 느려지다가 마침내 회전과

---

* 항성이 붕괴 이후 블랙홀이 되려면 질량이 매우 커서 내부 중력이 막강해야 한다. 상대적으로 가벼운 태양은 백색왜성으로서 삶이 끝나는 조용한 죽음을 맞을 것이다.

복사 모두 멈춘다.

사실 회전하는 블랙홀이 에너지를 내보낸다는 생각은 베켄슈타인의 이론만큼 파격적이지는 않았다. 복사 에너지가 블랙홀의 질량이 아닌 회전에서 비롯되기 때문이다. 회전하는 블랙홀은 질량을 유지하면서 에너지를 내보낼 수 있다. 에너지를 내보내더라도 질량이 줄지 않기 때문에 소멸하지 않을 수 있다.

젤도비치는 자신의 생각을 논문으로 발표했지만 그의 주장은 복잡했고 수학적으로 불분명한 부분이 몇 군데 있었다. 그렇게 그의 논문은 많은 관심을 받지 못한 채 거의 잊혔다. 하지만 붉은 광장 근처 호텔 방에서 젤도비치가 자신의 이론을 설명하자 스티븐은 흥미를 보였다. 젤도비치의 분석은 중력과 양자론 법칙 모두를 토대로 했다. 가장 이상적인 연구 방식은 양자 중력 이론을 바탕으로 하는 것이지만, 양자 중력 이론은 존재하지 않으므로 일반상대성의 요소들(중력에 관해서)과 소립자 물리학의 요소들(양자에 관해서)을 정교하게 조합했다. 젤도비치의 방식에 회의적이던 스티븐은 자신의 기하학적 방법론으로 그의 이론을 검토하기로 마음먹었다.

스티븐이 자신의 방식으로 분석하자 실제로 젤도비치가 틀렸다는 사실이 밝혀졌지만, 예상했던 오류는 아니었다. 스티븐의 분석에서 회전하는 블랙홀은 에너지를 내보내기는 했지만 회전하지 않는 블랙홀도 에너지를 내보냈다. 스티븐의 계산에 따르면, **모든 블**랙홀에서는 베켄슈타인이 블랙홀 엔트로피 이론에서 주장한 것처럼 에너지 복사가 일어났다.

처음에 스티븐은 자신이 무엇인가에서 실수를 했다고 생각했다. 계산에 사용한 근사법 가운데 하나가 유효하지 않았을 수 있었다. 하지만 어떤 문제도 발견되지 않았다. 그리고 복사된 에너지의 특성들을 계산하자 베켄슈타인의 이론이 옳다고 가정할 때에 나타날 수 있는 결과가 나타났다.

베켄슈타인은 블랙홀의 엔트로피가 0이 아니라고 주장했었다. 열역학에 따르면 엔트로피는 복사를 뜻하는데 블랙홀에서는 복사가 일어나지 않는다고 여겨졌기 때문에 베켄슈타인의 주장에 모든 물리학자들이 하나같이 반발했다. 블랙홀에서 복사가 이루어지지 않는다는 믿음은 양자론의 영향을 배제한 일반상대성을 바탕으로 했다. 스티븐은 상황을 근본적으로 바꾸는 양자론을 무시할 수 없다는 사실을 깨달았다. 양자론은 상황을 완전히 바꾸었다. 스티븐은 양자 효과를 고려하면, 블랙홀의 엔트로피가 0이 아니라는 베켄슈타인의 주장에 부합하는 복사가 이루어지며, 이는 일반상대성으로는 설명할 수 없다는 사실을 보여주었다. 양자론은 베켄슈타인의 엔트로피 이론을 뒷받침했다.

스티븐은 자신이 발견한 사실이 못마땅해서 한동안 누구에게도 말하지 않았다. 『시간의 역사』에서도 밝혔듯이, "베켄슈타인이 알게 된다면 자신의 생각을 뒷받침하는 더 진전된 근거로 이용하지나 않을까 걱정이 되었다." 하지만 리처드 파인먼이 말했듯이 사물이 어떻게 행동하는지는 물리학자가 자연에 알려주는 것이 아니라 자연이 물리학자에게 보여주는 것이다. 스티븐은 결국 베켄슈타인이 옳았다고 인정했다. 블랙홀의 엔트로피는 0이 아니며 그 지평선의 표면적에 비례한다. 따라서 블랙홀의 온도는 0이 아니다. 블랙홀은 빨아들인 물질과 에너지를 서서히 복사로 바꾸며 이 복사를 우주로 다시 발산해서 크기가 서서히 작아지다가 소멸한다.

스티븐은 이 같은 발견을 발표하면 자신도 베켄슈타인처럼 심한 반발에 부딪힐 것이므로, 자신의 입장 변화를 방어해야 한다는 사실을 잘 알았다. 다만 베켄슈타인과 달리 스티븐의 믿음은 설득력 있는 계산이 뒷받침했다. 하지만 중력에 관한 통일된 양자론이 없었으므로 일반상대성과 양자론을 조합해서 계산하는 방식은 학자마다 달랐다. 스티븐의 기하학적 접근법에 익숙한 사람은 거의 없었기 때문에 그가 두 이론을 조합한 독특한 방식은 반박의 여지가 무척 컸다. 그러나 스티븐은 앞으로 다가올 싸움을 두려워하지 않았다.

＊＊＊

스티븐은 옥스퍼드 남부 러더퍼드 연구소에서 열릴 학회에서 블랙홀 복사 이론을 공개하기로 계획했다. 스티븐을 잘 모르는 사람은 그의 말을 잘 알아듣지 못했으므로 박사 과정 학생인 버나드 카가 함께했다. 학회가 열린 1974년 2월은 영국의 전형적인 춥고 어두운 겨울 날씨였다. 스티븐은 블랙홀 복사 이론을 공개하는 것이 최선인지 확신하지 못했지만, 학회를 주최한 데니스 시아마에게 이야기하자 자신의 박사 논문을 지도했던 스승은 무척 흥분했다. 마틴 리스와 로저 펜로즈도 마찬가지였다. 하지만 스티븐의 분석 결과를 믿은 세 학자는 모두 그의 친구였다.

스티븐은 발음이 부정확했으므로 카가 화면에 원고를 띄우면 스티븐이 읽을 계획이었다. 그렇게 하면 모두가 따라올 수 있으리라고 생각했다. 스티븐은 모든 청중이 수학적 내용을 곧바로 이해할 것이라고는 기대하지 않았지만 자신의 주장이 진실이며 설득력 있다고 확신했다. 그리고 강연 뒤에 이어지는 질의응답 시간에 어떤 도전에도 맞설 수 있으리라고 생각했다.

그날 학회에서는 여러 강연이 이어졌다. 스티븐이 강연 하나를 듣는 동안 제인은 스티븐의 강연이 시작되는 11시까지 기다리려고 휴게실에 앉아 있었다. 청소부 몇 명이 커피를 마시고 담배를 피우며 쉬고 있었다. 스티븐의 강연은 아직 시작되지 않았지만 제인은 청소부들로부터 남편에 대한 첫 평가를 들을 수 있었다. 물론 연구에 관한 것이 아니라 인간으로서의 평가였다.

"강연자 중에서 그 젊은 남자 있잖아. 그 사람이야말로 빌려온 시간을 사는 거 아니겠어?" 한 명이 말했다.

"몸이 말이 아니던데." 또다른 한 명이 웃으며 말했다.

청소부들은 스티븐을 이야기하는 것이 분명했다. 제인은 무시하려고 했지만 그들의 이야기가 머릿속을 떠나지 않았다. 제인은 스티븐의 상태에 익숙했다. 잘 모르는 사람들 눈에는 몹시 약해 보일지 몰라도 제인에게는 항상 정상처럼 보였다. 물론 스티븐이 쇠약해질 때마다 제인은 변화를 알아차렸지만 그의 새로운 모습에 익숙해지면서 변화는 새로운 정상이 되었다. 이 같은 적응력 덕분에 남편이 곧 죽을지도 모른다는 생각에 시달리지 않으며 그의 곁에 있을 수 있었다. 미래에 대한 희망과 꿈도 품을 수 있었다. 다른 사람들의 객관적인 눈에는 스티븐이 쇠약하고 죽음의 문턱에 이른 사람처럼 보인다는 사실을 깨닫자 제인은 얼음으로 채워진 욕조에 빠진 것만 같았다.

청소부들이 나간 뒤에 스티븐은 제인이 어떤 이야기를 들었는지 전혀 모른 채 방으로 들어왔다. 청소부들처럼 스티븐도 차가 아닌 커피를 마셨다. 그리고 몇 분 뒤에 무대 조명 아래에서 슬라이드를 읽기 시작했다.

나는 버클리에서 열린 어느 강연에서 일어난 일화를 들은 적이 있다. 앞에 선 강연자는 이야기하면서 이따금 화이트보드에 방정식을 빠르게 적었다. 객석은 약 15줄이었고 줄마다 20개가량의 의자가 있었고, 가운데에는 통로가 있었다. 강연이 중반에 이르렀을 때, 앞줄 가운데에 앉아 있던 한 유명한 교수가 펜을 꺼내서 일회용 컵 한쪽에 "형편없군"이라고 커다랗게 적었다. 그러고는 머리 위로 컵을 들어올린 다음 강연자를 제외하고 뒤에 있는 모든 사람들이 그의 메시지를 볼 수 있도록 조금씩 돌렸다. 그리고 일어서서 한마디도 하지 않고 나가버렸다.

물리학자들은 때로는 무척 냉혹하다. 특히 누군가가 자신의 신조에 반하는 주장을 펼치거나 생소한 언어로 말할 때에 그러하다. 스티븐은 그 사실을 잘 알았다. 그 역시 말년에 비슷한 기행을 벌였다. 한번은 박사 후 과정 연구생의 발표가 마음에 들지 않자 전동휠체어를 빠른 속도로 회전시켜 발표를 방해했다. 노년의 스티븐은 몸은 약했어도 머리로는 누구와도 맞설 수 있었다. 하지만 러더퍼드 연구소 강연 당시에는 그렇지 않았다. 아직은 그다지 공격적이지 않았고 학계의 유명인사도 아니었다.

물리학에 발을 들인 지 얼마 되지 않는 학자라면 두려움의 대상이기보다는 두려워하는 존재일 공산이 크다. 젊은 물리학자들 대부분은 자신의 연구를 생중계하는 위험을 감수하지 않는다. 그저 논문을 「네이처(Nature)」에 보낸 다음 자연스럽게 알려지기를 바랄 뿐이다. 하지만 스티븐의 목소리가 작고 떨린 까닭은 그의 병 때문이지 청중의 적대적인 반응에 겁을 먹어서가 아니었다. 강연 전에 긴장했을 수는 있지만 두려움을 회피할 생각은 없었다.

스티븐은 슬라이드를 천천히 일정한 속도로 읽었다. 그리고 강연이 끝났다. 아무도 박수를 치지 않았고, 감탄의 웅성거림도 없었다. 어떤 소리도 나지 않았다. 청중이 그의 이야기를 따라오지 못한 것일까? 중간에 흥미가 떨어진 것일까? 아니면 그의 이야기를 전혀 믿을 수 없어 경악한 것일까? 아니면 마취 총이나 전기 충격기에 맞은 것처럼 충격적이었던 것일까? 정답은 마지막이었다. 청소부들의 평가는 그날 스티븐이 받은 평가 중에서 가장 호의적이었다.

잠시 뒤에 의장인 존 G. 테일러가 자리에서 벌떡 일어나며 침묵을 깼다. "음. 무척 모순적이군요." 그가 말했다. "한 번도 들어본 적 없는 이야기예요. 강연을 당장 끝내는 것 말고는 방법이 없는

스티븐 호킹

듯하군요!"

그리하여 테일러는 스티븐이 더는 발언하지 못하게 했다. 강연자에게 감사의 말도 전하지 않았지만 이는 물리학 학회에서 흔한 일이었다. 질의응답 시간을 주지 않은 것도 마찬가지였다.

강연이 있고 얼마 지나지 않아 스티븐은 「네이처」에 "블랙홀 폭발?"이라는 제목의 논문을 보내서 자신의 연구를 설명했다. 테일러 역시 「네이처」에 스티븐의 생각을 반박하는 논문을 보냈다. 테일러의 논문은 승인되었고 스티븐의 논문은 거부당했다. 스티븐은 후에 테일러가 자신의 논문을 거부한 장본인이라는 사실을 알게 되었다. 「네이처」가 테일러를 스티븐의 논문을 평가할 심사관 중 한 명으로 지정한 것이었다. 스티븐은 「네이처」의 결정에 반박했고 또다른 심사관은 거부 결정을 번복했다. 스티븐의 논문은 이후 같은 해에 게재되었다.

다른 사람들이었다면 이 같은 싸움 동안 의기소침해지거나 모욕감을 느꼈을 테지만 스티븐은 그렇지 않았다. 제인이 보기에 스티븐은 테일러와의 싸움을 "즐겼을" 뿐만 아니라 "신체적 역경이든 학문적 역경이든 모두 맞서겠다는 의지를 다지는 계기"로 삼았다.

당시 스티븐은 마땅한 대우를 받지 못했다. 쉽사리 무시당하고 저평가되었다. 케임브리지에서는 따로 사무실도 마련해주지 않아 다른 사람과 방을 함께 사용해야 했다. 물론 아직 호킹 복사로 슈퍼스타가 되기 전이기는 했지만, 이미 몇 편의 훌륭한 논문을 발표한 뒤였다. 하지만 케임브리지에서 열린 만찬에서 한 원로 교수는 스티븐이 누군가와 방을 같이 쓰는 것만으로도 호의를 베푸는 것인 양 굴었다. "스티븐 호킹이 나름의 역할을 한다면 학교에 머물 수 있겠죠." 그가 말했다. "하지만 그러지 못하면 당장 떠나야 해요."

스티븐이 유명해지기 전에 패서디나에서 전동휠체어를 몰고 가던 그에게 지나가던 사람이 돈을 준 적도 있었다. 그 행인은 스티븐이 장애인이므로 가난할 것이라고 단정하며 동정했다. 그가 스티븐을 대한 태도로 짐작건대 스티븐이 정신적으로도 장애를 지녔다고 생각한 듯하다. 스티븐이 유명해지기 전에는 많은 사람들이 그를 일종의 하자품으로 취급했다. 어떤 세심함도 없는 그들의 태도는 사실을 고려하지 않고 오직 직관에 의존했다. 신체적 장애가 있으니 당연히 정신적 장애도 있다고 생각했다. 스티븐은 그런 일로 모욕감을 느끼거나 화를 내지 않았다. 그저 웃어넘겼다.

***

러더퍼드 학회가 열리고 몇 달 뒤인 1974년 8월 스티븐은 칼텍에서 셔먼 페어차일드 석학 초청 프로그램의 초청을 받아 패서디나를 방문했다. 이때부터 그는 매년 칼텍을 찾기 시작했다. 때로는 한 달 이상 머물기도 했다. 그의 친구 킵 손이 여행에 필요한 모든 일을 준비해주었다.

스티븐과 나이가 비슷한 킵은 양자적 수정을 거치지 않은 아인슈타인의 고전적인 일반상대성을 연구했다. 칼텍의 이론가들 가운데

킵과 정반대의 스펙트럼에 선 두 명의 노벨상 수상자는 일반상대성이 아닌 양자론에 초점을 맞추었다. 바로 당시 가장 영향력 있는 이론물리학자인 머리 겔만과 리처드 파인먼이다.

나는 스티븐이 페어차일드 프로그램으로 캘리포니아를 방문하고 10년 뒤에 칼텍의 교수가 되었는데, 내 사무실 머리 겔만의 바로 옆이었고 복도를 따라 조금 더 가면 파인먼의 방이 있었다. 겔만은 나뿐 아니라 거의 모든 사람들에게 "머리"로 불렸다. 그는 소립자의 성질을 분류하고 이해하는 수학 체계를 발견하며 유명해졌다. 머리는 원소 주기율표를 만든 드미트리 멘델레예프와 자주 비교되었다.

파인먼은 가까운 사람들 사이에서만 "딕"으로 불렸다. 양자론을 개념화하고 적용하는 새로운 방식인 파인먼 도표는 그의 가장 큰 업적이다. 파인먼은 스티븐처럼 자신만의 방식으로 그림을 그리고 계산을 했지만, 스티븐과 달리 그의 연구는 양자물리학 전반에 응용할 수 있었다. 파인먼이 발표한 도표는 소립자 이론의 표준적인 도구가 되었다.

머리와 파인먼은 친구이자 라이벌이었지만, 둘 다 마음에 들지 않는 이론을 접하면 거침없이 비판했다. 1974년 가을 스티븐이 칼텍에서 매주 열리는 물리학 학회에서 블랙홀 복사에 관한 중요한 두 번째 발표를 했을 때에 머리와 파인먼 모두 그 자리에 있었다. 스티븐의 제자 버나드 카가 이번에도 패서디나에 동행해서 슬라이드를 띄웠다.

그때는 모두가 스티븐의 이론에 대해서 들은 후였고 첫 번째 강연과 달리 청중은 호의적이었다. 머리는 강연 동안 말을 많이 하지는 않았지만, 강연에 흥미를 느끼지 못할 때면 하는 것처럼 신문을 펼쳐 읽지는 않았다. 파인먼은 강연이 마음에 들지 않으면 일어서서 나가버렸지만, 스티븐의 강연에서는 끝까지 자리를 지키며 질문을 하고 자신의 의견을 말했다. 심지어 봉투 뒷면에 무엇인가를 적기도 했다.

물리학자들 사이에서 파인먼은 살아 있는 전설이었고 카와 스티븐 모두 그의 열렬한 팬이었다. 1980년대 파인먼의 에세이 몇 권이 베스트셀러가 되고, 1986년에는 우주왕복선 챌린저 호 폭발 조사를 위한 대통령 자문위원회에서 활동하면서 그는 대중문화 영역에서도 유명인사가 되었다. 챌린저 호 폭발 조사위원회에서 정부 측근 위원들과 거리를 둔 파인먼은 나사가 비행 환경의 위험성을 간과한 사실을 비롯해서 당국의 안전 불감증을 신랄하게 비판했다. 그리고 단독으로 비극의 원인을 밝혔다. 위험하리만큼 기온이 낮은 날씨에 왕복선을 발사한 것이 문제였다. 온도가 지나치게 낮으면 O-링으로 불리는 고무 결합 부분의 탄성이 떨어져서 밀폐가 제대로 이루어지지 않는다. 파인먼은 국영 방송국의 카메라 앞에서 얼음물이 담긴 잔에 O-링을 담근 다음 꺼내 탁자에 두드렸다. 링은 망치만큼 단단해져 있었다.

카는 파인먼이 강연 동안에 뭔가를 필기하는 모습을 보고 기뻤지만 이후 파인먼은 필기한 봉투를 쓰레기통에 버렸다. 카는 실망했다. 봉투의 마지막 종착지가 스티븐의 이야기에 파인먼이 아주 큰 관심을 느낀 것은 아니었음을 암시했다. 그래도 카는 봉투를 쓰레기통에서 꺼내서 기념품으로 간직했다. 봉투에는 10여 개의 방정식과 함께 카의 스케치가 있었다. 카는 여전히 봉투를 간직하고 있다.

강연이 끝나고 파인먼은 스티븐의 방을 찾았다. 카도 있었다. 파인먼은 스티븐의 연구에 대해서 질문이 더 있다고 말했다. 파인먼은 회의적이었다. 스티븐의 말은 이해하기가 무척 힘들고 그의 설명을 보여주는 슬라이드도 없었기 때문에 카가 통역해주어야 했다.

며칠 뒤 파인먼은 다시 스티븐을 찾아왔다. 그는 자신의 파인먼 도표로 스티븐의 발견을 재해석했다. 이제 그는 스티븐을 믿고 있었다. 그때까지는 양자론에 대한 전문적인 지식이 없었던 스티븐에게 파인먼의 방법론은 그다지 익숙하지 않았지만, 종국에는 그의 가장 유용한 도구가 되었고 파인먼은 그의 친구가 되었다.

스티븐의 발견 이후 몇 주, 몇 달이 지나자 그를 신뢰하는 이론가들이 점차 늘었다. 그들은 파인먼처럼 자신만의 접근법으로 스티븐의 연구 결과를 재해석하기도 했다. 몇몇은 대안적인 해석을 발표하기도 했다. 현재까지도 호킹 복사는 실험적으로는 증명되지 않았지만, 일반상대성과 양자론을 나름의 방식으로 조합한 수많은 물리학자들 모두가 스티븐과 같은 결론에 이르면서 스티븐의 이론은 보편적으로 인정받았다.

아이러니하게도 젤도비치는 블랙홀 회전으로 스티븐의 눈을 돌리게 한 장본인이었음에도 불구하고 마지막까지 스티븐의 이론에 동조하지 않았다. 하지만 그의 저항은 1975년 9월 어느 밤에 종료

7 ✴

되었다. 젤도비치는 모스크바에서 집으로 돌아가려고 짐을 싸던 킵에게 전화를 걸었다. 그러고는 얼른 자신의 아파트로 오라고 재촉했다. 킵이 도착했을 때에 젤도비치는 몹시 흥분해 있었다. 약 1년의 노력 끝에 자신의 계산에서 오류를 발견하여 수정하자, 호킹 복사로 이어졌던 것이다. 그의 얼굴은 환히 빛나고 있었다. 새로운 발견은 스스로의 생각이 틀렸음을 의미하더라도 기쁨을 선사하기 마련이다.

＊ ＊ ＊

스티븐은 수십 년 동안 매년 칼텍을 방문했고, 우리의 책이 본격적으로 시작된 때도 그가 캘리포니아를 찾았을 때이다. 파인먼은 1988년에 세상을 떠났다. 여든을 눈앞에 둔 머리는 1990년대에 은퇴를 하고 뉴멕시코 산타페이 연구소로 떠났다. 한편 킵은 수치상대론을 연구하는 그룹을 이끌며 여전히 왕성하게 활동했다. 당시 새로운 분야였던 수치상대론은 일반상대성 방정식들을 수학적 조작이 아닌 컴퓨터로 "풀었다." 이 접근법의 단점은 도출한 답이 전통적 접근법에서 얻을 수 있는 유의미한 수학적 표현이 아니라 그저 그래프나 숫자가 나열된 표라는 것이다. 장점은 방정식을 수학적으로 풀다가 실패하면 아무것도 남지 않으므로 표라도 있는 편이 낫다는 것이다. 킵 연구진은 블랙홀 간의 충돌과 블랙홀과 중성자별의 충돌에 초점을 맞추었다. 목표는 충돌이 일으키는 중력파를 정확하게 기술하여 킵이 1984년에 공동 설립한 LIGO 중력파 관측소 소속 과학자들이 활용할 수 있도록 하는 것이었다.

스티븐이 캘리포니아에 왔을 때, 나는 우리가 함께 작업한 첫날 저녁 그를 집으로 초대했고 그날 저녁 근무였던 간호인과 패서디나에 동행한 조언도 함께 초청했다. 나는 스티븐과 함께 온 간호인들과 다른 사람들도 다 잘 알았지만 안타깝게도 모두를 초대하지는 못했다. 스티븐 수행단은 워낙 대규모여서 인원을 제한할 수밖에 없었다.

스티븐을 돌보는 일은 어렵지만 집을 떠나서는 더욱 그랬다. 야간 근무도 쉽지 않았다. 간호인의 야간 근무는 스티븐이 침대에 들 준비가 되면 시작되었다. 스티븐이 "건너갈 시간"이라고 말하면 "이제 다른 방으로 건너가서 침대에 누울 시간"이라는 뜻이었다. 다른 사람과 있을 때, "이제 자야겠군"이라고 말하면 실례가 될 수 있으므로 이렇게 줄여서 말했다. 그가 "건너갈 시간"이라고 말하면 간호인은 같이 있던 사람에게 스티븐이 아닌 자신의 생각인 척하며 스티븐이 자야 할 시간이라고 말했다. 때로는 같이 있던 사람과의 자리를 정리하려고 "건너갈 시간"이라고 말했다. 손님이 가고 나면 건너가자고 한 요청을 철회하고 한 시간가량 이메일을 확인하다가 침대에 들었다. 시내에 있다면 야식을 먹기도 했다. 그가 가장 좋아하는 메뉴는 수란과 으깬 감자였다.

스티븐이 정말 침대에 들 때는 저녁 근무 간호인과 밤 근무 간호인이 한 시간가량 같이 일했다. 우선 목욕을 해야 했다. 스티븐은 매일 밤 목욕을 했고 목욕을 무척 즐겼다. 물은 아주 뜨겁게 하는 것을 좋아했다. 집에서 목욕한다면 간호인들은 우선 스티븐의 옷을 벗긴 후에 천장의 기중 장치에 연결된 슬링(sling)을 그에게 입혔다. 기중 장치가 움직일 수 있는 트랙이 욕실 천장에 설치되어 있었고 간호인들은 장치를 이용해서 스티븐을 욕조로 옮길 수 있었다. 집이 아니라면 직접 들어야 했다. 스티븐이 몸을 담그는 동안 수건 몇 장을 따뜻하게 덥혀서 휠체어에 놓았다. 스티븐이 욕조에서 나오면 몸을 수건으로 감싼 다음 휠체어에 앉혔다. 그런 다음 습도를 높이는 네뷸라이저(nebulizer)를 작동시키고, 기관절개 튜브를 교체하고, 잠옷으로 갈아입힌 다음 침대에 눕혔다. 나중에는 밤새 호흡기를 사용했으므로 호흡 장치도 연결해야 했다.

스티븐이 침대에 있을 때는 의사소통이 더욱 어려우므로 가장 취약한 상태였다. 표정으로는 표현할 수 없는 무엇인가를 원한다면 간호인이 스펠링 카드에 적힌 글자들을 가리켰다. 간호인들은 그를 유심히 살펴야 했다. 스티븐이 잠에서 깰 때마다 그에게 무엇이 필요한지를 알아내야 했다. 그는 하룻밤에 열 번가량 잠에서 깨어 몸의 자세나 베개 위치를 바꿔달라고 눈으로 말했다. 스티븐은 건강한 사람과 달리 스스로 몸을 움직일 수 없으므로 자다가 시간이 지나면 몸이 배겼다. 뼈도 아팠다. 간호인들은 스토마에 이물질이 끼어 있지 않아 스티븐이 숨을 잘 쉬는지도 들어야 했다. 그리고 스티븐이 자는 동안 두 시간에 한 번씩 각종 비타민을 용액에 섞어 페그관을 통해서 복부로 주입했다. "신생아에게 하는 모든 일을 박사님에게 했죠. 우리 모두요." 간호인 중 한 명인 비브가 말했다. "야간 근무를 끝내고 나면 박사님이 살아 있다는 사실에 뿌듯했어요. 박 사님이 살아남았기 때문이죠. 내가 박사님을 살아 있게 한 거예요."

그날 저녁 스티븐 일행이 대여한 장애인 전용 승합차가 도착했을 때, 다른 손님들은 대부분 이미 우리 집에 와 있었다. 우리 집은 그가 탄 승합차와 달리 장애인 친화적이지 않았다. 다른 손님 몇 명과 함께라면 그의 휠체어를 들어 현관 앞에 있는 계단 대여섯 칸 을 오를 수 있었다. 문제는 그 일이 쉽지 않다는 것이었다. 모터, 배터리, 컴퓨터가 장착된 스티븐의 휠체어는 무척 무거웠다. 게다 가 그 위에는 스티븐이 앉아 있어야 했다. 물론 스티븐은 키가 작고 언제나 말랐으며 그날은 체중이 약 40킬로그램밖에 나가지 않았다. 손님들의 도움을 받으면 해낼 수 있었지만, 계단만 있고 경사로는 없는 건물에 스티븐이 신물을 낸다는 사실을 잘 알았던 나는 미리 나무판자를 구해 자른 다음 계단 위에 올려 경사로를 만들었다.

스티븐은 누군가의 집에서는 다른 사람들이 휠체어를 들어올리 더라도 개의치 않았지만, 휠체어로 접근할 수 없는 공공시설을 볼 때면 화를 냈다. 그는 자신이 다른 장애인들보다 많은 혜택을 누린 다는 사실을 잘 알았다. 그러므로 자신이 어려움을 느끼면 다른 장 애인들은 더욱 그럴 것이라는 사실에 분노했다.

한번은 스티븐이 비브와 함께 그의 어머니를 만나러 스트랫퍼드 온 에이번에 간 적이 있었다. 그들이 찾은 식당은 내셔널트러스트 근처에 있는 역사적인 건물이었다. 소변이 마려워진 스티븐은 비브에게 "병이 필요해"라고 말했다. 소변을 보고 싶다는 암호로, 병은 소변을 담는 플라스틱 용기를 뜻했다. 우선 화장실로 가야 했지만 식당에는 장애인 화장실이 없었다. 비브가 다른 어디를 가야 하나 고민하는 동안 스티븐은 주방 뒤편 마당으로 휠체어를 끌어달라고 말했다. 비브는 당황했다. 좋은 생각이 아니라고 말했지만 스티븐은 또 한 번 요구했다. 비브는 알겠다고 했다. 말다툼은 시간 낭비일 뿐이었다.

주방 뒤편에 도착하자 스티븐이 말했다. "병이 필요해."

비브는 휠체어를 밀면서 인적이 없는 적당한 곳을 찾으려고 했지만 비브가 휠체어를 밀자 스티븐이 입과 코를 잔뜩 일그러트리면서 화를 냈다. 비브가 멈췄다.

"여기에서." 스티븐이 볼륨을 높여 말했다.

"여기선 안 돼요!" 비브가 말했다. 비브의 목소리도 컸는지 주방장이 나왔다.

"무슨 일이십니까?" 주방장이 물었다.

"장애인 화장실이요." 스티븐이 여전히 볼륨을 높인 채 말했다.

"죄송하지만 우리 식당에는 없습니다." 주방장이 말했다. 그의 얼굴은 도대체 왜 이 뒤에서 장애인 화장실을 찾는 거지라고 말하고 있었다. 그러더니 고개를 젓고는 주방으로 돌아갔다.

"병이 필요해." 스티븐이 비브를 노려보며 말했다.

비브는 주방 뒷문 밖에 있는 생울타리 안으로 휠체어를 최대한 깊이 밀어넣었다. 스티븐이 볼일을 본 뒤에 비브가 울타리에서 휠

　　　　　　　　　　　　　　　　　　　　　스티븐 호킹

체어를 꺼냈다.

"병을 비워요." 스티븐이 말했다.

"안 돼요!" 비브가 말했다. "주방이 바로 옆이잖아요!"

"병을 비워요." 스티븐이 말했다.

비브는 스티븐의 말대로 울타리 아래의 땅에 병을 비우기 시작했다. 그때 주방장이 다시 나왔다. 그는 어떤 일이 벌어졌는지 알고는 화가 머리끝까지 났다. 주방장이 소리를 지르자 스티븐이 말했다.

"장애인 화장실." 볼륨은 여전히 높았다. 컴퓨터 기계음이 나오는 동안 스티븐은 오만상을 찌푸리며 분노를 내뿜었다. 스티븐 역시 화가 머리끝까지 나 있었다.

주방장은 놀랐지만, 비브는 싸움을 더는 지켜볼 수 없었다. 비브는 서둘러 휠체어를 밀고 떠났다.

이 사건으로 비브는 몹시 당혹스러웠다. 스티븐의 간호인으로 일하면서 큰 모멸감을 느낀 순간이었다. 약 1년 후에 스티븐은 그 식당을 다시 가고 싶어했다. 이번에도 비브가 동행했다. 이제는 그곳에 장애인 화장실이 있었다.

스티븐은 내가 경사로를 설치한 사실에 감동한 듯했다. 장애인의 접근이 어려운 장소에서 그가 어떻게 행동하는지 내가 알고 있다는 사실을 몰랐다. 스티븐은 꽤 오랫동안 파티에 함께했고 즐거워 보였다. 나의 친구들은 모두 스티븐에게 감탄했지만 그를 이미 알고 있는 노벨상 수상자 한 명만은 그렇지 않았다. 당시 칼텍에서는 나를 제외한 교수들 모두가 노벨상을 받았다고 해도 과언이 아니었다. 평행 우주는 무한한 수로 존재하므로 나도 어느 우주에서는 노벨상을 받았겠지만 이 우주는 아니었다.

사람들은 호킹 복사를 발견한 스티븐이 왜 노벨상을 받지 못했는지 의아해한다. 파티에 참석한 내 친구도 그랬다. 그 친구가 파티 전에 내게 물었다면 나는 설명해주었을 것이다. 파티가 끝나고 나서 물었어도 그랬을 것이다. 하지만 친구는 파티 동안에 물었다. 그것도 내게 묻지 않고 스티븐에게 물었다.

당혹스러워하던 나와 달리 스티븐은 아무렇지 않아 보였다. 스티븐은 밤이 늦어 피곤해했으므로 답을 타이핑하는 데에 시간이 오래 걸렸다. 그동안 우리는 질문을 한 노벨상 수상자가 당시 푹 빠져 있던 밴조로 화제를 돌렸다. 우리는 모두 놀랐다. 그가 끈 이론 전문가라는 사실은 알았지만 밴조 줄도 퉁기리라고는 전혀 예상하지 못했다. 마침내 스티븐의 컴퓨터에서 목소리가 흘러나왔고 그의 얼굴은 무표정했다. "아직 관찰되지 않았으니까요." 우리는 모두 그가 무슨 말을 하는 것인지 잠시 생각했다. 내가 노벨상 수상자 친구에게 스티븐의 말이 무슨 뜻인지 설명해주었다. 복사가 관찰되지 않았기 때문에 노벨상을 받을 수 없다는 의미였다.

노벨상 수여 방식에는 여러 문제점들이 있다. 엉뚱한 사람에게는 수여하면서 마땅한 사람에게는 수여하지 않을 때가 자주 있다. 상을 받을 근거가 없는 연구 결과에는 수여하면서도 당연히 상을 받아야 할 업적은 무시하기도 한다. 하지만 무엇보다도 노벨상 위원회가 고집하는 원칙 중의 하나는 이론적 성취는 관찰이나 실험으로 입증되지 않는 한 상을 줄 수 없다는 것이다(입증되더라도 발견을 이룬 당사자인 이론가가 아닌 실험을 한 사람에게 상을 수여해서 이론가들의 심기를 더욱 건드린다).

안타깝게도 호킹 복사를 관측하는 데에는 갖가지 어려움이 있다. 예를 들면 블랙홀 복사를 관측하기 전에 우선 블랙홀의 위치를 알아내야 한다. 블랙홀로 널리 인정된 첫 천체는 앞에서도 언급한 백조자리 X-1이다. 수백 명의 과학자들이 1970년대 초부터 1990년대 초까지 약 20년 동안 관측한 뒤에야 백조자리 X-1은 블랙홀로 인정받았다. 당시 스티븐은 킵에게 백조자리 X-1이 블랙홀이 아닐 것이라고 내기를 걸었다. 스티븐은 블랙홀이기를 바랐지만 자신의 바람에 반하여 내기를 건다면 내기에 지더라도 기분이 좋을 것이기 때문이었다. 이후 수많은 블랙홀들이 발견되었다. 거의 모든 거대 은하 가운데에는 블랙홀이 있었다.

그러나 또다른 문제도 있다. 블랙홀의 "호킹 온도(Hawking temperature)"는 일반적으로 100만 분의 1도보다 낮다. 이처럼 절대 0도와 다름없는 온도는 지금의 기술로는 감지가 불가능하다. 게다가 블랙홀이 탐지 가능한 정도로 질량을 잃는 데에 걸리는 시간은 약 10^{67}년으로 상상하기도 힘든 긴 시간이다(지금 우주의 나이는 10^{10}년대이다). 그러므로 우리는 블랙홀의 수축을 측정할 수 없을 것이다.

호킹 복사에 관한 간접적인 증거는 스티븐이 사망하고 1년이 조금 지난 2019년에 이스라엘 테크니온 물리학 연구진이 수행한 실험에서 처음 나왔다. 연구진은 블랙홀을 "소리에 비유했다." 소리의 속도보다 빠르게 흐르는 용액이 있다고 생각해보자.* 용액이 흐르는 곳 안에 소리의 원천이 있다면, 용액의 흐름이 소리의 속도보다 빠르므로 어떤 음파도 용액의 흐름을 앞지르지 못해 용액에서 탈출하지 못한다고 예상할 수 있다. 이는 광자를 비롯한 어떤 신호도 중력에서 탈출하지 못하는 블랙홀의 성질과 비슷하다. 테크니온 연구진은 물었다. 이 모형에서 호킹 복사와 유사한 상황을 관측할 수 있을까?

이스라엘 과학자들은 초저온 루비듐 원자 10만 개로 이루어진 용액을 실험에 사용했다. 루비듐 용액이 블랙홀 역할을 했다. 음향의 양자 입자인 포논(phonon)이 빛의 입자인 광자 역할을 맡았다. 연구진은 일부 포논이 블랙홀 역할인 루비듐 용액에서 빠져나오고 용액에서 탈출한 에너지의 특성들이 스티븐의 예측과 맞아떨어진다는 사실을 발견했다. 포논이 호킹 복사였다. 스티븐이 살아 있었다면 이는 노벨상 위원회에 제시할 충분한 근거가 될 수 있었지만, 위원회의 또다른 원칙은 사후에는 상을 수여하지 않는다는 것이다.

호킹 복사는 일반상대성과 양자론이 하나의 계에 적용된 첫 사례라는 면에서 중요하다. 완벽한 양자 중력 이론은 아직 없지만, 물리학자들은 블랙홀을 일반상대성과 양자론을 조합하는 수학적 실험실로 삼으며 난해한 양자 중력 이론의 특성과 원칙에 관해서 많은 사실을 배우고 있다.

---

* 소리는 매질마다 다른 속도로 이동한다. 여기에서 말하는 소리의 속도는 테크니온 연구진이 사용한 액체 안에서 이루어지는 소리의 속도를 일컫는다.

8

파티가 끝난 다음 날 나는 조바심이 났다. 전날 우리는 구체적인 진전을 전혀 이루지 못했다. 우리는 나란히 앉았고, 내가 스티븐을 바라보는 동안 그는 컴퓨터 화면을 바라보며 책에 대한 평가와 그가 이야기하고 싶은 내용을 (그의 타이핑 속도를 고려할 때) 오랫동안 타이핑했다. 스티븐은 책의 근본적인 요지에 의문을 제기했다. 우리는 몇 달에 걸쳐서 무척 구체적인 계획을 세운 뒤에 서로 합의했으며 총 8개의 장들 가운데 이미 5개의 장을 쓴 뒤였다. 내가 의견을 내놓으면 스티븐이 답했다. 우리는 생각을 주고받았고 그중에는 훌륭한 생각들도 있었다. 그런데 왜 지금 와서 다른 생각을 하는 것일까? 글을 써야 한다는 현실로부터 도피하려는 것일까? 그런 것 같지는 않았다. 스티븐의 정신력은 그 어느 때보다도 강인해 보였지만, 어떤 이유에서인지 우리의 책은 중년의 위기를 맞고 있었다.

그날 아침 우리는 칼텍 교직원 클럽인 애서니엄에서 만나서 점심을 먹고 스티븐의 방으로 가기로 약속했다. 스티븐은 30분가량 늦었다. 사실 전날 밤 파티에서 그를 늦게까지 붙잡아둔 내 탓이었다. 하지만 스티븐은 약속 시간보다 늦을 때가 많았다. 이해할 수 있는 일이었다. 스티븐이 아침에 외출하려면 할 일이 많았다. 외출 준비가 생각보다 오래 걸릴 수 있었다. 미리 전화 한 통 걸어주면 좋겠지만 그런 일은 한 번도 없었다. 스티븐은 늦게 오는 열차 같았다. 열차를 기다리거나 타지 않는 것 말고는 내가 할 수 있는 일은 없었다. 사람들은 이런 일을 호킹 시간이라고 불렀다.

지역 주민들은 애서니엄에 항상 감탄한다. 스페인이나 이탈리아의 저택처럼 지붕은 붉은색 타일로 덮여 있고 곳곳에 아치형 입구가 있다. 지중해 양식을 그대로 재현한 듯하다. 식당은 샹들리에가 매달린 6미터 높이의 황금빛 천장까지 창문이 닿아 있고 묵직한 색의 목제가 곳곳을 장식하고 있다. 내가 무엇보다도 좋아하는 것은 오래 전에 세상을 떠난 위대한 과학자들의 유화이다. "애스"라는 애칭으로도 불리는 애서니엄은 유서 깊은 장소로 여겨진다. 하지만 시공간처럼 "유서 깊음"의 기준은 관찰자에 따라서 다르다. 케임브리지는 헨리 3세가 1231년에 왕립 헌장을 발표하면서 설립되었다. 케임브리지에서 가장 최근에 세워진 건물도 칼텍의 어느 건물보다 수백 년은 더 오래되었다. 그러므로 스티븐은 애스가 유서 깊은 곳으로 여겨진다는 사실이 우스웠을 것이다. 하지만 케임브리지는 따사한 겨울이 없고 휠체어로 접근할 수 없는 곳이 많았다.

애스의 분위기가 키스만큼 고풍스럽지는 않지만, 음식만큼은 언제나 스티븐의 위를 기쁘게 했다. 오늘은 로스트비프가 나왔다. 스티븐은 무척 좋아했다. 식사가 끝나가고 있었다. 다시 말해서 스티븐 빼고 우리 모두 접시를 비웠다.

아침 내내 전날 일을 고심했던 나는 조금 초조했다. 스티븐이 캘리포니아에 도착하고 처음 함께 작업한 어제의 일을 떠올리자 마음이 불편해졌다. 우리는 이미 결정한 일을 다시 논의해야 했을 뿐만 아니라, 스티븐은 패서디나에 오기 전 몇 달 동안 하기로 약속했던 작업을 전혀 하지 않은 듯했다. 내가 막 교수가 되었을 때에 암을 앓고 있던 파인먼은 내게 관계나 삶을 돌아보는 것은 쓸모가 있지만 행복할 때는 되도록 하지 않는 것이 좋다고 조언했다. 하지만 나는 행복하지 않았고, 내가 누군가와 서로의 관계에 무슨 문제가 있는지 이야기하는 것을 좋아하지 않는다고 해도 지금만큼은 말해야만 했다.

점심을 먹으면서 또는 다른 사람들이 있는 자리에서 개인적인 이야기를 하고 싶지는 않았기 때문에 나는 우선은 기다렸다. 물론 스티븐과 있으면 거의 항상 다른 사람들이 함께 있었다. 그날 점심에는 그의 간호인인 데이비드와 메리가 같이했다. 그날 담당 간호인은 메리였다. 데이비드는 스티븐의 방에는 함께 가지 않을 것이므로 나는 메리가 화장실에 갈 때에 이야기하면 되겠다고 생각했다. 나는 식사가 끝나기를 기다리며 때를 노렸다. 하지만 스티븐은 평소보다 식사 속도가 더 더뎠다.

"한 입만 더 드세요." 메리가 말했다.

스티븐이 싫다는 표시로 입꼬리를 아래로 내렸다.

"제발요! 정말 맛있잖아요. 입을 벌리고 한 입만 더 먹어봐요. 할 수 있어요! 거의 안 드셨잖아요." 메리는 스티븐의 손에 자기 손을 올리고 마치 아기에게 말하듯이 느리고 과장되게 말했다. 스티븐은 아기를 돌보듯 돌봐야 하지만 아기에게 말하듯 말할 필요는 없었다. 하지만 그런 간호인들이 있었다.

간호인마다 스타일이 달랐다. 모두 스티븐을 사랑했지만 사랑의 방식은 제각각이었다. 몇몇은 모성애적 사랑이었다. 또다른 몇몇은 이성에게 구애하듯 굴었다. 몸에 달라붙고 목 아래로 깊이 파인 상의를 입어 스티븐을 향해 몸을 숙일 때에 그가 자신의 가슴을 볼 수 있도록 했다. 메리는 그렇지 않았다. 메리는 중년 부인의 모습이었고 스티븐을 돌보는 방식도 그에 걸맞았다. 메리는 스티븐을 아기처럼 대했지만 메리만이 스티븐을 아기처럼 돌본 것은 아니었다. 메리의 전략이 성공해서 스티븐이 입을 벌렸다. 메리는 스푼 가득 음식을 떠서 입에 넣은 다음 냅킨으로 턱을 닦아주었다. 스티븐은 자신에게 추파를 던지는 간호인이든 자신을 아기 취급하는 간호인이든 그들의 열의를 꺾지 않았다. 간호인들은 낯선 사람이 곁에 있을 때는 스티븐을 아기처럼 대하거나 그에게 추파를 던지지 않으려고 주의했지만, 스티븐은 주변에 누가 없거나 친한 친구만 있다면 아기 취급이나 추파를 즐기는 듯했다.

스티븐이 모성애를 자극하는 것은 쉽게 이해할 수 있다. 하지만 스티븐은 사람들에게 애정을 느끼게도 했다. 나는 그를 처음 본 날부터 느낄 수 있었다. 그 이유 중의 하나는 그의 강렬한 푸른 눈이었다. 스티븐의 눈은 무척 따스한 온기를 내보냈다. 그의 두 눈은 말을 할 수 있었다. 그의 눈으로 우리가 연결되어 있음을 알 수 있었다. 스티븐의 친구들은 그의 눈에서 사랑을 느꼈다. 친구가 아니라면 매력을 느꼈다. 스티븐에게 화가 났더라도 그의 눈을 보면 무장 해제되었다. 그가 고통으로 눈을 찌푸리면 나 역시 고통을 느꼈다. 그를 화나게 한 뒤에 그의 눈을 보면 시간을 되돌리고 싶어졌다.

스티븐이 다 먹기를 기다리는 동안 나는 데이비드와 이야기를 나누었다. 그러다가 어떻게 해서 그와 팔씨름을 하게 되었다. 우리는 몇 분 동안 끙끙댔지만 무승부였다. 스티븐이 우리를 바라보는 동안 메리가 식당 직원에게 그릇을 치워달라고 손짓했다.

"후식으로는 뭐가 있죠?" 메리가 웨이터로 아르바이트하는 학생에게 물었다. "글루텐이 없는 메뉴가 있어야 하는데."

스티븐은 항상 글루텐이 없는 메뉴를 택했지만, 간호인들은 글루텐이 없는 음식을 구하기 힘들거나 글루텐이 없는지 확실하지 않을 때는 글루텐이 포함되었어도 스티븐에게 주었다. 그래도 어떤 부작용도 없었다. 실제로 스티븐은 친구들에게 자신이 글루텐 알레르기가 없다고 말했다. 그렇다면 왜 간호인들이 자신의 식단을 제한해도 별말 하지 않는 것일까? 스티븐이 식단을 제한하라고 간호인들에게 요청한 거라면 왜 그런 것일까? 미스터리였지만 나는 물어보지 않았다. 그날 점심에는 글루텐이 문제가 되지 않았다. 스티븐이 디저트를 먹지 않겠다며 얼굴을 찌푸렸기 때문이다. 그러고는 다시 팔씨름을 구경했다.

나는 스티븐이 우리를 보면서 유치하다고 생각하거나 신경이 거슬렸는지 궁금했다. 우리의 행동은 분명 품위 있는 행동은 아니었다. 하지만 스티븐은 개의치 않는 듯했다. 그는 자신이 할 수 없는 일을 다른 누군가가 하는 것을 보면서 즐거워하곤 했다. 술집에서 젊은 사람들이 춤을 춘다면 즐겁게 바라보았다. 우리의 팔씨름에서 대리만족이 충족되었는지 어느 순간 그는 "이제 가죠"라고 말했다.

나는 마음의 준비를 단단히 했다. 그의 방에 곧 도착해서 메리가 화장을 고치러 화장실에 가면 곧바로 말을 꺼낼 작정이었다. 스티븐과 나는 많은 주제들로 토론을 해왔지만 이번만큼은 지적 영역의 토론은 아닐 참이었다. 사적인 이야기를 할 때는 스티븐이 어떻게 나올지 짐작할 수 없었다. 어쨌든 그는 슈퍼스타였고 대부분의 사람들은 그에게 불만이 있더라도 표현하지 않았다. 의사소통 속도도 문제였다. 우주의 양자 기원에 관한 몇 문장을 듣기 위해서 7분을 기다릴 수는 있었지만, 앞으로 나눌 대화는 서로 기분이 무척 상할 수 있었다. 어느 누가 불편한 대화를 느리게 나누고 싶겠는가?

나는 좋은 관계란 충돌이 없는 관계가 아니라 애정이나 최소한 예의로라도 충돌을 해결하는 관계라는 말을 들은 적이 있다. 연인이 내려준 모닝커피가 당신에게 너무 연하다면 "다음부터는 커피를 조금 더 넣으면 우리 둘 다 딱 좋아하는 맛이 되지 않을까?"라고 말해볼 수 있다. 그렇다면 "기꺼이!"라는 답이 돌아올 것이다. 물론 나의 관계는 "커피가 너무 연하잖아!"라고 말하면 "다음에는 당신이 타!"라는 말을 듣는 쪽에 가까웠다. 스티븐과 나의 관계는 어느 쪽일까? 앞으로 내가 할 말과 스티븐이 할 대답이 결정을 내릴 것이었다. 관계가 더 깊어질 수도 있지만, 앞으로의 작업이 어려워질 수도 있었다.

메리가 스티븐의 입을 닦아주고 있고 내가 자리에서 일어났을 때 느닷없이 머리 겔만이 방으로 들어왔다. 뉴멕시코에서 온 것이 분명해 보였다. 머리가 1990년대에 칼텍을 떠난 뒤에도 우리는 이따금 만났다. 그를 볼 때마다 머리가 더 하얘지고 자세는 구부정해져 있었다. 그는 아직 70대 후반이었지만 기민함도 예전 같지 않았다. 물론 그렇다고 해서 내가 그의 물리학 적수가 된 것은 아니었다. 한편 스티븐은 나이를 먹지 않는 듯했다. 내가 그와 친구로 지내는 동안 특히 지적인 면에서 어떤 노후의 징후도 찾을 수 없었다. 눈 근육을 통제하는 능력이 약해지면서 의사소통하고 글을 읽는 속도가 느려졌을 뿐이다.

머리는 나와 인사한 후에 스티븐에게 고개를 돌려 환하게 미소 지었다. "안녕하세요, 스티븐!" 그의 곁에서 힘차게 말했다. "이렇게 만나니 반갑네요!" 스티븐은 아무 말도 하지 않았지만 그와 눈을 마주치면서 한동안 활짝 웃었다.

"시간을 뺏으러 온 건 아니에요." 머리가 말했다. "여기 있다고 해서 인사하러 들렀어요. 좋아 보이네요!" 스티븐은 이번에는 짧은 미소를 지었고 눈으로 감사하다는 인사를 했다.

머리는 그렇게 방을 나갔다. 스티븐은 머리에게 많은 도움을 받았다. 스티븐은 1985년 8월 기관절개 수술을 받은 이후 24시간 간호를 받지 않으면 생존할 수 없었지만, 영국 의료보험은 비용을 부담해주지 않았고 스티븐이 자비로 부담할 형편도 아니었다. 킵은 스티븐에게 맥아더 재단에 재정 지원을 요청해보라고 제안했다. 당시 아직 칼텍 소속이던 머리는 재단 이사회 소속이기도 했다. 그렇게 해서 스티븐은 자신의 책이 대성공을 거두기 전까지 재단의 후한 지원을 받아 간호인들을 고용할 수 있었다.

스티븐에 대한 맥아더 재단의 지원은 이례적이었다. 맥아더의 유명한 "재능인상"은 인문학과 과학 분야에서 전도유망하지만 아직은 유명하지 않고 재정적으로 어려운 젊은 인재에게 수여하는 상이다. 그러나 실제로는 이미 유명하고 재정적으로 어렵지 않은 사람에게 주로 수여된다. 당시 마흔셋의 나이에 『시간의 역사』를 막 집필하기 시작한 스티븐은 여느 수상자만큼 천재였지만 유명인사가 아니었으며 돈이 절실했다.

물리학에서는 어떤 발견을 하든 돈을 받지 않는다. 논문을 발표하면 정년이 보장되는 교수직과 무엇인가를 알아냈다는 뿌듯함을 얻게 될 뿐이다. 좋아하는 일을 하면서도 적당한 돈을 벌 수 있는 안정적인 직업을 구했다는 사실에 만족해야 한다. 1985년 스티븐의 연봉은 약 2만5,000달러였다. ALS 환자가 아니라면 나쁘지 않은 수준이다. 다행히 스티븐은 호킹 복사에 관한 연구로 전 세계적으로는 아니지만 최소한 물리학계에서는 어느 정도 유명해졌다. 그의 이름은 이미 알려져 있었지만 호킹 복사 발견 이후 더욱 유명해지면서 맥아더 재단은 기꺼이 케임브리지 대학교를 통해서 지원금을 전달했다.

스티븐과 제인은 다행이라고 여기면서도 호킹 복사를 발견하지 못한 다른 ALS 환자들에게 안타까움을 느꼈다. 영국의 의료 서비스는 그들에게 요양원 병상 하나만 제공했다. 환자들은 누구와도 소통하지 못하고 제대로 된 간호도 받지 못하며 어떤 자극도 없이 그저 누워 있어야 했다. 그런 환경에서는 스티븐이 이후 몇 년 동안 겪은 죽음의 위기에서 살아남기가 힘들다. 스티븐은 자신이 24시간 간호를 받지 않으면 "딱 닷새 살다가 죽을 것"이라고 말했다.

＊＊＊

내가 스티븐과 알게 된 이후 몇 년 동안 그를 돌본 간호인들은 간호사는 아니었지만, 처음에는 간호사들이 그를 돌봤다. 1985년에 맥아더 재단의 후원으로 스티븐의 간호인으로 지원한 간호사 일레인 메이슨은 큰 키에 긴 붉은 머리가 곱슬곱슬했다. 애든브룩스 병원 간호사였던 일레인은 만성질환 환자 한 명을 전담으로 간호하는 자리를 원했다. 많은 환자들을 간호한 경험이 있던 그녀는 1971년에 방글라데시 전쟁에서 다친 환자를 4년 동안 돌보기도 했다. 일레인은 스티븐의 간호인으로 뽑혔다.

앞에서도 이야기했듯이 간호인들은 서로 다른 방식으로 스티븐을 돌보았지만, 일레인은 모든 방식을 동원했다. 간호사였던 만큼 그녀는 몇 년 동안 여러 번 스티븐의 목숨을 구했다. 때로는 스티븐을 아기처럼 대하기도 했지만 장난에 가까웠다. 추파를 던지는 법도 분명히 알았다. 얼마 지나지 않아 일레인은 스티븐이 가장 좋아하는 간호인이 되었다. 당시 스티븐은 40대 초반이었다. 30대였던 일레인은 취미로 스케이트보드를 탔다. 스티븐이 하버드에서 명예박사학위를 받는 동안 지루해하던 일레인이 재주넘기를 했다는 일화는 무척 유명하다. 스티븐은 다른 사람의 움직임에서 대리만족을 느꼈고 일레인은 그런 기쁨을 선사하는 데에 탁월했다. 스티븐이 몸이 불편하지 않았다면 했을 온갖 동작을 일레인이 해준다는 사실이 둘을 결합시킨 한 가지 이유였을지도 모른다.

스티븐의 몸 상태는 일레인에게 문제가 되지 않았다. 오히려 그의 불편한 몸에 끌렸다. 일레인의 첫 번째 남편인 데이비드 메이슨은 일레인이 원하는 사람은 자신을 필요로 하는 사람이라고 말했다. 제인과 달리 일레인은 스티븐이 해외에 나갈 때마다 거의 항상 스티븐과 동행했다. 그저 말을 하는 데에도 엄청난 노력이 필요한 스티븐이 어떤 어려움에도 굴하지 않고 곳곳을 누비고, 물리학을 연구하고, 책을 쓴다는 사실을 좋아했다. 그녀는 스티븐의 힘을 사랑했다. 스티븐이 자신과 대화하려고 크나큰 시간과 에너지를 들인다는 사실에 감사해하며 그의 이야기를 끈기 있게 들어주고 그에게 자신의 감정을 털어놓기 시작했다.

한편 그 8년 전에는 스티븐의 아내 제인이 다른 누군가에게 마음을 고백했다. 제인이 다니던 동네 교회의 성가대 지휘자인 조너선 헬러 존스였다. 그때까지만 해도 스티븐은 섹스를 할 수 있었지만 어느 순간부터 제인과 더 이상 하지 않았다. 스티븐은 잠자리에서 완전히 수동적일 수밖에 없을 뿐만 아니라 무척 조심해야 했다. 시간이 지나면서 제인은 관계를 맺는 동안 그가 죽을 수도 있다는 생각에 두려움을 느끼게 되었다. 그와 사랑을 나누는 것이 두렵고 허무했다. 스티븐과 섹스를 한다는 생각조차 부자연스러워졌고 애정도 식어갔다. "홀로코스트 희생자의 몸" 같은 스티븐은 아기처럼 대해야 했다. 스티븐과 제인은 서로에 대한 열정이 사그라졌다. 제인에게 스티븐과의 부부 관계는 보호자와 환자의 관계로 바뀌었다. 스티븐의 식사를 챙기고, 몸을 씻겨주고, 이를 닦아주고, 머리를 빗겨주고, 옷을 입혔다. 스티븐이 연구에 몰두해 있는 동안 제인은 당연하다는 듯이 스티븐의 모든 필요를 채워주었고 그사이 헬러 존스와 연인이 되었다.

제인은 자신의 외도를 스티븐에게 털어놓았고 스티븐은 둘의 관계를 허락했다. 제인은 자신과 헬러 존스의 관계를 아무에게도 알리지 않을 생각이었다. 호킹 가족은 모두를 아우르는 "새로운 구성"의 확대 가족이었다. 제인이 예상하지 못한 것은 스티븐 역시 일레인을 받아들여 가족을 확대하는 것이었다.

스티븐과 제인이 사랑하는 남녀 관계에서 피보호자-보호자의 관계로 바뀌었다면, 스티븐과 일레인은 반대였다. 이는 또 한 번 새로운 "구성"으로 이어졌다. 마치 밤하늘의 별자리처럼 스티븐, 일레인, 제인, 존스뿐만 아니라 호킹 부부의 세 자녀가 얽히고설킨 복잡한 관계였다. 그뿐이 아니었다. 일레인은 여전히 데이비드 메이슨과 결혼한 상태였다.

　제인은 스티븐이 자신처럼 애인을 가족으로 받아들이는 것을 견딜 수 없었다. 스티븐이 연구하는 대칭은 이해할 수 있었지만 이같은 관계의 대칭은 인정하지 못했다. 하지만 한동안은 모두가 행복한 대가족을 유지하기 위해서 노력했다. 그러나 쉽게 예상할 수 있듯이 "한동안"은 오래가지 않았다. 1990년에 스티븐은 일레인과 집을 나왔고 10년 뒤에는 스티븐이 여생을 보내게 된 집을 지었다. 1995년 일레인이 데이비드와 이혼하자 스티븐은 제인과 이혼하고 곧바로 일레인과 결혼했다. 당시 스티븐은 마흔여덟이었다.

　일레인은 결혼 이후에는 스티븐의 삶에서 간호사 역할을 피했다. 스티븐을 돕고 그가 원하는 것을 무엇이든지 들어주며 돌보고 싶어 했지만 간호인이 아닌 아내로서였다. 고기를 잘게 썰어서 먹여주는 것은 원하지 않았지만 요리는 기꺼이 했다. 스티븐이 좋아하는 카레, 로스트 요리, 과일, 청어를 말아 식초에 절인 롤몹을 준비했다. 스티븐이 저녁으로 특별한 메뉴를 원하는데 재료가 없을 때는 가게로 달려가서 사왔다. 일레인은 스티븐과 외출하는 것도 좋아했다. 특별한 행사가 있으면 새 옷을 장만하고 스티븐이 밤에 돌아오면 반갑게 뛰어가 맞으면서 말했다. "보여줄 게 있어요. 스티븐!" 그러고는 위층으로 올라가 옷을 갈아입고 패션쇼를 열었다. 일레인은 스티븐의 손을 잡는 것을 좋아했고 스티븐도 일레인의 손길을 좋아하며 애정을 표현했다.

　일레인은 스티븐의 침대에서 잘 수는 없었지만 한밤중에 내려와 그저 지켜보거나 곁에 앉아 그를 어루만지곤 했다. 스티븐은 그녀에게 선물 같았다. "난 스티븐을 도왔지만 스티븐도 날 도왔어요." 일레인이 내게 말했다. "우리 가족은 문제가 많았어요. 부모님은 우리를 제대로 돌보지 않았죠." 일레인은 데이비드와의 관계가 사랑은 아니었다고 말했다. "그를 사랑했지만 우리는 **사랑하는 사이**는 아니었어요. 데이비드와 결혼한 까닭은 내가 스물다섯이었고 그가 내게 처음으로 청혼한 남자였기 때문이에요. 그래서 사랑받는다는 감정은 특별했어요. 난 스티븐과 사랑하는 사이였고 스티븐도 나와 사랑하는 사이였어요. 스티븐은 날 받아들이고 내 안에 있는 날 사랑했어요."

✴ ✴ ✴

스티븐은 1960년대를 빈둥거리는 대학생으로 시작했지만, 1970년대는 양자 중력과 우주론 분야의 거장으로 마무리했다. 그는 제2의 아인슈타인이라는 말을 절대 인정하지 않았지만, 물리학과 삶에 다가가는 방식에서 여러 비슷한 점들이 있었다. 둘 다 천재이자 괴짜이면서 복잡한 상황을 꿰뚫고 중요한 문제를 골라내는 데에 뛰어난 선지자였다. 하지만 그들이 살던 시대가 묻는 질문은 서로 달랐고 두 과학자가 마주한 삶의 도전들도 달랐다. 그러므로 스티븐과 아인슈타인의 재능을 비교하기는 어렵다. 하지만 그들이 서로 다른 척도에서 물리학에 영향을 주었다는 사실은 어렵지 않게 이해할 수 있다.

아인슈타인은 여러 가지 측면에서 광범위하고 혁신적인 성취를 이루었다. 그의 특수상대성이론과 일반상대성이론에 더해서 그는 원자의 존재를 입증하는 첫 증거를 제시했고, 처음으로 막스 플랑크의 양자 가설을 자연의 보편적 진실로 인정하며 양자 가설이 발견된 좁은 영역을 벗어나 광범위하게 적용했다. 그는 물리학의 어느 한 분야에서만 중요한 인물이 아니라 물리학 전체의 근본을 다시 형성했다. 이는 스티븐과 다른 점이다.

블랙홀과 우주의 기원에 관한 스티븐의 연구가 미친 영향은 대부분 우주론, 일반상대성, 양자 중력 이론을 찾으려는 노력에 국한되었다. 연구자의 숫자로 따지면 이 분야들은 물리학계에서도 아주 작은 부분이었다. 물론 스티븐이 다른 시대에 살았거나 그가 건강했다면 어떤 업적을 이루었을지 가늠하기란 불가능하다. 하지만 스티븐은 자신이 건강해서 죽음이 임박하다는 생각을 하지 않았다면, 그렇게 많은 성취를 이루지는 못했을 것이라고 믿었다.

대부분의 물리학자들이 블랙홀 복사를 스티븐의 가장 큰 발견이라고 생각하지만, 스티븐의 생각은 달랐다. 1980년대에 우주의 양자 기원에 관해서 발표한 "무경계 가설(no-boundary proposal)"은 그 영향력이 호킹 복사보다 훨씬 작았지만, 스티븐은 자신의 가장 큰 성취라고 생각했다. 무경계 가설은 스티븐이 수백 명의 물리학자들을 대상으로 강연한 뒤에 한 동료가 "그의 강의를 제대로 이해한 사람은 스무 명 정도"일 것이라고 말할 정도로 난해했다. 무경계 가설은

"몹시 어려운 이야기"였다.

처음에 나는 스티븐의 생각에 놀랐다. 하지만 그가 애초에 물리학에 이끌린 여러 이유들을 고려하면 당연한 결과였다. 우주의 시작에 대한 이해는 스티븐에게 성배였다. 그는 우리 모두가 어디에서 왔는지 알고 싶어했다. 그리고 무경계 가설로 그 답을 찾았다고 믿었다.

＊＊＊

무경계 가설은 20년 동안 이루어진 스티븐의 연구가 절정에 이르면서 자연스럽게 파생한 결과물이었다. 그의 첫 두 가지 연구 프로젝트였던 우주의 기원과 블랙홀 법칙 연구는 처음에는 양자론 원칙을 고려하지 않고 오로지 일반상대성만을 토대로 했다. 이후 양자론을 공부한 뒤에 배운 내용을 블랙홀에 적용하여 자신의 기존 생각들을 수정하자 호킹 복사가 발견되었다. 양자론으로 무장한 그가 수정할 다음 연구 분야는 우주의 기원이었다. 우주의 기원에 대한 연구는 칼텍에서 두 시간가량 떨어진 UC 샌타바버라 소속의 친구 짐 하틀과 공동으로 진행한 무경계 가설 연구에서 절정에 이르렀다.

무경계 가설의 토대가 된 아이디어는 얼핏 이상해 보였다. 앞에서 설명했듯이 양자론은 일반적으로 미시 세계에 관한 이론으로 여겨진다. 주로 원자나 분자, 아원자 입자로 이루어진 계나 소립자의 조밀한 집단을 기술하는 데에 응용된다. 따라서 양자론을 우주 전체에 적용하려고 한다면 우주가 원자 크기에 불과했던 초기 우주에만 적용할 수 있을 것이라고 생각하기 쉽다. 하지만 스티븐은 크기가 아주 작았던 초기에서부터 매우 광활한 지금에 이르기까지 모든 역사의 우주를 자립적인 양자계로 다루는 원대한 계획을 품었다. 이 같은 노력에서 중요한 도구는 1965년에 파인먼에게 노벨상을 안긴 양자론에 대한 혁신적인 접근법이었다.

양자론의 원래 개념은 파동함수라는 수학적 구성 개념으로 계의 상태를 설명하는 것이다. 파동함수는 계에 대해서 알 수 있는 모든 것을 아우른다. 이 같은 정보를 통해서 다양한 확률을 계산할 수 있다. 예컨대 어떤 입자를 측정할 경우 특정 위치, 가속도, 에너지를 가질 확률을 알 수 있다. 양자론에서는 이것이 최선이다. 뉴턴 이론에서처럼 측정의 정확한 결과는 **보장할** 수 없다.

그렇다면 파동함수는 특정 순간에서의 계를 설명하는 일종의 매뉴얼이 된다. 하지만 계는 시간에 따라서 변하고 파동함수 역시 그 변화를 반영하여 변한다. 어느 시점의 파동함수를 알 수 있다면 양자론의 계산에 따라서 다른 순간의 파동함수 역시 가늠할 수 있다. 이는 양자론에서 무척 중요한 측면이다. 물리학에서 가장 많이 묻는 질문 중의 하나는 다음과 같기 때문이다. 계가 어떤 "초기 상태"에서 시작했다면, 이후 다양한 잠재적 "최종 상태들"에 이를 각각의 확률은 얼마인가?

위의 과정은 원자와 원자로 구성된 화학적 원소의 성질을 훌륭하게 설명했다. 이후에는 양자장 이론 같은 다른 양자론들이 나오면

스티븐 호킹

서 소립자 간의 상호작용을 규명했다. 예를 들면 전자, 양전자, 광자는 양자 전기역학이라는 장이론으로 기술할 수 있다. 양자 전기역학 같은 이론의 계산은 몹시 어려웠다. 그러다가 1940년대 말 파인먼이 어떤 예고도 없이 새로운 양자론 접근법을 발표했다. 그의 접근법은 기존의 것과는 전혀 달랐다.

양자론에 대한 파인먼의 접근법에서 파동함수는 근본적이지 않다. 대신 계의 특정 최종 상태가 가지는 확률을 가늠하기 위해서 계의 초기 상태에서 최종 상태에 이르는 모든 가능한 경로나 역사들을 고려한다. 그런 다음 파인먼이 개발한 규칙들을 적용해서 각 역사의 기여도를 합산한다. 이 같은 방법론은 파인먼 역사 합(Feynman sum over histories)이라고도 불린다.

"역사 합"을 좀더 쉽게 이해할 수 있도록 칼텍의 실험실에서 초기 상태인 어떤 양자 입자가 달 위에 세운 실험실에 있는 탐지기와 충돌해서 최종 상태에 이르는 확률을 계산한다고 가정해보자. 파인먼의 공식에서는 캘리포니아 실험실과 달 실험실 사이의 모든 가능한 경로의 기여도를 고려하여 확률을 산출한다. 여기에는 입자가 목성을 지나거나 지구를 100만 번 도는 경로도 포함된다. 심지어 입자가 빛의 속도보다 빠르게 우주 전체를 돌아다니거나 시간을 거슬러 움직이는 것처럼 물리학 법칙을 위배하는 경로까지도 포함된다. 대부분의 경로는 자연법칙을 따른다. 하지만 파인먼의 규칙에 따르면, 대부분의 기여도는 "직선의 경로"에서 비롯되지만 "이상한 경로"에서도 아주 일부분 비롯되기도 한다. 어쨌든 어떤 결론에 기여하는 크고 작은 경로는 그 수가 끝이 없다.*

스티븐은 파인먼의 우아한 생각에 감탄했지만, 그가 모든 것을 휘저은 후에 자기 생각을 다른 사람들에게 공격적으로 설득하는 괴짜라는 점에서 동지 의식도 느낀 듯하다. 이를테면 1948년 학회에서 자신의 새 접근법을 공개한 파인먼은 스티븐이 호킹 복사를 발표했을 때에 부딪혔던 강한 저항과 마주했다. 닐스 보어, 에드워드 텔러, 폴 디랙 같은 저명한 물리학자들 모두가 파인먼의 접근법을 터무니없다고 평가했다.

입자 경로가 우주 전체를 지그재그로 덮는다는 파인먼의 이론은 실제로 급진적이었고 얼핏 보기에는 엉뚱할 수 있었다. 파인먼은 스티븐과 마찬가지로 수학적 엄밀함을 무시하고 절차를 생략했다. 가령 경로들을 합산하는 방식은 몇몇 기본적인 수학 원칙들을 무시하는 것처럼 보이지만 파인먼은 신경 쓰지 않았다. 스티븐과 마찬가지로 파인먼 역시 방정식보다는 그림으로 사고하기를 좋아했고 이 같은 낯선 접근법은 반발에 더 거센 불을 지폈다. 물리학자 프리먼 다이슨은 파인먼의 접근법이 "일종의 마술"처럼 보인다고 말했다.

---

* 일상의(거시 척도의) 물체는 수많은 분자들의 집합이다. 그런 물체에서는 경로 대부분의 기여도가 서로 상쇄되며 전체적으로 보았을 때는 뉴턴의 법칙을 따르는 무엇인가를 만들어낸다. 물리학자들의 언어로 표현하면 내부 자유도 연결에 의한 결잃음(decoherence)이 발생한다. 토드 A. 브룬, 레오나르드 믈로디노프가 「피지컬 리뷰 A(*Physical Review A*)」 94호(2016)에 게재한 "내부 진동 모드 결합에 의한 결잃음"을 참고하라.

그러나 다이슨을 비롯한 물리학자들은 결국 파인먼의 방법론에 탄탄한 수학적 토대를 제공할 수 있음을 입증했다. 게다가 파인먼의 이론은 어떤 일이 벌어지는지에 관해서 다른 그림을 제공했지만, 실험 결과에 관한 예측이 항상 기존 양자론 계산들과 일치했다. 파인먼은 양자물리학의 새로운 법칙을 제시하지 않았다. 그는 양자물리학을 **바라보는** 새로운 방식과 양자 우주에 관한 새로운 사고방식을 제시했을 뿐이지만 이는 놀랍고 새로운 통찰로 이어졌다.

　소립자 물리학 같은 분야들에서 파인먼의 개념적인 그림과 이론의 예측을 계산하는 그의 방법론들은 기존 방식보다 훨씬 더 뛰어나다는 사실이 입증되었다. 그 결과 현재 파인먼의 접근법은 이론물리학의 표준적 도구가 되었다. 스티븐은 칼텍에서 페어차일드 방문 교수로 머무는 동안에 파인먼의 방법론을 그 설계자에게 직접 배웠다. 그렇게 해서 스티븐은 10년 후에 파인먼의 방법론을 자신의 무경계 가설에 적용하게 되었다. 한 가지 다른 점(무척 큰 차이점)은 전자나 광자의 양자 역사가 아닌 우주의 양자 역사를 추적하는 스티븐의 연구에서는 우주 전체가 입자 역할을 한다는 사실이었다.

＊＊＊

　양자론을 우주 전체에 적용하면 많은 문제들이 생긴다. 예를 들면 이론가들이 파인먼의 역사 합으로 소립자의 움직임을 분석할 때에 사용하는 처음의 정보와 이후 소립자를 추적하는 데에 사용하는 정보는 위치처럼 관찰 가능한 성질에 관한 것이다. 하지만 우주에는 "위치"가 없다. 우주는 공간 자체이기 때문이다.

스티븐의 이론은 위치를 비롯해서 입자물리학자들의 관심 대상인 다른 변수들에 초점을 맞추는 대신에 시공간의 기하학, 다시 말해서 모든 지점에서 나타나는 시공간 휘어짐에 관한 변수들을 공략한다. 이 말은 무슨 뜻일까? 우리가 사는 공간을 떠올려보자. 모든 곳이 3차원인 지구상에서 우리는 북에서 남으로, 동에서 서로, 위에서 아래로, 또는 이를 조합한 어떤 방향으로든 움직일 수 있다. 수학은 이 같은 3차원 공간뿐만 아니라 다른 어떤 차원의 공간이라도 기술하는 방법을 제시한다. 또한 물리학자들이 어떤 공간이 평평하지 않고 휘어졌다고 말할 때에 그 의미를 정의할 방법도 제시한다.

3차원 공간의 휘어짐을 상상하기는 쉽지 않으므로, 위/아래 차원은 없고 북/남, 동/서 방향만 있는 세계를 떠올려보자. 이는 2차원 공간이다. 이 두 방향이 하나의 **평면**에서 정의된다면 이는 평평한 2차원 공간이다. 고등학교 기하학 수업에서 배운 공간과 같다. 이 공간은 삼각형 꼭짓점의 각도를 합하면 180도가 되는 법칙을 비롯해서 여러 법칙들을 따른다.

한편 북/남, 동/서 방향이 **구체**의 표면에 있다고 생각하면, 이는 휘어진 2차원 공간이 된다. 수학자는 이를 양의 곡률(曲率)이라고 부른다. 한편 구체와 반대로 휘어진 **안장** 표면은 음의 곡률이다.

양의 곡률이나 음의 곡률을 나타내는 공간은 우리가 고등학교에서 배운 것과는 다른 기하학 법칙들을 따른다. 가령 양의 곡률 공간에서 삼각형의 꼭짓점 각도의 합은 항상 180도보다 크며, 음의 곡률 공간에서는 180도보다 작다. 물리학자들은 이 같은 차이로 우리가 사는 실제 3차원 공간의 휘어짐 정도를 가늠한다.

일반적으로 한 공간은 아주 작은 구체와 안장을 정교하게 이어붙인 것처럼 어느 지점들에서는 양의 곡률을 나타내고 어느 지점들에서는 음의 곡률을 나타낸다. 그리고 양의 곡률이든 음의 곡률이든 휘어진 정도는 다양하다. 어떤 곳에서는 미세하게만 휘어져 있을 수 있으며, 다른 곳에서는 가파른 계곡과 골짜기처럼 극도로 왜곡되어 있을 수 있다. 이 현상이 "모든 지점에서 정의되는 공간의 곡률"이다. 스티븐이 무경계 가설에서 초점을 맞춘 것이 바로 이 같은 "풍경"과 시간에 따른 그 변화이다. 스티븐의 이론은 별과 입자, 행성과 인간처럼 우주의 물질과 에너지를 다루는 구체적인 이론이 아니라 물리적 공간 자체가 가지는 형태에 주목했다.

입자의 변화를 계산할 때처럼 시간에 따라서 우주의 형태에 나타나는 변화를 산출하는 계산은 일반적으로 초기 상태에서부터 시작한다. 하지만 누구도 우주의 초기 상태를 알지 못하므로 스티븐과 짐 하틀은 초기 상태를 추측해야 했다. 그들은 충분한 시간을 거슬러 오르면 물질과 에너지가 아주 작은 공간으로 압축되어 있어서 만물이 지금과는 전혀 다른 상태에 이를 것이라고 생각했다. 다시 말해서 시간은 우리가 인식할 수 없을 만큼 심하게 왜곡되어 또다른 공간 차원이 된다.

스티븐은 박사 논문에서 일반상대성을 기초로 한 "고전적" 빅뱅 이론에서는 곡률 같은 정량들이 무한해지는 특이점이 있어야 한다는 사실을 입증했다. 하지만 그가 짐 하틀과 위의 방식으로 우주의 양자 역사를 모형화하자 시간의 시작에 일어났으리라고 예측했던 특이점이 더 이상 존재하지 않았다. 자신의 블랙홀 이론을 수정하여 호킹 복사를 발견하도록 해준 양자론 법칙들이 우주의 기원에 관한 그의 시나리오 역시 수정해야 한다고 말했다.

스티븐은 이 새로운 이론을 다음과 같은 은유를 통해서 설명하고는 했다. 우리가 시작과 끝이 있는 직선의 철로 위 어딘가에 있다고 생각해보자. 거꾸로 움직여서 시작점을 향하는 것은 시간을 거슬러 오르는 것이다. 이 그림에서는 우리가 어디에 있든 시간을 거스르기 시작하면 어느 순간 시간이 시작된 지점에 이르게 된다. 바로 이 지점이 스티븐이 박사 논문에서 설명한 특이점이다. 하지만 스티븐은 양자론을 고려하게 되면 평평한 철로가 구체의 표면 위에 있는 철로가 되어 남쪽을 향하는 것이 시간을 거스르는 것이 되고 북으로 가는 것이 시간의 흐름을 따르는 것이 된다고 말했다. 이제 시간을 거슬러 남쪽을 향해 직선으로 움직인다고 생각해보자. 이 같은 상황에서는 시간이 시작된 지점을 경험할 수 없다. 시간의 "경계"인 시작이 없으므로 특이점도 없다.

이는 스티븐이 자신의 생각들에서 유추한 그림이다. 이 그림은 그가 처음 물리학에 발을 들였을 때에 던진 질문인 "우주는 어떻게 시작되는가?"에 답했다. 답은 놀라웠다. 앞에서도 설명했듯이 시간이 공간으로 바뀌었기 때문에 시작은 없었다.

스티븐에게 무경계 이론이 중요한 까닭은 그것이 답한 질문 때문만이 아니라 그것이 제기한 질문 때문이기도 했다. 『시간의 역사』에서 그는 다음과 같이 말했다. "우주가 출발점을 가지고 있는 한, 우리는 창조자가 있다고 상상할 수 있다. 그러나 만약 우주가 진정한 의미에서 완전히 자기-충족적이고 어떠한 경계나 가장자리도 가지고 있지 않다면, 그 우주에는 시작도 끝도 없을 것이다. 우주는 그저 존재할 따름이다. 그렇게 된다면, 과연 창조자가 설 자리는 어디인가?" 우리는 『위대한 설계』에서 다시 이 질문을 던졌다.

＊＊＊

칼텍에 있는 스티븐의 사무실은 단출했다. 단기 방문 학자들을 위한 공간인 그의 평범한 사무실은 황백색 벽에 작은 창문이 있었고 철제 책상이 놓여 있었다. 다른 건물에 있는 나의 사무실은 훨씬 쾌적하고 안락했지만 스티븐이 칼텍을 방문할 때면 나는 그의 방에 더 오랜 시간 머물렀다. 우리는 함께 앉아 작업했고, 나는 그가 도착하기 전과 떠난 후에도 한동안 그의 방에 머물렀다.

우리가 마지막으로 만난 이후 스티븐과는 연락이 좀처럼 닿지 않았다. 스티븐에게서 답장이 잘 오지 않아 신경이 쓰였지만, 그는 이메일을 쓰는 데에 많은 시간이 걸리므로 정말 필요한 일이 아니고서야 답장을 쓰지 않는다는 사실을 잘 알고 있었다. 나는 그가 우리가 합의한 대로 써야 할 부분을 쓰고 있고 내가 보낸 원고를 읽고 있다고 생각했다. 우리는 그가 캘리포니아에 오면 각자가 쓴 부분을 검토할 계획이었다.

그러므로 전날 스티븐이 우리가 책에 쓰기로 했던 "국제적 이슈들"을 다시 이야기했을 때에 나는 무척 놀랐다. 시간이 지날수록 더욱 찜찜해지다가 내가 케임브리지를 마지막으로 찾은 이후로 그가 책에 대해서 어떤 생각도 하지 않았다는 사실을 깨달았다. 우리에게는 원고 마감 기한이 있었지만 지키지 못할 것이 뻔했다. 이미 우리는 한참 뒤처져 있었다. 하지만 스티븐이 내가 곁에 있을 때에만 원고 작업을 한다면 우리 둘 중 하나는 책을 마치기 전에 세상을 떠날 것이었다.

우리가 스티븐의 방에 도착하고 몇 분 뒤에 간호인 메리가 방에서 나갔다. 메리가 우리 대화를 들을 수 없을 만큼 멀어졌는지 확인한 뒤에 나는 내내 우려했던 이야기를 꺼냈다. 되도록 아무렇지도 않은 척했다. "훌륭한 점심이었죠? 애서니엄은 음식을 참 잘해요. 그건 그렇고 제가 케임브리지에 다녀온 후에 보내드린 원고는 읽어보셨겠죠."

스티븐이 눈썹을 올리며 그렇다고 대답하면서 웃었다. 그가 원고 작업을 한 것이다. 마음이 놓였다. 정색하며 말하지 않은 것이 다행이었다. 스티븐이 자기 할 일을 하지 않았을 거라고 생각하다니 나 자신이 바보 같았다. 스티븐이 타이핑하기 시작했다. 잠시 뒤에 목소리가 흘러나왔다. "맞아요. 훌륭한 점심이었어요."

나는 감정을 드러내지 않으려고 애쓰며 물었다. "우리 책은요?"

그가 다시 타이핑했다. "바빴어요."

"제가 보낸 원고 중에서 읽어보신 부분은 있나요?"

그가 얼굴을 찌푸리며 아니라고 답했다.

"조금이라도 쓰긴 쓰셨나요?"

또 한 번 얼굴을 찌푸렸다.

무슨 말을 해야 할지 몰랐다. 나는 강의를 하고, 내가 발전시키고 싶어하는 물리학 분야를 연구하고, 나의 또다른 책인 『"새로운" 무의식(*Subliminal*)』을 한창 집필하는 중에도 우리의 원고에 많은 노력과 시간을 쏟았다. 물론 스티븐은 나보다 할 일이 훨씬 많을 뿐만 아니라 어떤 일이든 다른 사람보다 훨씬 더 많은 노력이 든다는 사실을 잘 알았다. 그를 이해해야 했지만 생각과 달리 화가 났다. 다행히 내가 무심코 내뱉은 대답은 이해와 분노의 중간쯤이었다.

"아무것도 안 하셨다니 좀 실망했습니다." 말하고 나니 나 자신이 실망스러웠다. 스티븐 호킹에게 어떻게 그런 식으로 말할 수 있지?

그가 얼굴을 찌푸렸다. 나는 그의 표정을 읽으려고 했다. 무슨 생각을 하는 거지? 화난 얼굴은 아니었다. 걷어차인 강아지의 얼굴 같았다. 내 말에 상처받았을까? 미안해하는 것일까?

"박사님이 작업을 안 하신다면, 전 이 책에서 손을 떼고 싶습니다." 내가 말했다. "우리는 같이해야 해요." 그가 내 말이 맞다는 의미로 눈썹을 올렸다. 대답에서 따뜻함이 느껴지는 듯했다. 기분이 누그러졌다.

나는 의자를 가까이 끌고 가서 스티븐의 손을 잡았다. 따뜻하고 부드러웠다. 충동적인 행동이었다. 스티븐은 괜찮아하는 듯했다. 좋아하는 것 같았다. 희미한 미소를 띠는 것 같기도 했다. 아니면 그러기를 바라는 마음에서 내가 헛것을 본 것일 수도 있다. 우리는 한동안 눈을 맞추었다.

"작업이 어느 정도 자리를 잡을 때까지 제가 케임브리지에 머물러야 할까요?" 내가 부드러운 목소리로 말했다.

스티븐이 곧바로 얼굴을 찌푸리며 아니라고 답했다. 그는 나의 제안을 몹시 마음에 들지 않아 했다. 그가 그만큼 많은 시간을 내줄 수 없다는 의미인지, 내가 항상 주변에 있다는 생각을 못 견디는 것인지 알 수 없었다. 어쨌든 거절의 의미였다.

나는 스티븐의 손을 놓았다. 그가 볼을 움직이며 타이핑하기 시작했다.

"내가 아무것도 안 한 건 사실이에요." 그가 말했다. "책에 대해 어떤 열의도 느낄 수 없었어요."

그의 말에 나는 기분이 상했다.

"재미가 없다면 하지 말아야죠." 내가 말했다.

그가 아니라는 표정을 지었다.

"어제 우리가 작업한 후부터 흥미를 느끼고 있어요." 스티븐이 말했다. "이제는 우리 책이 어디로 가야 할지 알 것 같아요. 앞으로는 좀더 적극적으로 작업해보죠."

우리가 이야기하는 중간에 메리가 돌아왔고 우리 대화에는 아무런 신경도 쓰지 않으며 자리에 앉았다.

스티븐 호킹

이후 스티븐은 한 시간 동안 우리가 세웠던 장 구성을 어떻게 바꿀 것인지 설명했다. 첫 5개의 장은 많이 바뀌지는 않을 예정이지만 어쨌든 자세히 설명했다. 그런 다음 우리가 작업 중이던 제6장과 7장을 어떻게 대대적으로 수정할 것인지 말했다. 설명을 끝내고 그가 덧붙였다. "여기까지가 첫 일곱 장에 대한 계획이에요. 우선은 일곱 장에 집중해봅시다." 원래 계획은 제8장까지 쓰는 것이었고, 제6장과 7장이 대대적으로 바뀐다면 마지막 장 역시 크게 달라질 것이었다. 그의 설명대로라면 제7장을 마치고 나면 제8장은 즉흥적으로 계획해야 할 듯했다.

이후 몇 년 동안 내가 스티븐에게 실망한 순간은 여러 번 있었다. 누군가가 작업을 방해했고, 약속한 시각보다 한 시간 때로는 두 시간을 늦었고, 원고의 모든 문장을 전부 검토해야 한다고 고집을 부렸으며, 이미 탈고한 장을 다시 쓰려고 했고, 몸 상태가 나빠져서 작업을 중단해야 했다. 케임브리지에서 나는 다른 간호인들과 담배를 피우기 시작했다. 그전에는 담배에서 심리적 위안과 에너지를 얻은 적이 없었으며 책을 마친 뒤에도 없었다. 원고의 마감 기한은 두세 번 연장되었다. 그러나 우리는 느리기는 했지만 어쨌든 조금씩 앞으로 나아갔고 시간이 흐르면서 완성된 페이지가 늘어갈수록 우리의 관계도 깊어졌다. 나는 스티븐에게 다시는 그런 식으로 이야기하지 않았다.

9

1985년이었다. 피터 거자디는 작가가 머무는 싸구려 호텔의 주차장에서 싸구려 렌터카에 앉아 있었다. 그는 싸구려 호텔에 익숙했다. 뉴욕의 여느 편집자들처럼 출장비는 항상 빠듯했다. 출판은 이윤이 많이 남는 사업이 아니다. 그의 이번 출장지는 후덥지근한 시카고였다. 봄에 찾으면 무척 좋은 곳이지만 시카고의 봄은 그렇게 길지 않다. 5월인데도 벌써 사우나에 들어온 것 같았다.

그 어떤 어려움도 거자디에게는 문제가 되지 않았다. 마흔인 그는 출판업에 종사한다는 사실 자체만으로도 행복했다. 수석 편집장이었지만 아직 최고의 위치는 아니었다. 그가 다니는 밴텀이 값싼 문고본 소설 출판사에서 존경받는 대형 출판사로 탈바꿈한 지는 아직 2년밖에 되지 않았다.

거자디가 기다리는 작가는 후에 밴텀의 변신에 크게 이바지할 인물이었지만 아직 거자디는 그 사실을 알지 못했다. 그를 만나본 적도, 그가 쓰기 시작한 원고 한 장도 읽어본 적이 없었다. 거자디는 그가 입자가속기가 있는 페르미 연구소에서 강연을 하기 위해서 케임브리지에서 시카고로 온다는 소식을 듣고 자신을 소개하고 가장 최근에 작성한 출판 계약서 초안을 같이 검토할 계획으로 시카고로 날아왔다. 밴텀과 저자는 대략적인 조건에는 합의했지만 아직 계약서에는 서명하지 않았다.

거자디가 저자에 관해서 아는 것이라고는 「뉴욕 타임스(New York Times)」에서 읽은 그의 소개가 전부였다. 기사를 통해서 거자디는 그가 물리학에 대한 자신의 열정을 대중에게 알리려고 하며 대중의 관심을 즐긴다는 사실을 짐작할 수 있었다. **이 사람이야말로 우리를 위한 책을 쓸 것이라는** 확신이 들었다. 이제 그는 밴텀을 위한 책을 쓰고 있었다. 선망받는 출판사로 거듭날 밴텀의 야망을 실현할 책이었다.

그가 쓸 책은 제목이 『시간의 역사』이지만 시간보다는 주로 우주의 역사를 이야기하며, 모든 근본적인 물리학 원리들을 하나로 통일할 양자 중력 이론을 탄생시키려는 노력을 설명할 예정이었다. 어려운 주제였고 1985년 당시 이런 책을 읽고 싶어할 독자들이 과연 있을지 확신할 수도 없었다. 저자가 유명 작가인 것도 아니었다. 「뉴욕 타임스」에 소개가 실리기는 했지만, 물리학계에 속하지 않은 사람들 중에서 스티븐 호킹이라는 이름을 들어본 사람은 거의 없었다.

대중 과학서적 시장이 본격적인 호황을 누리기 전이었다. 그래도 몇 년에 한 번씩은 화제작이 나왔다. 1977년에는 빅뱅과 그 여파를 이야기한『최초의 3분(*The First Three Minutes*)』이 큰 호응을 얻었다. 1980년에는 칼 세이건의『코스모스(*Cosmos*)』가 나왔지만 그는 이미 텔레비전 유명인사였다. 1985년에는 파인먼의 첫 수필집『파인만 씨, 농담도 잘하시네!(*Surely You're Joking, Mr. Feynman!*)』가 사람들의 예상을 깨고 크게 히트했다. 거자디도 숨은 걸작을 발굴해낼지도 모를 일이었다. 하지만 이제까지의 히트작들은 모두 이해하기 쉽고 무척 잘 쓴 글이었다. 그가 맡은 책이 어떻게 나올지는 누구도 예상할 수 없었고 저자가 보낸 제안서의 내용도 들쭉날쭉했다. 어떤 부분들은 지나치게 전문적이었지만, 다른 어떤 부분들은 지나치게 단순했다.

밴텀에서도『시간의 역사』프로젝트에 관한 의견이 갈렸다. 거의 모두가 동의한 것은 원고료가 지나치게 높다는 사실이었다. 밴텀은 입찰 경쟁에서 25만 달러를 제시하며 승리했다. 스티븐이 처음에 책의 판권을 판매할 계획이었던 케임브리지 대학교 출판사는 10분의 1 금액을 제시했다. 밴텀에서 몇몇은『시간의 역사』에서 크나큰 잠재력을 엿보았지만, 그다지 강렬한 인상을 받지 못한 사람들도 있었다. 그런데도 밴텀이 파격적인 금액을 제시한 것은 이 책의 출간이 금전적으로는 손해를 보더라도 출판사의 평판을 높일 기회였기 때문이었다.

거자디가 기다리는 동안 스티븐은 페르미 연구소에서 강연을 마치고 돌아오고 있었다. 그의 대표적인 이론이 된 무경계 가설이 강연 주제였다. 연단은 휠체어로 올라갈 수 없었다. 「시카고 트리뷴

(*Chicago Tribune*)」의 보도에 따르면, 강연장에 있던 수백 명의 물리학자들이 "두 사람이 연단으로 들어올린 인형 같은 물체가 호킹이라는 사실을 깨닫고는 모두 조용해졌다." 극적인 등장이었지만 스티븐이 청중에게 이야기한 주제는 그의 모습만큼이나 놀라웠다. 우주가 특이점으로 시작했음을 증명하여 유명해진 장본인이 양자 효과 때문에 특이점은 존재하지 않는다고 선언했다.

스티븐다웠다. 블랙홀에서 복사가 이루어질 수 없다고 주장했던 그는 나중에 블랙홀 복사를 증명했다. 페르미 연구소의 연구원이자 시카고 대학교 교수인 천체물리학자 마이클 터너는 "특이점처럼 중대한 주제를 연구하는 과학자는 대부분 자신의 이론을 고수하며 변화를 거부한다"고 설명했다. 터너는 호킹을 "자신의 연구가 틀렸음을 기꺼이 증명하려고 하는 무척 독특한 과학자"로 평가했다.

거자디는 우주의 시작과 이후의 부침과 변화를 이해하려는 스티븐의 지적 열망이 『시간의 역사』의 중심이 되기를 바랐다. 그는 애초부터 책을 매력적으로 만드는 것은 역사적, 기술적 내용이 아니라 개인의 이야기라고 믿었다. 스티븐이 글을 쉽게 쓰도록 설득해야 책의 상업적인 성공을 담보할 수 있었다.

거자디는 스티븐이 곧 도착한다는 이야기를 듣고 주차장에서 기다리고 있었다. 잠시 후 또다른 값싼 렌터카가 주차장에 나타나더니 옆에 섰다. 거자디는 젊은 운전자가 밖으로 나와 휠체어를 꺼내는 모습을 지켜보았다. 그런 다음 조수석 쪽으로 걸어가 앞문을 열고 안으로 몸을 숙였다. 그가 몸을 폈을 때는 두 팔에 "허수아비

스티븐 호킹

같은" 무엇인가를 안고 있었다. 운전자가 허수아비를 휠체어로 옮긴 다음 몸을 숙여 앉혔다. 그러고는 허수아비의 오른손을 들어올려서 천천히 그리고 정확하게 휠체어를 조종하는 손잡이에 올렸다. 운전자는 스티븐을 돕고 그의 알아듣기 힘든 말을 통역해주기 위해서 동행한 20대 대학원생이었다. 이제 스티븐은 출발할 준비가 되었다.

곧바로 휠체어는 360도로 두 번 회전하더니 호텔 출입문을 향해 달렸다. 대학원생이 이 모든 광경을 지켜보고 있는 거자디를 발견했다. "피터 거자디 씨?" 대학원생이 물었다. 거자디가 고개를 끄덕였다. "저분이 스티븐 호킹 박사님입니다." 그가 말했다. 거자디와 대학원생은 스티븐을 뒤따랐다. 달리기를 할 만한 곳은 아니었지만 스티븐을 따라잡으려면 뛰어야 했다.

거자디는 대학원생과 스티븐을 따라 작은 방으로 들어갔다. 스티븐은 물리학자들 사이에서 잘 알려져 있었고 그에 관한 여러 언론 기사들도 있었지만, 아직 유명인사도, 부자도 아니었다. 그러므로 "에어컨 완비"라는 광고판을 설치한 에어컨이 없을 것 같아 보이는 호텔에 묵어야 했다. 초라한 방이었는데도 거자디는 위축되었다. 그가 이제까지 만난 사람들 중에서 가장 똑똑한 사람일 스티븐이 분명 다가가기 힘들고 고압적일 것만 같았다.

그들이 방에 들어오자 스티븐이 대학원생에게 몇 마디를 내뱉었다. 거자디에게는 "다스 베이더가 코감기에 걸린 듯한" 소리로 들렸다. 그는 한마디도 알아들을 수 없었고 대학원생도 통역해주지 않앉다. 잔뜩 긴장한 거자디는 어떻게 대화를 시작해야 할지 몰라 쩔쩔맸다. 그는 먼저 운을 떼기로 결심했다.

"안녕하세요! 이곳에서 뵙게 되어 기쁩니다." 거자디가 말을 시작했다. "반갑습니다! 강연이 성공적이었길 바랍니다! 오시는 길도 편안하셨길 바라고요!"

별 말은 아니었어도 거자디는 한껏 웃으며 힘주어 말했다. 스티븐이 대꾸했지만 역시 알아들을 수 없었다. 하지만 이번에는 대학원생이 거자디가 알아들을 수 있도록 다시 말해주었다.

스티븐의 답은 "계약서 가져왔나요?"였다.

* * *

서로의 속내를 털어놓은 후부터 우리는 스티븐의 남은 캘리포니아 방문 기간에 모든 일을 순조롭게 처리해나갔다. 이후 몇 달 동안 우리 모두 적절한 속도로 원고를 완성해갔다. 다시 케임브리지를 찾은 나는 매일 그의 옆에 앉아 캘리포니아에서의 만남 이후 서로가 쓴 원고를 검토했다.

어느 날 내가 어떤 물리학 이슈에 관해서 묻자, 스티븐은 평소처럼 곧바로 대답하지 않았다. 나의 질문에 당황한 듯했고 나는 왠지 모르게 우쭐해졌다. 하지만 잠시 후에 나는 그가 잠들었다는 사실을 깨달았다. 후에 다른 사람들도 비슷한 경험을 했다는 사실을 알게 되었다. 스티븐은 전날 밤 늦게까지 런던에 머물렀다. 외출한

다음 날에는 으레 기운이 없었다. 몇 분 뒤에 그가 눈을 떴을 때, 나는 커피를 마시고 싶냐고 그에게 물었다. 그가 그렇다는 표정을 지었다.

스티븐의 간호인 중 한 명인 던이 주황색 소파에 앉아 잡지에 얼굴을 파묻고 있었다. 우리의 대화를 들은 것이 분명했는데도 일어나지 않았으므로 내가 주방으로 가서 커피를 탔다. 던은 기분이 좋지 않았다. 스티븐의 다음 해외 일정을 같이할 수행단 목록에 그녀의 이름이 없었기 때문이다. 그때까지는 던의 이름이 없었다. 하지만 최종 명단이 결정된 것은 아니었다. 스티븐의 결정은 결코 최종적일 때가 없었다.

간호인 대부분은 외국에 가는 것을 좋아했고 서로 선택받기 위해서 경쟁했다. 방문지는 대부분 흥미롭고 이국적인 곳이었고 경비는 초대한 기관에서 부담했다. 숙소는 훌륭했고 집을 떠나서 일하므로 "특별 수당"도 받았다. 케임브리지에서뿐 아니라 해외에서의 간호인 일정을 짜는 책임 간호인이 있었지만, 스티븐이 종종 간호인 일정에 관여했고 모두가 이 사실을 알았다. 그러므로 간호인들 모두가 책임 간호인은 무시하고 스티븐에게 잘 보이려고 했다. 책임 간호인은 음식이 공짜인 식당의 계산원 같았다. 별 의미 없는 간호인 일정 관리 업무를 그녀는 무척 싫어했다. 한편 샘의 공식적인 업무는 컴퓨터와 기술 관련 작업이었지만 그 역시 해외 일정에 관여했는데 책임 간호인보다는 초연했다. 그저 상황이 어떻게 진행되는지 지켜볼 뿐이었다.

스티븐에게 잘 보이는 것은 간호인들에게 그다지 어렵지 않은 일이었다. 스티븐과 항상 같이 있었으므로 자신의 뜻을 알릴 기회가 많았다. 스티븐은 걸어나갈 수도, 얼굴을 돌릴 수도 없었다. 그저 인상을 구길 뿐이었다. 스티븐은 사자가 울부짖듯이 오만상을 찌푸릴 수 있었지만 그런 과장된 연기는 쉽게 내보이지 않았다. 간호인들에게 필요한 것은 약간의 매력뿐이었다. 그러면 원하는 것을 얻을 확률이 높아졌다. 스티븐은 조종하기 쉬운 듯 보였지만 사실 그는 간호인들의 마음을 꿰뚫고 있었다. 그가 간호인들에게 원하는 것을 주었다면, 그것은 그가 그들을 아껴서였다.

커피가 준비되어 내가 커피를 잔에 붓자 던이 갑자기 소파에서 벌떡 일어났다. "레오나르드! 이러실 필요 없어요! 제가 할게요." 스티븐이 커피를 마시고 싶어할 줄은 전혀 몰랐던 것처럼 말했다. 커피잔을 가져간 던은 세상 다정한 미소를 머금고는 스티븐에게 다가갔다.

"늦게까지 외출하셨던 대가를 톡톡히 치르고 계시네요, 박사님?" 던이 뜨거운 커피를 스푼으로 떠서 스티븐의 입에 넣으면서 말했다. 미소에 걸맞은 세상 다정한 목소리였지만 속이 빤히 보였다. 나의 아이들이 아이스크림을 원할 때의 모습 같았다. 스티븐도 이 점을 잘 알았지만 그는 이런 관심을 즐겼다. 스티븐이 **그렇**다는 표정을 지었다. 스티븐은 늦게까지 밖에 있었던 대가를 톡톡히 치르고 **있었다.** 그가 눈썹을 올리며 환하게 웃었다. 늦은 밤의 외출이 그럴 만한 가치가 있었다고 생각하는 것이 분명했다.

"모두가 박사님이랑 같이 있고 싶어하는데 파티에 초대받으면 거절을 못 하시는 게 문제예요." 던이 말했다. 던이 대학을 나왔는지는 모르겠지만, 나왔다면 그녀의 전공은 분명 아첨이었을 것이다.

스티븐이 커피 몇 술을 마셨을 때, 주디스가 방으로 들어왔다. 커피를 마시는 스티븐의 모습을 본 주디스는 휴식 시간을 최대한 활용해야겠다고 생각한 모양이었다. 많은 간호인들과 달리 주디스는 아첨하는 법이 없었다. "미안해요, 레오나르드." 주디스가 말했다. "잠깐 몇 가지 꼭 확인할 게 있어서요." 나와 스티븐의 작업은 또다시 뒷전으로 밀려났다. 주디스는 내가 이런 상황을 싫어한다는 사실을 알고 있었다. 누군가가 우리를 방해할 때면 나는 그녀의 사무실로 찾아가서 불평을 늘어놓곤 했다. 하지만 주디스는 다른 많은 사람들과 달리 자신이 확인해야 할 모든 내용을 꼼꼼히 점검한 뒤에 우리를 방해했기 때문에 시간을 무척 효율적으로 사용했다. 게다가 내가 케임브리지를 방문할 때마다 스티븐의 일정은 놀라우리만큼 비어 있었다. 그러므로 그녀에게는 함부로 불평할 처지가 아니었다.

주디스는 갖가지 문제를 확인해야 했다. 스티븐이 표정으로 재빨리 대답할 수 있었으므로 주디스는 마치 스무고개를 하듯이 짧게 물었다. 모금 행사 관계자와 만나실 건가요? 월요일이요? 화요일이요? 수요일이요? 아, 수요일이요? 그러면 수요일 오후 3시면 될까요? 주디스는 언론, 연구 지원금, 학회, 출장, 금전 거래에 이르기까지 온갖 것들을 물었다. 그중 한 가지는 어느 국회의원이 한 도발적인 발언에 공개적으로 성명을 낼 것인지였고, 또다른 하나는 일요일에 딸 루시와 만날 시간이었다.

주디스의 마지막 질문은 어떤 법률 문서에 서명할 것인지였다. 스티븐이 그러겠다고 대답하자 주디스는 준비해온 스탬프잉크에 스티븐의 엄지를 누른 다음 계약서에 찍었다. 그리고 지장 밑에 "주디스 크로스델이 증인으로 참관함"이라는 문장과 함께 날짜를 적었다. 그러고서는 자신의 사무실로 돌아갔다. 그즈음 나는 사생활이 없는 스티븐의 삶에 익숙해졌지만, 주변인들이 그의 삶을 얼마나 좌우할 수 있는지를 다시금 새삼 깨달았다. 스티븐이 문서에 "서명하는" 방식을 보면서 그의 지문을 훔치는 것이 얼마나 쉬운지 알 수 있었다. 믿을 수 있는 주디스가 곁에 있어서 다행이었다.

우리의 작업은 20분이 지연되었다. 그러나 스티븐은 커피로 정신을 차렸고 우리는 다시 작업을 시작했다. 우리는 『시간의 역사』가 우주의 시작과 이후의 진화를 어떻게 이야기했었는지 떠올리고 있었다. 『시간의 역사』에는 인류의 지식 중에서도 특히 스티븐이 밝힌 지식이 어떻게 발견되었는지를 설명하는 부분이 있었지만, 그때의 과학은 1980년대의 과학이었다. 『위대한 설계』는 한 걸음 더 나아가서 당시 10년밖에 되지 않은 M-이론과 스티븐의 2000년대 초의 연구 같은 좀더 새로운 과학에 토대를 둘 계획이었다. 그리고 자연법칙이 왜 지금의 모습인지, 자연법칙이 무엇인지, 왜 우주가 존재하는지, 그리고 이 같은 질문을 묻다 보면 대답하게 되는 또다른 질문이자, 스티븐이 『시간의 역사』 결론에서 제시한 질문인 우주에 창조자가 필요했는지를 파헤칠 계획이었다.

스티븐이 마침내 다시 이야기를 시작했을 때, 그는 다음과 같이 타이핑했다. "우리 책이 위대한 설계, 다시 말해 우주를 관장하는 일련의 법칙이 존재하는지에 관한 것임을 잊지 말아야 해요. 그렇다면 신에 관해 묻게 되죠."

"『시간의 역사』에서는 우리 물리학자들이 통일 이론에 도달할 수 있다면 '신의 마음을 알게 될 것'이라며 끝을 냈죠. 박사님이 신을 믿을지도 모른다는 인상을 주었어요." 내가 말했다.

스티븐이 얼굴을 찌푸렸다. 그는 아니라고 말했다. 그런 인상을 주었다고 생각하지 않았거나 그럴 의도가 아니었다는 뜻이었다.

"꼭 『성서』에 나오는 신을 말하는 건 아니에요." 내가 말했다. "자연법칙을 구현하는 신이죠."

스티븐이 타이핑하기 시작했다. "그런 식으로 신을 정의할 수 있지만 거기에는 오해의 소지가 있어요. 사람들이 일반적으로 떠올리는 신은 그런 존재가 아니죠." 그가 말했다. "자연법칙을 구현하는 존재를 신이라고 부른다고 해서 달라지는 건 없어요."

"그 문제를 정면으로 다룰 필요는 없어요." 내가 말했다. "하지만 물리학 법칙에 어떤 예외도 없다고 말하면, 인간의 삶에 개입하는 일반적인 신의 정의를 받아들이지 않는다는 의미죠."

"난 무신론자로도, 이신론자로도 불리고 싶지 않아요." 스티븐이 말했다.

"하지만 그렇게 될 거예요." 내가 말했다.

내가 말을 마치자마자 패트릭이 들어왔다. 던 다음으로 일할 간호인이었다.

"안녕하세요, 박사님." 그가 말했다. "오늘은 어떠세요?"

모든 사람이 아무 거리낌 없이 스티븐의 방으로 불쑥 들어와서 말을 거는 것을 보면서 나는 그가 어떻게 그 모든 성취를 이룰 수 있었는지 의아했다. 어쨌든 스티븐은 모든 질문에 대답할 의무감은 느끼지 않았다. 그는 패트릭에게 눈길도 주지 않은 채 대화를 계속했다.

"우리가 짚을 핵심은 과학자라면 자연법칙이 항상 통한다는 사실을 믿어야 한다는 거예요." 스티븐이 말했다. "이는 신앙이 아니에요. 경험에 기반한 거죠."

"이번 출장 명단에 이름을 올려주셔서 감사해요." 패트릭은 자신이 무시당하고 있다는 사실을 무시하며 말했다.

갑자기 던이 끼어들었다. "어떻게 명단에 오른 거죠?" 그러고는 스티븐을 쳐다보았다. "아직 결정 안 했다고 하셨잖아요!"

패트릭이 왜 자신이 명단에 포함되어야 하는지 설명하자, 스티븐이 드디어 패트릭과 던에게 눈길을 돌렸다. 스티븐은 두 간호인이 누가 가야 최선인지, 어떤 약속이 이루어졌었는지를 놓고 서로 다투는 모습을 바라보았다. 그의 말 한두 마디면 상황을 끝낼 수 있었지만, 그는 잠자코 지켜만 보았다. 간호인들 사이에서는 종종 공연이 펼쳐졌다. 스티븐이 고용한 많은 간호인들은 배우의 기질을 타고났다. 간호인들이 맡은 여러 역할 중에는 스티븐만을 위한 드라

스티븐 호킹

마를 공연하는 것도 있었다. 하지만 나는 짜증이 치밀었다. 처음에
는 커피, 그다음에는 주디스, 이제는 던과 패트릭이 우리를 방해했
다. 나는 그들에게 손을 내저었다. 나의 뜻을 알아들은 둘은 입을
다물었다.

스티븐은 다시 타이핑하기 시작했다. 그는 하고 싶은 말이 많았
고 컴퓨터 목소리가 나오기까지 20분이 걸렸다. 나는 타이핑하는
그의 모습을 지켜보았다. 인내심이 바닥나고 있었지만 그가 문장을
완성하도록 돕지 않았다. 중요한 주제였으므로 그가 자신의 단어로
이야기하기를 바랐다. 나는 화면에 눈길을 주지 않으면서 마음을
가라앉히려고 했다. 마침내 그가 읽기 버튼을 눌렀고 컴퓨터 목소
리가 내용을 읽기 시작했다.

"신을 개입시킨다면 법칙은 법칙이 아니에요." 그가 말했다. "그
렇다면 신은 두 가지 역할을 맡을 수 있게 됩니다. 하나는 우주의
초기 상태를 선택하는 거죠. 우리는 무경계 가설로 이를 배제했어
요. 난 『시간의 역사』에서 이를 설명했습니다. 또다른 역할은 법칙
들을 선택하고 선택한 법칙들을 바탕으로 우주를 만드는 거죠. 이
역할에도 반드시 신이 필요한 건 아니라는 점을 우리 책의 마지막
장에서 논의해야 해요." 스티븐의 가장 최근 연구를 근거로 한 주장
이었다.

"난 리처드 도킨스처럼 격렬한 반종교주의에 기대서 의견을 피력
하고 싶진 않아요." 스티븐이 말을 이었다. "얼마 전에 도킨스의 책
『만들어진 신』을 받았어요. 읽어보고 싶으면 주디스에게 말해요.

책 내용 대부분에 동의하지만 그렇게 공격적일 필요는 없을 것 같아요."

스티븐은 신을 믿는 독자들을 되도록 자극하거나 화나게 하지 않으려고 했다. 스티븐이 직접 말한 적은 없지만, 그는 분명 자신의 가족 역시 자극하거나 화나게 하지 않으려고 했다. 하지만 제인은 이혼 후에 다음과 같이 썼다. "높으신 존재에 대한 믿음은 항상 내게 도움과 힘을 주는 원천이었는데……이성적 사고의 정수인 물리학이 내 삶의 가장 중요한 동기를 경멸과 무시로 파괴하도록 해야 했을까?" 나는 스티븐이 "높으신 존재"를 믿는 사람들을 무시하거나 경멸하지 않았다고 확신할 수 있으며, 제인이 물리학에 그러한 태도가 스며 있다고 생각한 것은 무척 안타까운 일이었다. 아내의 삶에서 "가장 중요한 동기"가 파괴되었다면 그 결혼은 순탄하기 힘들다.

종교에 대한 스티븐의 태도를 제인이 그런 식으로 받아들인 까닭을 나는 이해하기 힘들었다. 일레인은 그런 면에서 제인과 달랐다. 일레인 역시 종교가 있었으며 신앙심은 오히려 더 깊었다. 개신교도인 그녀는 스티븐이 교황을 만나러 갈 때에 동행하기를 내켜하지 않았다. 결국 스티븐과 함께했지만 교황과 악수는 하지 않겠다고 말했다. 스티븐과 약혼했을 때는 다음과 같이 말했다. "당신은 내 삶에서 첫 번째는 될 수 없어요. 하느님이 항상 제일이기 때문이죠." 스티븐은 대답했다. "하느님 다음이라면 괜찮아."

스티븐 호킹

일반상대성과 양자론이 어쩌면 공존할 수 있는 것처럼, 스티븐과 이신론 역시 그럴 수 있었다. 스티븐은 일레인과 결혼 이후 이따금 함께 교회에 갔다. 마음 깊이 감동하여 눈물을 흘린 적도 있었다. 집에서 일레인은 자신의 이마를 스티븐의 이마에 대거나 그의 손을 잡고서 곁에 앉아 기도했다. 스티븐이 부탁하면 루시나 손주를 위해서 기도해주었다. 다른 때에는 남편의 건강을 위해서 기도했다.

그러나 10여 년의 모성적 사랑과 그전 10여 년 동안의 관계로 이어진 일레인과 스티븐의 결혼이 위기를 맞고 있다는 이야기를 듣게 되었다. 일부러 들으려고 하지 않아도 간호인들은 말하기를 좋아했다. 간호인들이 스티븐을 위한 드라마를 연출해준다면, 스티븐 역시 그들의 드라마였다. 하지만 내가 아는 한 일레인과 스티븐을 멀어지게 한 것은 분명 종교는 아니었다.

간호인들의 이야기는 놀라웠고 사실이 아닌 부분들도 있었다. 약 2년 전에는 일레인이 스티븐을 학대했다는 소문도 있었다. 스티븐이 입은 여러 작은 상처들이 일레인 때문이라는 것이었다. 입이 찢어지고 눈에 멍이 든 것 모두가 일레인의 소행이라는 추측이었다. 일레인이 욕조에 스티븐을 너무 낮게 앉혀서 스토마에 물이 들어갔다는 의혹도 제기되었다. 스티븐의 주변인들은 두 편으로 갈렸다. 아들 팀과 딸 루시는 소문을 믿었다. 스티븐의 많은 간호인들도 그랬다. 한편 스티븐의 여동생 메리와 그의 친구 킵과 로버트 도너번은 믿지 않았다. 무엇보다도 중요한 것은 스티븐 스스로 자신이 학대당하지 않았다고 강력하게 주장했다는 사실이다. 경찰 조사에서도 "호킹 교수에 대해 범죄 행위가 이루어졌다는 주장을 입증할 어떤 증거도 발견되지 않았다."

어떤 일이 일어났건 일어나지 않았건 모두가 동의한 한 가지는 일레인과 스티븐의 관계가 언제나 폭풍 같았다는 사실이다. 조금 전까지만 해도 당신은 미쳤어. 당신을 증오해. 다시는 보고 싶지 않아 라며 소리치다가도 어느새 세상 그 무엇보다도 당신을 사랑해. 당신 없이는 살 수 없어라고 말했다.

나는 몇 년 전에 『짧고 쉽게 쓴 '시간의 역사'』를 홍보하기 위해서 스티븐과 참석한 프랑크푸르트 도서전에서 일레인을 처음 만났다. 이후에는 스티븐의 집에서 여러 번 저녁을 먹기는 했어도 한 번도 일레인을 본 적이 없었다. 내가 스티븐의 집에 있을 때 그녀는 외출 중이거나 위층에 있었다. 하지만 우리가 하루 작업을 마친 어느 날은 상황이 달랐다. 스티븐은 여느 때처럼 집에서 저녁을 먹자고 하면서 일레인이 음식을 준비할 것이라고 말했다.

＊＊＊

스티븐은 일레인과 함께 사는 집을 "『시간의 역사』가 지은 집"이라고 불렀다. 그 주택의 가격은 360만 달러였다. 무척 비싼 집이었지만, 『시간의 역사』로 그 집을 구매했다면 그래도 많은 돈이 남았어야 했다. 하지만 간호 비용이 만만치 않았다. 그는 수백만 달러의 가치를 지녔지만 항상 9명 정도의 간호인을 두었고 그들에게 매년 수십만 달러의 임금을 지급해야 했다. 맥아더 재단의 지원은 종료되었고 책의 인세 수입은 시간이 흐를수록 줄어들었으므로 의료비용을 감당하려면 계속 새로운 수입원을 찾아야 했다.

스티븐은 자신이 계속 산다면 나이가 들수록 경제력은 감소하지만 의료비는 늘어날 것이라는 사실을 잘 알았다. 밴텀과 피터 거자디가 스티븐을 발견하기 약 2년 전인 1980년대 초에 스티븐이 『시간의 역사』를 쓰기 시작한 것 역시 미래를 대비해야 한다는 생각에서였다.

『시간의 역사』 전에 스티븐 호킹은 케임브리지 대학교 출판사와 계약을 맺고 『시공간의 거대 척도 구조(The Large Scale Structure of Space-time)』를 썼다. 당시 과학부 수석 편집자였던 천문학자 사이먼 미턴은 1970년대 말부터 스티븐에게 일반 독자들을 대상으로 하는 우주론 책을 써보라고 권유했다. 1982년에 감당해야 할 의료비가 눈덩이처럼 불어나자, 스티븐은 마침내 미턴의 생각을 받아들였다. 그렇게 해서 책 일부의 초고를 쓴 스티븐은 그것을 미턴에게 보여주었다. 케임브리지 대학교 출판사가 전문 서적을 출판하는 대학교 출판사이기는 했지만, 미턴은 대중에게 다가가기 쉬운 글을 원했다. 스티븐의 원고는 교과서 같았고 그가 다시 보낸 원고도 별다르지 않았다. 두 원고 모두 방정식들이 가득했다. "책에 방정식 하나가 등장할 때마다 매출은 절반으로 떨어진다"라는 유명한 말은 미턴이 스티븐의 원고를 검토한 후에 한 말이다. 스티븐은 "일반 대중"은 수학 학위가 없다는 사실을 몰랐을까?

미턴은 스티븐의 초고에 만족하지 않았지만 우주론에 관한 대중 서적에 가능성이 있다고 확신했다. 그는 출판사 동료들과 의논한 끝에 스티븐과 출간 계약을 맺기로 했다. 스티븐은 당시 일반적으로 지급되던 낮은 계약금이라면 계약하지 않겠다고 밝혔다. 일반 대중을 대상으로 한 상업 출판업이 금전적으로 여유로운 적이 없었다면, 학술 출판업은 금전이 거의 존재하지 않았다. 하지만 미턴과 스티븐은 몇 번의 흥정 끝에 결국 2만5,000달러에 합의를 이루었다. 케임브리지 대학교 출판사가 이제껏 제시한 가장 큰 액수였다.

미턴은 계약서를 작성했지만, 거자디처럼 스티븐이 마음을 바꾸기 전에 직접 찾아가서 서명을 받지는 않았다. 대신 우편으로 스티븐의 사무실에 보냈다. 이는 치명적인 실수였다. 스티븐은 계약서에 서명하지 않고 이후 미턴과는 책에 대한 이야기를 다시는 하지 않았다.

양자물리학처럼 삶은 불확실성으로 가득하고, 어떤 지점으로 돌진하던 무엇인가가 엉뚱한 곳에 안착하기도 한다. 스티븐이 예정대로 『시간의 역사』의 출간을 학술 출판사와 계약했다면 책은 무척 비쌌을 것이고, 어떤 홍보 없이 1만 부가량이 팔리면 대성공으로 간주되었을 것이다. 거자디가 「뉴욕 타임스」에서 스티븐의 소개를 읽으면서 시작된 일련의 사건이 없었다면, 스티븐은 케임브리지와 합의한 계약서에 서명했을 것이다.

거자디 말고도 뉴욕의 또다른 출판업 종사자가 스티븐의 소개를 읽고 **이 사람은 책을 써야** 해라고 생각했다. 당시 창립 10년이 된 뉴욕의 출판 에이전시인 라이터스 하우스의 대표 알 저커먼이었다. 저커먼이 스티븐에게 연락한 것은 그가 케임브리지와 계약하기 전이었다. 저커먼은 스티븐에게 더 많은 돈을 받을 수 있으니 서명을 잠시 미루라고 말했다. 그는 스티븐에게 책의 출간 제안서를 작성하도록 한 다음, 밴텀을 포함한 뉴욕의 여러 출판사들에 보냈고 결국 거자디가 입찰에서 승리했다.

저커먼이 밴텀의 손을 들어준 것은 상업 출판사로서의 밴텀의 판매 능력과 케임브리지보다 10배 높은 계약금 때문만이 아니었다. 학술 출판사 편집자보다 훨씬 많은 시간을 책에 투자할 수 있고 훨씬 폭넓은 독자층에게 다가가는 방법을 아는 탁월한 편집자 거자디 때문이기도 했다.

4년이 넘는 시간 동안 거자디는 스티븐이 원고를 보낼 때마다 거의 모든 페이지에 온갖 메모를 달아 스티븐을 몰아붙였다. 거자디는 책의 어조가 친밀한 대화체이기를 바랐지만, 스티븐이 보낸 원고에는 제안서에서 발견되었던 문제가 그대로 남아 있었다. 한없이 긴 문장은 무미건조했으며 톤은 일정하지 않았다. 어떤 부분은 열두 살 아이를 위한 글 같았지만 어떤 부분은 물리학과 대학원생이나 심지어 스티븐의 동료들이나 읽을 법한 글이었다. 거자디는 스티븐의 불평에도 아랑곳하지 않고 거침없이 원고의 문제점들을 지적했다. 수없이 고쳐 쓴 글은 여전히 대중이 읽기에는 어려웠지만,

9 ✽

끈기를 가지고 읽는다면 핵심은 이해할 수 있었다. 마침내 스티븐은 최종 원고를 전달했다. 1988년에 『시간의 역사』가 출판되었을 때, 밴텀은 수요를 따라잡을 수 없었다. 이 책은 전 세계에서 1,000만 부 넘게 팔려나갔다.

＊＊＊

하루 일을 마친 스티븐과 나는 승합차를 타고 그의 집으로 향했다. 패트릭이 운전했다. 승합차는 맞춤 주문한 차였다. 스티븐은 화려한 스포츠카를 살 충분한 돈이 있었지만 스포츠카에 탈 수 없었다. 그가 타는 차는 대대적인 개조를 거쳐야 했다. 우선 승객 좌석들을 없앴다. 그리고 철제 경사로를 설치했고, 경사로를 올렸다 내릴 모터도 있어야 했다. 스티븐의 휠체어는 앞자리의 조수석이 있던 자리 뒤에 놓았다. 공간이 많지는 않았지만 정교하게 움직이면 들어갈 수 있었다. 그다음 스티븐을 앉히고 앞으로 밀었다. 차가 위아래로 흔들리거나 사고가 나더라도 움직이지 않도록 휠체어를 여러 끈과 철제 고리로 고정했다. 스티븐의 머리를 고정하는 벨크로 끈도 있었다. 그의 사무실에서 약 2.5킬로미터 떨어진 5분 거리의 워즈워스 그로브 23번가의 집까지 가려면 이 모든 과정을 거쳐야 했다.

집 앞에 도착해서 패트릭이 스티븐을 차에서 내려준 후에 우리는 대문으로 향했다. 화려하지는 않지만 웅장한 집은 케임브리지 사무실보다는 스티븐의 명성을 잘 보여주었다. 패트릭이 차 안에서 의료 장비와 약이 든 무거운 가방을 꺼내는 동안 나는 초인종을 눌렀다. 일레인이 대답했다. 당시 스티븐은 60대 중반이었고 일레인은 50대 중반이었다.

"안녕하세요, 일레인." 내가 인사했다. 다음 말은 "다시 봬서 반갑습니다"였지만 일레인이 가로막았다.

일레인은 나를 무시한 채 스티븐을 노려보았다. "이 사람 누구예요?" 화난 목소리였다.

그러고는 내게 말했다. "누구세요!"

"레오나르드입니다." 나는 무안했다. "전에 만나뵌 적이 있는데요……."

"그러니까 누구시냐고요!"

"전 박사님과 책을 쓰고 있는데요……."

"편집자세요?"

"아니요. 공저자인데요. 전……."

일레인은 내 말을 끊고는 스티븐에게 말했다. "이 사람이랑 저녁 먹을 거예요?" 그런 말이라면 스티븐의 귀에 대고 목소리를 낮춰서 말해야 마땅했지만 일레인은 거의 고함을 지르고 있었다.

"미리 알려주면 좋잖아요." 일레인이 계속 말했다. "한번을 미리 말한 적이 없죠, 한번을! 당신은 스티븐 호킹이니까 그럴 필요가 없죠! 집에 먹을 게 없단 말이에요!"

나는 뒤로 물러서기 시작했지만 스티븐의 눈은 내게 가지 말라고 말했다. 민망함이나 사과의 눈빛은 아니었다. 마치 일레인이 **여보!**

9 ✳

친구와 저녁을 함께하게 되다니 정말 기쁘네요!라고 말한 것처럼 짧게 미소까지 지었다.

나는 일레인에게 배고프지는 않지만 잠시만 스티븐과 앉아 있다가 가겠다고 말했다. 일레인은 약간 진정되었다. 일레인은 자기 잘못이 아니라고 말했다. 그러고는 스티븐을 본체만체하며 내게 안으로 들어오라고 했다. 마침 가방을 들고 나타난 패트릭이 스티븐의 휠체어를 밀고 화장실로 갔다.

"미안해요." 스티븐과 패트릭이 없는 방에서 일레인이 말했다. "전 20년간 스티븐의 노예였어요. 이젠 지긋지긋해요."

일레인은 주방 바깥에 있는 식탁으로 나를 안내했다. 나는 와인장에서 와인 한 병을 꺼내왔다. 패트릭이 스티븐의 휠체어를 밀고 왔고 일레인이 음식을 내오기 시작했다. 패트릭 말고는 누구도 말을 거의 하지 않았다. 패트릭은 영문을 몰랐다. 왠지 모를 긴장감이 흘렀지만 그 자리에 없었으므로 그는 어찌 된 일인지 알 수 없었다. 패트릭은 스티븐에게 음식을 떠주면서 아무 일 없다는 듯이 굴었다. 별것 아닌 이야기를 계속했다.

식사가 시작되고 몇 분 뒤에 일레인이 접시를 들고 일어섰다. "못 견디겠군요." 그러더니 접시를 들고 계단으로 올라갔다. 나는 얼떨떨했다.

일레인이 나를 어리둥절하게 만든 것은 이번이 처음이 아니었다. 프랑크푸르트에서 처음 만났을 때, 나는 그녀에게 사진을 찍어도 되겠냐고 물었다. 사람들이 많은 곳에서 일레인은 마치 스토커를 만난 것처럼 반응했다. "안 돼요!" 그녀가 소리쳤다. 처음에 나는 일레인이 화가 난 줄 알았지만 사실은 창피해서 그랬다는 것을 이내 깨달았다. "난 아무것도 아닌 사람이라고요!" 일레인이 계속 소리쳤다. 내가 계속 미안하다고 하자 일레인은 자신이 과민하게 반응했다는 사실을 깨닫고는 목소리를 낮추어 설명했다. "미안해요." 일레인이 말했다. "그저 사진 찍히는 걸 좋아하지 않아서요. 전 아무것도 아닌 사람이잖아요. 공기처럼 보이지 않는 존재죠." 그녀가 눈물을 터트릴 것만 같았다.

그때도 영문을 알 수 없었다. 지뢰를 밟았지만 왜 그곳에 지뢰가 있는지 그 이유를 나는 도통 알 수가 없었다. 사진 찍히는 것을 사생활 침해라고 생각한 것일까? 부끄러움이 많거나 내성적인 사람이 아니라고 들었는데 왜 이렇게 소동을 피운 것일까? 억울함이었을까? 왜 이제야 내게 관심을 보이는 거지라고 말한 것일까?

몇 년이 지나고 스티븐이 세상을 떠난 뒤에 만난 일레인은 태도가 부드러워져 있었고 그날의 일들을 이해할 만한 심정을 나에게 털어놓았다. "스티븐은 배우 같았어요." 일레인이 말했다. "관심의 중심, 우주의 중심이어야 했어요. 스티븐은 관심을 사랑했죠. 관심에서 에너지를 얻었어요. 스티븐은 사람들을 사랑했어요. 그의 삶은 무척 험난했지만 놀라우리만큼 용감한 사람이었어요. 결코 불평하는 법은 없었지만 관심의 가운데에 있어야 했어요. 그래요. 난 아마 그 사실에 화가 났던 거 같아요. 항상 그런 건 아니었지만 지칠 때나 간호인이 스티븐에게 추파를 던질 때면 분했어요. 하지만 잠시뿐이었어요. 분노의 감정은 지나갔어요. 마음 깊은 곳에서 스티븐은 내게 유일한 사랑이었어요." 나는 일레인의 말을 믿었다.

스티븐은 여러 단어들로 묘사할 수 있다. 용기. 고집. 회의주의. 선견지명. 열정. 유머. 결의. 천재. 재미 추구. 하지만 스티븐을 아는 모든 사람은 그를 표현하는 가장 적절한 단어가 무력함이라는 사실을 이내 깨달았다. 땀샘은 그를 고문할 수 있었다. 스토마는 그를 질식시킬 수 있었다. 친구나 아내가 배신할 수도 있었다. 누구에게나 이용당할 수 있고 어떤 일을 당할지 알 수 없었다. 나는 우리의 관계가 깊어질수록 그가 품위를 잃지 않으며 이 같은 사실을 받아들이는 모습에 감탄했다. 하지만 여기에는 또다른 이면이 있었다. 스티븐과 가까워진 사람 역시 무력해졌다. 스티븐의 신체적 문제 때문에 작업은 언제나 중단될 수 있었다. 계획은 시도 때도 없이 바뀌었다. 혼란은 일상이었고, 시간 관리는 불가능했다. 대화는 띄엄띄엄 이루어졌을 뿐만 아니라 한없이 긴 시간이 걸렸다. 그에게 최우선은 언제나 물리학이었고 처리하지 못한 일들이 항상 쌓여 있었다. 감사의 말은 거의 듣지 못했다. 그리고 재혼한 여느 여자들과 마찬가지로 남편의 첫 번째 결혼으로 인한 부담도 있었다.

스티븐과 결혼하려면 자신의 한 부분을 포기해야 했다. 스티븐의 마음이 차가워서가 아니라 그의 따뜻한 영혼이 몸에 갇혀 있어서였다. 나는 궁금했다. 남편을 안더라도 그가 안아주지 못한다면 어떤 심정일까? 교감의 어려움뿐 아니라 스티븐의 필요와 명예를 위해서 감내해야 하는 희생을 생각하면 자존감이 떨어지고 방향을 잃어 스스로가 초라하게 느껴지는 것은 어찌보면 당연했다.

　나는 스티븐을 무척 좋아했고 우리의 작업에서 크나큰 보람을 느꼈다. 하지만 그의 룸메이트나 간호인 또는 배우자가 되라고 하면 나는 할 수 없을 것 같았다. 그와 함께 사는 사람은 제정신을 유지하기가 힘들 것 같았다. 일레인 역시 자주 그랬을 것이다. 어쩌면 제인도 마찬가지였을지도 모른다. 하지만 내가 제인을 만난 것은 두 번뿐이므로, 확신할 수는 없다.

　일레인이 갑자기 식탁에서 일어나 나가버리자 우리 셋은 멋쩍어졌다. 나는 우리가 어떤 말을 했기에 일레인이 자리를 박차고 일어났는지 고민했지만 도무지 알 수 없었다. 아마 처음에 났던 화가 속에서 계속 부글부글 끓다가 마침내 폭발한 듯했다. 나는 어찌할 바를 몰랐고 패트릭도 마찬가지인 듯했다. "샐러드가 맛있네요!" 그가 마침내 입을 떼고는 스티븐에게 계속 음식을 먹였다.

＊＊＊

날이 어두워졌다. 일레인이 준비한 음식을 모두 먹었으니, 이제는 자리에서 일어날 수 있다는 생각에 나는 기뻤다. 걸어서 30분 거리에 있는 밤늦게까지 여는 술집에서 맥주 몇 잔을 마실 생각이었다. 그런데 그 술집이 늦게까지 영업하더라도 문은 11시에 닫으므로 나는 마음이 급했다. 인사를 하고 나가려는데 스티븐이 할 말이 있는 표정을 지었다. 나는 그가 타이핑하는 동안 기다렸다.

"우리의 계약금이 충분하지 않은 것 같아요." 컴퓨터 목소리가 말했다.

나는 어깨를 으쓱했다. "저도 좀 적다고 생각은 했지만, 박사님과 알이 결정할 문제라고 생각했죠." 알은 알 저커먼이었다. 『시간의 역사』 이후 30년이 지났지만 그는 여전히 스티븐의 에이전트였다. 스티븐은 다시 타이핑하기 시작했다. 나는 그가 왜 지금 계약금 이야기를 꺼냈는지 이상했다.

"곱절은 높게 불렀어야 했어요." 스티븐이 말했다.

나는 웃었다. "저도 그렇게 생각해요! 안타까운 일이죠." 내가 말했다. "왜 더 높게 부르지 않으셨는지 궁금했다니까요."

스티븐이 얼굴을 구겼다. 맞장구를 쳤는데도 왜 인상을 쓰는지 알 수 없었다.

스티븐이 다시 말했다. "알에게 계약금을 두 배로 올려달라고 말해요."

나는 깜짝 놀랐다. 어떻게 우리가 알에게 계약금을 더 달라고 말할 수 있겠는가? 우리 모두 계약금에 이미 합의했다. 계약서에 서명도 했다. 집필도 상당히 진행된 상태였다. 스티븐의 말은 블랙홀에서 복사가 일어난다는 생각만큼이나 터무니없었다.

"음……그래도 가능할지 모르겠는데요." 내가 말했다.

나는 쉽게 당황하는 성격이 아니었지만 그때만큼은 어찌할 바를 몰랐다. 말을 바꿔서 계약서를 다시 쓰자는 것은 도리가 아닌 듯했다. 그렇다고 해서 스티븐에게 못 하겠다고 말할 수도 없었다. 스티븐이 또 얼굴을 찌푸렸다.

"알이 무척 불쾌해할 겁니다." 내가 말했다. "일을 그렇게 하는 사람은 아무도 없어요."

"알이 내켜하지 않으면 빌어먹으라고 해요." 스티븐이 말했다. "빌어먹을"은 영국인들이 자주 하는 그다지 심하지 않은 비속어였다. 술집에 가면 총리를 빌어먹을 인간으로 부르는 사람이 많았다. 하지만 나는 스티븐의 진짜 의도를 알 수 없었으며 컴퓨터 목소리로 욕을 들으니 이상했다. 자신을 작가의 길로 안내해준 사람에게 그런 식으로 말하는 것도 이상했다. 하지만 핵심은 분명했다.

나는 잠시 생각했다. 스티븐은 단호해 보였다. 결국 나는 굴복할 수밖에 없었다. "알겠습니다. 집으로 돌아가는 길에 뉴욕에 들르겠습니다. 알과 만난 뒤에 연락드릴게요."

패트릭은 이 모든 상황을 지켜보며 재미있어했다.

"호킹 세계에 오신 걸 환영합니다." 패트릭이 말했다. 그러고는 스티븐에게 물었다. "제 월급도 두 배로 올려주시겠어요?"

10

『시간의 역사』가 1988년 만우절에 나왔을 때 스티븐은 마흔여섯이었다. 그는 이미 동료 과학자들 사이에서 당대 최고의 이론물리학자 중 한 명으로 인정받고 있었다. 그가 최고의 농구선수였거나, 가수였거나, CEO였다면 평생 쓰고도 남을 돈을 벌었을 것이다. 하지만 1988년 만우절 전까지 스티븐은 생계 걱정에 시달리지 않은 적이 없었다. 월세 차원을 넘어 생존 자체가 걱정이었다. 그저 삶을 유지하는 데에 필요한 돈을 걱정해야 했다. 촛불에 불이 붙으면 알아서 일정하게 탄다. 하지만 스티븐의 촛불은 끊임없이 돌보아야 했다. 매시간, 매일, 매년 언제든 순간의 바람으로 꺼질 수 있었다.

저명한 물리학자가 설명하는 그의 이론들이야말로『시간의 역사』를 정확하게 설명하는 표현이었지만, 언론은 책과 저자에 대한 평범한 소개를 거부했다. 움직이지도 못하는 스티븐 호킹을 우주의 대가로 불렀다. 스티븐 호킹을 무신론자로 일컬으면서 신의 마음을 아는 담대한 물리학자로 선언하기도 했다. 과장된 제목들은 자신들의 기사 자체를 홍보하기 위한 수단이었다. 태양이 50억 년 안에 적색거성으로 부풀어 폭발한다는 논문이 발표되면 기사 제목은 **과학자들의 종말 예측**이 된다. 하지만 과장된 제목은 신문 기사만 홍보하는 데에 그치지 않고, 책과 스티븐도 홍보했다.

대중의 눈에 스티븐은 순식간에 당대 최고의 물리학자가 아니라 플라톤 이후 최고의 지식인으로 보였다. 스티븐의 몇몇 동료들은 언론의 호들갑에 즐거워하면서 스티븐에게 다행한 일이라고 여겼다. 투덜대는 동료들도 있었다. 예컨대 어느 물리학자는 1988년에 런던 「선데이 타임스(The Sunday Times)」에 기고한 글에서 20세기 최고의 물리학자 12명을 꼽으라면 스티븐은 포함되지 않을 것이라고 말했다. 스티븐은 그의 평가에 동의했을 것이다. 칼텍을 방문하기 시작한 초창기에 스티븐은 자신이 라우리젠 연구소 4층에서 머리 겔만과 리처드 파인먼에 못 미치는 3인자에 불과하다고 평가했다. 하지만 자신이 연구하는 분야의 대변인이 되었다는 사실에는 기뻐했다. 더욱 중요한 사실은 다른 어느 물리학자보다 명성에 따라오는 돈이 그에게는 절실하다는 것이었다. 심리학자들은 돈이 행복을 가져다주는지에 대해서 아직 합의를 이루지 못했다. 하지만 스티븐에게 돈은 삶을 가져다주었다.

스티븐은 유명해진 후에도 우쭐해지지 않았다. 스티븐처럼 똑똑하고 큰 성공을 이룬 사람들이 대부분 그러하듯이 그는 전부터 자신감이 넘쳤다. 하지만 모든 이론가들이 경험을 통해서 깨닫게 되듯이, 자신이 자연보다 현명할 수는 없다는 사실을 잘 알았다. 어쨌

든 스티븐은『시간의 역사』로 유명인사가 되어 바빠지면서 물리학
자로서의 그의 삶에도 변화가 일었다. 책이 출간된 후부터 여러 언
론매체에 출연하고 수많은 행사에 참석했을 뿐만 아니라 제인과 결
별하고 재혼한 일레인과 새집으로 이사하면서 1990년대는 물리학
자로서 가장 비생산적인 시기가 되었다.

『시간의 역사』가 나오고 약 10년 동안 스티븐이 이룬 가장 큰
업적은 물리학적 발견이 아니라 물리학을 널리 알린 것이었다. 발
단은 1997년에 스티븐과 킵 손이 킵의 칼텍 동료인 존 프레스킬과
한 내기였다. 이 내기는 스티븐이 1975년에 처음 제기한 문제에 관
한 것이었다.

물리학의 관점에서 보면 모든 물질에는 정보가 암호화되어 있다.
예를 들면 헬륨 원자는 해당 원자가 수소나 다른 원소가 아니라는
정보를 가지고 있다. 스티븐은 어떤 물질이 블랙홀의 일부가 되고,
이후 블랙홀이 호킹 복사 과정으로 소멸한다면 물질이 지닌 정보가
어떤 운명을 맞게 될지를 점쳤다. 이는 블랙홀 정보 역설(Black hole
information paradox)로도 불린다. 스티븐의 명성 때문에 이 내기는 전
세계 여러 신문의 1면을 장식했고 물리학자들 사이에서도 블랙홀
에 관한 관심을 다시 불러일으켰다.

물리학은 미래를 예측한다. 인간 사회나 주식시장의 미래는 아니
다. 이 둘은 너무나 복잡하므로 다른 학자들의 손에 맡겨야 한다.
물리학자들은 가장 단순한 형태의 물질과 에너지에 집중한다. 입
자. 빛. 물체. 용액. 우리 물리학자들은 이 같은 대상들에 관한 이론

을 세우고 물질과 에너지의 계가 어떻게 상호작용하고 변화하는지를 이해할 법칙들을 찾는다.

물리학의 핵심 목표가 예측이라는 사실을 떠올리면, 계의 현재 상태에 근거해서 미래 상태를 산출해야 한다는 것이 물리학 이론의 기본적인 요건인 것은 당연하다. 바로 여기에서 정보가 중요해진다. 물리학자에게 "상태"란 사물에 관한 데이터를 의미하며 데이터는 곧 정보이다.

앞에서도 이야기했듯이 양자론에서 계에 관한 정보는 파동함수에 암호화되어 있다. 파동함수 변화는 계의 상태가 어떻게 변하는지를 반영하며, 특정 시점의 파동함수를 안다면 양자론 규칙에 따라서 미래의 특정 시점에 나타날 파동함수를 계산할 수 있다. 그러므로 어떤 원자의 파동함수를 안다면, 1분 뒤에 특정 물성들을 지니게 될 확률을 현재의 파동함수로부터 유추할 수 있다.

마찬가지로 중요한 사실은 시간을 거슬러올라서 계산할 수도 있다는 것이다. 특정 시점의 파동함수를 토대로 과거를 재구성할 수 있기 때문이다. 파동함수는 과거와 미래를 모두 알 수 있다. 물리학자들은 이 특성을 단일 진화 또는 줄여서 단일성(unitarity)이라고 부른다. 단일성은 양자론의 수학과 물리학 모두에서 중요한 근본 원칙이다.

물속에 있는 모래를 휘젓는다고 해서 물이 짜지지는 않는다. 한편 해변에 있는 소금은 바닷물에 녹는다. 자연의 산물은 변할 수 있지만, 각각의 물질, 원자, 입자는 나름의 정체성과 특징을 지니며

스티븐 호킹

물과 만날 때, 불에 탈 때, 충격을 받을 때에 각기 다른 반응을 보인다. 두 권의 책을 태운다면 원칙적으로 그 연기는 각 책의 처음 정체성을 반영해야 하므로 서로 다르게 나타난다. 이는 단일성의 결과이다. 다시 말해서 어떤 과정의 결과를 분석하면 계가 어떻게 시작되었는지 (원칙적으로) 유추할 수 있다. 물컵에 든 물이 짜다면, 물속에서 소용돌이친 물질이 모래가 아니라 소금이라는 사실을 알수 있다.

이런 면에서 블랙홀은 우주의 다른 어떤 물체와도 다르다고 여겨진다. 소금 알갱이와 모래 알갱이를 블랙홀로 던지면 블랙홀의 질량이 아주 조금 늘어나겠지만 다른 변화는 일어나지 않는다. 따라서 한 가지 물질과 다른 물질을 구분하는 특성이 더 이상은 존재하지 않게 된다. 두 물질이 일으키는 영향이 같으므로 외부에서 보면 어떤 물질이 블랙홀로 들어갔는지를 알 방법이 없다. 이는 단일성에 문제를 일으킨다. 블랙홀이 물질을 집어삼키면 계의 현재 상태에 관한 정보로 과거를 유추할 수 없기 때문이다. 과거는 더 이상 발견할 수 없다. 과거는 지워진다.

그러나 블랙홀이 정말 물질을 집어삼킬까? 한 가지 사고실험을 해보자. 킵과 스티븐이 각각 우주선을 타고 블랙홀과 어느 정도 떨어진 공간을 탐험하고 있다고 상상해보라. 블랙홀 안이 궁금해진 킵은 우주선을 앞으로 몰아 블랙홀 지평선을 지난 후에 무엇이 보이는지 관찰한다. 하지만 안타깝게도 지평선을 지나면 킵 자신뿐 아니라 그가 보내는 메시지도 밖으로 빠져나올 수 없으므로 킵은 무엇을 발견하든 그 사실을 자기밖에 알지 못한다. 이는 블랙홀 물리학을 설명하는 대중 서적이나 글에 자주 등장하는 시나리오이다. 하지만 우리 이야기에서 중요한 것은 킵의 관점이 아니다. 정보 상실 문제에서 중요한 것은 블랙홀 외부에 있는 자의 관점, 다시 말해서 스티븐의 관점이다.

스티븐의 관점에서 킵은 결코 블랙홀로 들어가지 않을 것이다. 블랙홀과 떨어져 있는 사람은 어떤 물체가 블랙홀로 빨려 들어가는 모습을 절대 관찰하지 못할 것이다. 블랙홀 바깥에서 보면 블랙홀 주변의 시간은 느려지기 때문이다. 블랙홀로 다가가는 시계는 외부의 관찰자가 보기에 점차 느려진다. 마찬가지로 블랙홀에 접근하는 물체들은 움직임이 서서히 느려지고 나중에는 전혀 움직이지 않는 것처럼 보일 것이다.* 그러므로 킵과 같은 관찰자는 블랙홀 안으로 들어가서 내부를 볼 수 있지만, 블랙홀 외부에 있는 스티븐의 관점에서는 킵을 포함한 모든 물체가 블랙홀로 다가가면서 속도가 느려지다가 블랙홀 바로 바깥에서 멈춰서 마치 블랙홀 표면에 "박힌" 것처럼 보일 것이다.

두 관찰자가 서로 모순된 사건을 경험하는 기이한 현상이다. 그러나 물리학에서는 문제가 되지 않는다. 블랙홀에 들어간 관찰자와

---

* 또한 일반상대성에 따르면 블랙홀 주변에서 시간이 느려지는 것은 블랙홀 바로 바깥에 있는 물체에서 나오는 빛의 파동이 그 어느 때보다도 느리게 진동한다는 의미이다. 진동수가 몹시 낮기 때문에 현재의 인류 기술로는 물체를 탐지할 수 없다. 따라서 블랙홀로 향한 물체가 블랙홀 안으로 떨어진 것인지 아니면 지평선 바로 바깥에서 멈춘 것인지는 여러 가지 면에서 논란의 대상이다.

　　　　　　　　　　　　　　　　　　　　스티븐 호킹

외부에 남아 있는 관찰자는 서로 소통할 수 없기 때문이다. 이는 두 관찰자가 서로 다른 평행 우주에 존재하는 것과 같다.

단일성 원리에서 중요한 사실은 블랙홀 외부 관찰자의 관점에서는 어떤 물체든 블랙홀 안으로 빨려 들어가는 과정을 절대로 끝까지 볼 수 없다는 것이다. 블랙홀로 빠져들지 않았으므로 물체가 지닌 정보는 사라지지 않는다. 따라서 단일성 원리는 무사할 수 있다.

여기에서 호킹 복사가 등장한다. 스티븐의 계산에 따르면, 블랙홀은 에너지를 복사하고 이 복사는 온도를 지닌 모든 물체가 발산하는 평범한 빛이 된다. 여기에는 어떤 정보도 담겨 있지 않을 것이다. 게다가 스티븐은 블랙홀이 축소되면 이 같은 과정이 가속되다가 강력한 폭발과 함께 사라지고 어떤 흔적도 남기지 않을 것이라고 예측했다. 이 시점에서 정보는 사라진다. 그렇다면 단일성 원리가 깨진다. 양자론 수학에 따르면, 이는 있을 수 없는 일이지만 스티븐의 블랙홀 이론은 그럴 수 있다고 말한다. 이것이 블랙홀 정보 역설이다. 스티븐의 이론에 따르면 계의 변화를 추적하는 양자 수학적 설명은 어느 시점에 이르면 깨질 수밖에 없다.

이상하게도 호킹 복사가 양자론의 기본 원칙을 위배하는 것처럼 보인다는 사실은 약 20년 동안이나 사람들의 관심을 끌지 못했다. 그러다가 1990년대에 점차 관심이 증가했고 이후 아르헨티나계 미국인 물리학자 후안 말다세나가 이론적인 돌파구를 찾으면서 관심이 증폭되다가 스티븐이 유명한 내기를 시작하면서 더 큰 이목이 쏠렸다. 내기에서 스티븐과 킵은 정보가 진정한 의미에서 상실될 것이라고 주장하며 언젠가 양자론이 상실을 설명할 수 있는 방식으로 수정되리라고 예측했다. 한편 존 프레스킬은 스티븐의 계산이 틀렸다고 반박했다. 그는 스티븐이 자신의 이론에서 예측을 끌어내기 위해서 사용한 수학적 근사법에는 실제로는 상실되지 않은 정보를 상실된 **것처럼** 보이게 하는 효과가 있다고 믿었다.

프레스킬은 모든 사람이 언젠가 발견되기를 바라는 양자 중력 이론을 통해서 정확하게 문제가 해결되거나 더 나은 근사법이 발견된다면, 상실되었다고 여겨지던 정보가 모종의 방식으로 나타날 것이라고 설명했다.

프레스킬의 의견에 동의하는 사람들은 스티븐이 호킹 복사의 특징들을 잘못 알고 있다고 생각했다. 블랙홀에서 이루어지는 복사는 스티븐이 결론 내린 것처럼 일반적인 열복사가 아니라 정보를 암호화한 다른 종류의 복사일 수 있다는 것이었다. 어쨌든 외부 관찰자가 보기에 물체가 블랙홀 안으로 들어가는 것이 아니라 "바로 바깥"에 멈춰 있다면, 블랙홀이 사라지면 물체의 표면에서는 어떤 일이 일어날까라는 궁금증이 인다. 답은 아무도 모른다. 증발이 블랙홀 바깥에 있던 정보를 복원한다고 증명할 수 있을까? 역시 아무도 모른다. 복사하는 블랙홀은 스티븐이 주장했듯이 완전히 사라지는 것이 아니라 정보를 담은 잔존물을 남긴다는 이론 또한 많은 지지를 받았다.

다른 물리학자들이 이 같은 생각들을 숙고하는 동안 스티븐도 고민했다. 그러다가 내기가 시작되고 7년 뒤인 2004년에 그는 자신의 최근 생각을 발표하기로 계획했다. 스스로 만족할 수 있는 결론에 이른 그는 다시 한번 물리학계를 충격에 빠뜨릴 참이었다.

＊＊＊

나는 스티븐과 약속한 대로 케임브리지에서 캘리포니아로 돌아가는 길에 알 저커먼을 만나러 라이터스 하우스에 들렀다. 라이터스 하우스 에이전시는 알이 스티븐을 "발견한" 이후 20년 동안 꾸준히 성장한 덕에 브로드웨이 바로 옆인 웨스트 26가의 두 채의 벽돌 건물에 자리하게 되었다. 엘리베이터가 없는 주택 건물을 개조한 오래된 4층짜리 건물에는 창이 거의 없었다. 시간이 흐르면서 어떤 벽은 허물어지고 어떤 벽은 새로 세워지면서 두 건물은 점차 하나의 건물이 되어갔고 그곳에서 약 20명의 출판 에이전트가 근무하고 있었다. 무척 독특하고 무척 붐비는 곳이었다.

　알은 벽돌 건물만큼이나 오랫동안 라이터스 하우스를 지켰다. 70대인 그의 옷차림은 출판계 노장에 걸맞았다. 숱 많은 눈썹 역시 그랬다. 라이터스 하우스에서 나의 에이전트인 수전 긴즈버그도 회의에 함께했다.

　수전은 알에게 회의 내용을 미리 알리지 않았다. 알렸다면 알은 우리를 사무실로 들이지 않았을 것이다. 우리는 알의 사무실에 모두 모여 있었다. 평소처럼 가벼운 이야기들로 대화를 시작했다. 나는 두 입술로 케임브리지의 끔찍한 날씨를 이야기하면서 마음속으로는 케임브리지의 메시지를 전달할 준비를 했다. 정확히 말하면 스티븐의 메시지였다. 호킹 복사에 관한 스티븐의 발표를 사람들에게 이해시키는 것보다는 훨씬 낫겠지만 역시나 쉽지 않을 일이었다. 스티븐은 블랙홀에서는 복사가 일어나지 않는다라는 물리학자들의 만트라를 산산이 무너뜨렸다. 그리고 말을 바꾸어 이미 합의한 계약금을 두 배로 올려달라고 요청하지 않는다라는 출판 계약의 기본 원칙 역시 깨뜨리려고 했다.

"뭐라고요? 난 밴텀에 그렇게 얘기 못 합니다." 내가 찾아온 이유를 결국 털어놓자 알이 말했다. 역시나 예상했던 반응이었다. "말도 안 되는 소리예요. 밴텀과 계약했잖아요. 계약에 합의했잖습니까. 이미 약속한 일이라고요."

"알아요." 난 어물거리며 답했다.

난감한 상황이었다. 알은 스티븐의 요구를 성사시킬 수 있는 사람이었지만, 그의 요구가 얼토당토않다고 판단하는 사람도 알이었다. 나는 이 모든 상황이 불편했지만 체념하기 시작했다. 될 대로 되라는 생각이 들었다. 체념했으면서도 돈을 올려달라고 하려니 기분이 영 이상했다.

"스티븐은 왜 갑자기 그런 요구를 하는 거죠?"

"모르겠어요." 내가 말했다. "하지만 어쨌든 박사님은 그러길 원해요."

"내가 돈을 더 달라고 하면 밴텀은 화를 낼 거예요! 불같이 화낼 거라고요." 알이 말했다.

"그렇겠죠. 그래도 결국 요구를 들어주지 않을까요?" 수전이 말했다.

"들어주지 않을 거예요. 왜냐하면 내가 밴텀에 말하지 않을 거니까요. 난 못해요." 알이 딱 잘라 말했다.

우리 셋은 한동안 서로를 바라볼 뿐 아무 말도 하지 않았다. 텔레비전 퀴즈쇼에서 보츠와나의 수도를 몰라서 멀뚱멀뚱 가만히 있는 출연자들 같았다. 그러다가 수전이 침묵을 깼다.

"우선 문제를 잠시 덮어두고 하룻밤 푹 잔 다음 내일이나 모레 전화로 다시 얘기해보는 게 어떨까요?"

"그럴 필요 없어요." 알이 말했다. "그냥 스티븐에게 내가 안 된다고 했다고 말해요."

"알겠어요." 내가 말했다. "하지만. 한 가지 아셔야 할 게 있어요. 이건 우리끼리의 얘긴데 박사님은 불만이 좀 있는 것 같아요."

"무슨 뜻이에요?" 알이 물었다.

"박사님이 얼마 전 그러셨어요." 꺼내고 싶지 않은 말이었지만 사실이었다. "당신이 전보다 적극적이지 않다고 걱정했어요."

"적극적이지 않다고요? 적극성은 아무 상관없는 일이에요. 계약금이 높다고 해서 달라지는 건 없어요. 어떤 방식이든 받는 돈은 같을 거잖아요. 당장 계약금으로 받지 않더라도 나중에 인세로 받는다고요. 책이 훌륭하잖아요. 100만 부가 팔릴 거예요. 스티븐에게 계약금은 중요한 문제가 아니니 그리 좋은 생각이 아니라고 전해요."

10 ∗

241

"그렇게 전하죠." 내가 말했다. "아니면 당신이 박사님에게 이메일로 전해도 되고요."

"알겠어요. 내가 하죠." 알이 받아쳤다.

나는 이 정도에서 그만할까 생각했다. 하지만 알에게 모든 것을 털어놓기로 했다.

"박사님이 한 말이 또 있어요." 내가 말했다. "당신이 거절하면 '빌어먹으라고 해요'라고 했어요."

"레오나르드가 제게 미리 이 얘기를 했을 때 너무 놀랐어요." 수전이 말했다. "박사님은 별 뜻 없이 하신 얘기일 거예요. 영국에서 흔히 하는 말이잖아요."

"스티븐이 정말 빌어먹으라고 했나요?" 알이 물었다. 믿지 못하는 눈치였다.

"미안해요." 내가 말을 이었다. "전하기 곤란하지만 박사님이 말한 그대로예요."

스티븐의 말을 전하고 나니 나는 마음이 아팠다. 알이 스티븐을 위해서 해온 수많은 배려를 떠올리니 그가 얼마나 큰 상처를 받았을지 가늠이 가지 않았다. 긴 침묵이 이어졌다. 차라리 치과에 의자에 누워 이에 드릴이 돌아가는 편이 나을 듯했다. 알은 수전을 바라본 다음 나를 바라보았다. 그의 수북한 눈썹이 위아래로 움직였다. 그러더니 어깨를 으쓱였다. "더 심한 말도 들어봤죠." 그가 말했다. 그러더니 미소를 짓고는 내게 아이들은 잘 지내는지 물었다.

얼마 지나지 않아 회의가 끝났다. "빌어먹으라고 해요"라는 말을 들은 알은 스티븐의 요구를 전달하며 밴텀의 "속내"를 떠보았다. 이후 계약금이 두 배가 된 것을 보면 밴텀의 반응이 호의적이었던 모양이다.

내가 소식을 전했을 때 스티븐은 별 반응이 없었다. 밴텀이 그의 요구를 들어주리라는 것을 처음부터 알고 있었기 때문에 그는 이 일을 거의 잊고 지낸 듯했다. 그가 밴텀을 지금의 밴텀으로 만든 것이 스티븐 호킹 자신이라는 사실을 잘 알고 있었다는 것을 나는 미처 깨닫지 못했었다. 하지만 알의 말도 맞았다. 『위대한 설계』는 오랫동안 많은 부수가 팔렸기 때문에 계약금을 두 배로 올렸다고 해서 달라진 것은 없었다.

* * *

스티븐이 제시한 이혼 합의 조건을 일레인이 법원에서 받아들인 다음 날, 나는 스티븐과 같이 있었다. 스티븐의 예순다섯 생일이 막 지났을 때였다. 이혼 소송 절차는 2006년 10월에 시작되었지만 일레인은 여전히 같이 살고 있었다. 그렇다고 해서 그들이 서로 자주 마주친 것은 아니었다. 일레인은 위층에 머물렀고 스티븐은 1층에 머물렀으므로 각자의 영역이 분리되어 있었다. 주디스는 스티븐이 "모질지 못해서" 일레인을 내보내지 못했다고 말했다. 하지만 내가 보기에 그 이유만은 아니었다. 스티븐 자신이 일레인을 너무나 그리워하리라는 것을 알았기 때문이었을 것이다. 누군가와 같이 살지

*10 *

못한다고 해서 그 사람 없이 살 수 있는 것은 아니다.

스티븐의 눈에는 종일 눈물이 고여 있었다. 그런데도 우리는 그날 많은 양의 작업을 했다. 누군가는 슬픔을 담배와 술로 잊으려고 하지만, 스티븐은 물리학으로 잊으려고 했다. 후에 주디스와 조언은 내가 같이 있는 동안 스티븐이 기운을 차렸고 우리의 대화에서 "영감"을 얻었다고 알려주었다. 기분 좋은 말이었지만 나는 곧이곧대로 듣지는 않았다. 스티븐은 그런 말을 하는 사람이 아니었다.

스티븐이 우리 작업에서 영감을 얻었는지는 알 수 없지만 나는 그날만큼은 영감을 받았다. 우리는 "우주의 미세조정"을 이야기했다. 내가 얼마 전에 같은 주제의 책을 읽고 새로운 깨달음을 얻은 뒤였다. 물리학 법칙들이 온갖 방식으로 미세하게나마 달라졌다면, 우주가 진화시켰을 모형들이 어떠했을지를 여러 이론가들이 분석한 책이었다. 물리학 법칙들이 과연 얼마만큼 달라져도 여전히 우주에 생명이 탄생할 수 있을까? 이론가들의 계산에 따르면 그 여지는 그다지 크지 않았다.

나는 이전에도 스티븐과 미세조정 문제를 이야기했지만, 그 책을 읽기 전까지는 인간이 존재하기 위해서는 세상이 얼마나 정교하게 조정되어야 하는지 깨닫지 못했다. 물리학 법칙들이 지금의 모습 거의 그대로가 아니었다면, 별, 행성, 탄소 원자를 비롯해서 생명에 필요한 모든 것이 존재하는 우주는 불가능했다. 강한 핵력의 세기가 0.5퍼센트 달랐거나, 전기력이 4퍼센트 달랐거나, 양성자 질량이 500분의 1 달랐다면 우리는 존재하지 않았을 것이다. 스티븐은 병을 진단받고 그의 신체적인 우주가 완전히 바뀌었지만 결국 살아가는 법을 찾았다. 일레인과의 이혼으로 심리적 우주도 완전히 바뀌었지만 나는 이번에도 그가 살아남으리라고 확신했다. 하지만 우주 속 생명은 그렇게 강인하지 않았다.

스티븐이 슬픔의 파도에 일렁이는 동안 우리는 미세조정 연구가 지니는 존재론적 의미를 이야기했다. 입자, 힘, 법칙의 섬세한 균형을 이해하는 데에는 두 가지 방법밖에 없는 것처럼 보였다. 하나는 신에게 기대는 방법이다. 이 경우는 우주가 신의 위대한 설계에 따라서 미세하게 조정되었다고 믿는 것이다. 두 번째는 다중우주 개념으로 설명하는 방식이다. 이 경우는 다시 말해서 서로 다른 법칙들이 작용하는 여러 우주들의 존재를 인정하는 것이다. 그렇다면 미세조정은 더 이상 미스터리가 아니다. 우리 우주와 매우 비슷한 다른 우주에서는 생명이 가능하지만 그렇지 않은 우주에서는 가능하지 않을 것이다. 우리가 존재하는 것은 우리의 존재가 가능한 우주들 중의 하나에 우리가 있기 때문이다.

이는 광활한 사막 한가운데에 있는 작은 호수에서 물고기 떼를 발견하는 것과 같다. 쾌적한 호수는 물고기가 살 수 있는 유일한 곳이지만 물고기가 호수에 존재하게 된 것은 "행운의 기적"이 아니다. 어떤 물고기도 뜨겁고 건조한 사막에서는 진화할 수 없기 때문이다. 이는 우리가 『위대한 설계』에서 제시한 논리이다.

스티븐이 신의 필연성을 회피하려고 다중우주를 믿은 것이 아니었다는 사실에 주목해야 한다. 미세조정 문제와 상관없이 그의 연구는 다중우주를 향했다. 하지만 스티븐은 미세조정이 지니는 의미에 흥미를 느꼈다. 그는 어떤 현상이 과학으로 설명되지 않는 것은 그것이 과학의 영역을 초월하기 때문이라는 주장을 격렬하게 반대했다. 이는 그가 우주의 기원에 대한 연구에 매달리게 된 까닭 중의 하나이다. 우주의 기원이야말로 과학이 아직 답하지 못한 영역이었다. 스티븐은 자신의 연구가 과학 자체의 유효성을 강화하리라는 사실에 자부심을 느꼈다. 미세조정 문제도 그 일부였다.

우리 둘 다 대화에 열중하고 있었지만, 스티븐의 마음 깊은 곳에서 흐르는 슬픔을 무시하기는 힘들었다. 스티븐은 자신이 일레인을 사랑한 만큼 다른 누군가를 사랑할 수 없을 것이라고 생각했다. 일레인 역시 스티븐을 사랑한 만큼 다른 이를 사랑할 수 없었다. 스티븐은 혼자가 되는 것도 두려워하고 있었다. 그는 이별에 대해서 양가적인 감정을 느꼈다. 스티븐은 킵과 로버트 도너번과 긴 대화 끝에 이혼을 결정했다. 친구들의 조언과 격려를 듣고 나서야 일레인과의 결혼생활이 여러 문제들로 인해서 결국에는 파국으로 치달을 것이라는 사실을 깨달았다. 누가 이혼 이야기를 먼저 꺼냈는지는 확실하지 않지만, 로버트는 내게 스티븐이 일레인과 헤어져야겠다고 결심한 후부터 본격적으로 이혼을 준비했다고 말했다. 하지만 스티븐은 일레인을 떠올릴 때마다 여전히 눈에 눈물이 맺히는 것은 어찌하지 못하는 듯했다.

* * *

스티븐 호킹

하루의 작업이 끝나자 스티븐은 여느 때처럼 내게 저녁을 먹자고 했다. 이번에는 내가 머무는 곤빌 & 키스 건물 단지의 교수 식당인 펠로스 다이닝룸에서였다. 두 개의 중앙 뜰을 둘러싼 곤빌 & 키스 단지의 건물들은 그 역사가 무려 1353년으로 거슬러 올라간다. 나의 방은 뜰 하나를 내려다보았다. 건물들은 구조가 무척 독특하다. 난방, 배수, 전기 설비 수준 역시 14세기 석조 건축물에 걸맞았다.

　펠로스 다이닝룸이 어느 건물인지 안다면 그곳에 가는 것은 그리 어렵지 않다. 교수 계단이라고 적힌 오래된 나무 계단을 올라가기만 하면 된다. 일반인들을 위한 다른 쪽 계단은 학생 식당 같은 일반적인 공간과 이어졌다. 하지만 장애인에게는 올라가는 길이 하나밖에 없었다. 교수 계단 맨 밑 옆에 있는 느리고 삐걱거리는 엘리베이터였다. 수세기에 달하는 세월의 흔적이 묻어나는 엘리베이터의 나무 패널은 무척 우아했다. 하지만 엘리베이터 모터는 그리 우아하지 않았다. 나는 엘리베이터를 타면서 몇 번이나 공포에 질렸다. 내부는 스티븐의 휠체어가 겨우 들어갈 정도로 비좁아 우리는 휠체어를 엘리베이터 안으로 민 다음 버튼을 누르고 스티븐 혼자 먼저 올라가게 했다. 그런 다음 계단으로 올라가서 도착한 엘리베이터에서 휠체어를 꺼냈다. 나는 이 위험한 광경을 처음 보았을 때에 놀랐다. 엘리베이터가 멈추면 어쩌지? 하지만 스티븐은 아무렇지 않아 했다. 그에게는 이미 수백 번이나 해온 일이었다.

　식전에 우리는 화려하고 오래된 방에서 셰리 주를 마셨다. 식후에는 화려하고 오래된 또다른 방에서 포트와인을 홀짝였다. 이 방들은 스티븐이 대학원생 시절부터 술을 마시던 곳이었다. 물론 그때는 교수의 초대장이 있어야 했다. 두 방은 벽에 초상화들이 걸려 있었다. 나는 그중 하나를 자세히 살펴보았다. 1607년에 키스 학장을 지낸 윌리엄 브랜스웨이트의 그림이었다. 브랜스웨이트가 살던 시대에 키스 대학은 의학에 초점을 맞추었다. 하지만 아이러니하게도 심각한 병을 앓는 사람은 입학하지 못한다는 교칙이 있었다. 게다가 병자나 "기형이 있는 자, 농아, 팔다리가 불구인 자, 신체장애가 있는 자, 웨일스 출신"을 받아들이지 않았다. 스티븐은 웨일스 출신이라는 조건을 제외하고 모두 해당했다. 다행히 스티븐은 브랜스웨이트 시대에 태어나지 않았다. 빈속에 마신 셰리 주가 뇌로 퍼지고 있던 나로서는 키스가 취객의 출입을 금지하지 않는 사실이 다행이었다.

셰리 주와 포트와인을 마시는 중간에 우리는 또다른 화려한 방에서 저녁을 먹었다. 바로 펠로스 다이닝룸이었다. 길이는 매우 길고 폭은 좁은 독특한 구조였다. 높은 천장 위로 교차해 있는 크림색 들보에는 정교한 패턴의 그림이 다양한 색으로 그려져 있었다. 바깥에서 보면 창은 모두 천장 높이까지 뚫려 있었으며 창 사이에는 코린트 양식의 기둥이 서 있었다. 내부 벽 꼭대기에는 전사들이 전투를 벌이는 장면들의 조각이 띠를 이루고 있었다. 그리스와 아마존의 싸움인가? 확실히 알 수 없었다.

호두나무 재질의 식탁은 방 길이만큼이나 길었다. 의자는 64개였다. 식당에는 우리 10명뿐이었다. 중식당의 원형 식탁 하나면 충분할 인원이 커다란 방에 앉아 있고 나머지 54개의 의자는 비어 있으니 유령 마을에 초대된 손님이 된 기분이었다. 스티븐은 마치 집에 있는 듯 편안해 보였다. 누군가에게는 유령의 집 같은 곳이 누군가에게는 전통의 공간이었다.

식기는 우아했다. 음식은 너무 익혀서 나왔고 맛은 밋밋했다. 소고기 안심, 당근, 초록 콩, 감자 모두 영국 전통 음식이 지금의 오명을 얻게 된 전통적인 방식으로 조리되었다. 브랜스웨이트도 같은 음식을 먹었을 것이다. 서빙 역시 전통적이었다. 지나치게 친절했다. 크리스털 잔에 담긴 물을 한 모금만 마시면 목으로 넘기기도 전에 잔이 채워졌다. 우리 10명을 위해서 3명이 서 있었고 그중 둘만이 서빙을 했다.

집사라고 불리는 마른 중년의 남자는 여기저기 손짓만 할 뿐 꼼짝도 하지 않고 서 있었다. 그러면서 나머지 두 여자 직원에게 마치 꼭두각시를 다루듯이 지시를 내렸다. 손동작은 화려했지만 말은 한마디도 하지 않았다. 나는 가족과 저녁을 먹는 동안 어린 아들 알렉세이에게 빵을 건네달라고 한 적이 있었다. 그러자 알렉세이가 테이블 위로 빵을 던졌고 나는 멋지게 받았다. 나는 아들의 행동에 신경 쓰지 않았다. 그저 즐거웠다. 펠로스 다이닝룸의 저녁은 전혀 다른 분위기였다.

격식 있는 식사였지만 우리는 기분이 좋았다. 내가 살이 갑자기 많이 **빠졌을** 때, 의사는 내게 **칼로리는 생명**이라고 말하며 먹어야 살 수 있다고 충고했다. 스티븐에게 식사는 항상 그 이상이었다. 그는 고기가 퍽퍽해도 개의치 않았다. 간호인이 소스를 잔뜩 섞어 입에 넣어주었으므로 상관없었다. 하지만 스티븐은 고기에서뿐만 아니라 같이한 사람들에게서도 생명을 얻었다.

나는 스티븐 옆에 앉았다. 다른 옆쪽에는 주폴란드 영국 대사를 지냈다는 수다스러운 남자가 앉았다. 누구나 예상할 수 있듯이 그는 폴란드에서 엄청난 양의 보드카를 마셔야 했다. 폴란드인들은 상대방이 원하든 원하지 않든 무조건 잔을 채웠고 잔이 채워지면 마셔야 했다. 이제는 술을 많이 마시지 않는 그는 키스 대학 학장이었다. 윌리엄 브랜스웨이트 이후 거의 정확히 400년이 지나서 같은 직책에 있는 사람이 곁에 있다니 기분이 묘했다. 전 영국 대사이자 현 학장인 그는 쉴 새 없이 이야기했다. 그는 폴란드에서 공식적인 행사가 있으면 어떻게 보드카를 화분에 몰래 쏟아버리는지에 대해서 장광설을 늘어놓았다.

스티븐은 학장의 이야기를 재미있어하는 듯했다. 스티븐은 학생 시절 친구 로버트에게 술을 많이 마셔야 하는 격식 있는 케임브리지 연회를 다녀온 뒤에 다음날 숙취를 겪지 않으려면 식사 때는 술을 많이 마시더라도 식사가 끝나고 나오는 포트와인이나 코냑은 거절해야 한다고 일러주었다. 케임브리지에서는 누군가의 술잔을 채워주기 전에 더 따라드릴까요라고 묻는 의식이 있으므로 언제든지 거절할 수 있다. 바르샤바에서는 이 같은 의식이 없는 것이 분명했다. 스티븐은 학장의 말에 의견이 있는 듯했다. 그의 말에 끼어들고 싶은 듯도 했다. 하지만 그는 질긴 고기를 부지런히 씹느라 그럴 틈이 없었다.

우리의 보드카 대화는 케임브리지의 전통적인 학문적 기준에는 걸맞지 않았지만, 21세기 초의 윌리엄 브랜스웨이트의 길과 나의 길이 한 지점에서 만났다는 사실에 나는 전율했다. 키스 학장이라는 지위 때문인지 그가 400년 동안 이곳에서 계속 저녁을 먹었을 것만 같았다.

나는 그곳에 있다는 사실만으로도 케임브리지 역사의 한 부분이 된 것 같은 느낌을 받았지만, 여러 발견을 이룬 스티븐은 스스로 케임브리지의 역사에 이바지해왔고 그 사실에 자부심을 느꼈을 것이다. 키스에서 나는 다른 행성에 와 있는 듯한 기분이었지만, 스티븐은 평온하고 편안해 보였으며 행복해했다. 케임브리지는 그가 휠체어에 앉기 전인 대학원생 때부터 생활하고 연구해온 곳이었다. 스티븐은 항상 케임브리지를 사랑했고 케임브리지 동료 물리학자들도 그를 사랑했다. 스티븐은 칼텍이나 다른 최고의 대학으로 옮겨서 더 나은 보수를 받을 수도 있었지만, 자신의 집인 케임브리지에 남았다. 우리가 펠로스 다이닝룸에 올 때까지만 해도 여전히 충격에서 헤어나오지 못한 그의 얼굴은 창백했었다. 하지만 수많은 초상화와 전통이 존재하는 이곳에 온 이후 그는 안정을 되찾은 듯 보였다.

우리는 포트와인과 치즈가 나오는 방으로 옮겼고 스티븐은 포트와인을 몇 모금만 마셨다. 저녁을 먹는 동안에는 아무 말도 하지 않았지만 포트와인을 마시면서는 몇 마디 이야기했다. 그중 한번은 무엇인가를 타이핑한 뒤에 컴퓨터 목소리가 흘러나오게 하면서 미소를 지었다. "난 다신 결혼 안 할 거예요."

"이혼은 항상 상대방의 탓이죠." 내가 말했다. 그가 다시 한번 웃었다.

스티븐은 일레인과 사랑에 빠졌을 때 자신이 느끼는 삶의 기쁨이 일레인에게 투영되어 있다는 사실을 알았다. 무엇을 하든, 어디를 가든 일레인이 함께한다는 사실에 기뻐했고 일레인도 마찬가지였다. 그들의 애정이 불타오르는 동안 스티븐의 영혼은 움직일 수 없는 몸에 갇혔어도 사랑으로 날아오를 수 있었다.

이제 스티븐은 홀로 미래를 맞아야 했다. 그가 다행히 오래 살아서 나이가 들어가더라도 일레인 없이 늙어가야 했다. 하지만 전통과 역사의 공간에서 웅장한 식탁에 앉은 스티븐은 평온해 보였다. 종교를 믿는 사람이 자신의 운명은 신의 손에 달려 있다는 믿음에서 위안을 얻듯이, 스티븐은 위대한 설계에서 자신이 차지하는 자리와 인류가 자연의 계획과 우주 전체에서 차지하는 자리를 이해하면서 위안을 얻는 듯했다. 펠로스 다이닝룸에서도 그는 케임브리지의 유구하고 우아한 전통에서 자신의 자리를 발견하면서 안식을 얻었다. 전통은 그에게 통찰을 주었다. 그는 일레인을 보내주어야 한다는 사실을 받아들인 듯했다. 일레인과 함께한 삶이 지나갔다는 사실처럼 머지않은 미래에 자신의 삶 역시 지나갈 것이고, 세상을 떠난 다른 학자들처럼 그 역시 불멸의 발견과 벽에 걸린 초상화로 기억되리라는 사실을 알았다.

스티븐 호킹

***

2004년 블랙홀 정보 역설 내기의 문제를 풀었다고 생각한 스티븐은 제17회 국제 일반상대성-중력학회에서 답을 발표하기로 했다. 결론에 이르기까지 7년이 걸렸지만 승리를 선언할 계획은 아니었다. 패배를 인정할 계획이었다. 그는 또다시 자신이 틀렸다고 밝히며 입장을 뒤집으려고 했다.

학회는 로열 더블린 소사이어티의 웅장한 강당에서 열렸다. 1962년에 파인먼의 조롱을 산 바르샤바 학회와 비슷한 모임이었다. 다만 42년이 지난 지금 열린 일반상대성-중력학회는 "얼간이들"의 모임이 아니라 누구보다도 똑똑한 사람들의 모임이었다. 변화의 큰 계기는 1960년대와 1970년대에 이루어진 스티븐의 연구였다.

스티븐이 일반상대성과 중력 분야의 토대를 닦았지만, 어느 블로거가 썼듯이 청중이 스티븐의 발표에 관해서 품은 궁금증은 "회의적인 호기심"에 가까웠다. 이제까지 이룬 업적 덕분에 사람들은 그가 젊은 시절 호킹 복사의 발견을 발표했을 때처럼 피라냐 떼같이 달려들지는 않을 것이었다. 하지만 한 참석자가 말했듯이, "호킹이 수십 년 동안 여러 각도에서 공격당해온 문제에 새로운 빛을 한순간에 비출 것"이라고 믿는 물리학자는 아무도 없었다. 그 이유 중의 하나는 "호킹이 최고의 업적을 이루고 거의 30년이 지난 뒤"였기 때문이다.

한편 언론의 태도는 달랐다. 수많은 기자들이 학회 출입증을 받

10 *

으려고 신청하는 바람에 이전에 열린 학회에 초대받았던 기자들도 선착순으로 미리 신청하지 않으면 참석할 수 없는 일까지 벌어지기도 했다. 게다가 주최 측은 행사를 방해할 사람들을 막기 위해서 보안회사에 1만 달러에 달하는 비용을 지급했다.

스티븐의 연구는 항상 이론물리학자도 이해하기 힘들 만큼 복잡하고 전문적이었다. 칼텍에서 머리 겔만과 연구하며 박사 학위를 받은 나의 동료 토드 브룬은 존 프레스킬에게 중력에 관한 심화 수업을 들었다. 네 학기로 이루어진 과정에서 첫 두 학기는 일반상대성을 공부했다. 그러면 학생들은 일반상대성이라는 방대한 주제의 기본은 이해할 수 있게 되었다. 세 번째 학기 동안에는 오직 호킹 복사만 공부했다. 단 하나의 방정식도 적을 수 없는 스티븐이 대학원 과정에서 한 학기 내내 배워야 이해할 수 있는 이론을 세웠다는 사실은 호킹 복사만큼이나 놀랍다.

블랙홀의 정보 상실에 관한 스티븐의 접근법은 블랙홀 복사에 관한 그의 초기 연구만큼이나 복잡하고 독창적이었다. 물리학자들은 이른바 산란 실험의 결과를 분석하여 소립자의 특성을 파악하고는 한다. 산란 실험은 두 개의 입자나 입자 줄기를 서로 충돌시키는 실험이다. 충돌 이후 일어나는 상호작용은 구체적으로 기술하기 힘들 만큼 몹시 복잡하다. 하지만 다행히 입자나 입자 줄기가 시작점에서부터 충돌 지점으로 발사된 경로를 추적한 다음 격동적인 충돌이 끝난 뒤에 발견되는 부산물을 관찰하기만 하면, 소립자 이론을 시험할 수 있다. 이 같은 분석은 소립자 물리학자들이 일상적으로 수행하는 과정이다. 스티븐은 박사 과정 동안에 펜로즈의 빅뱅 분석법을 블랙홀에 응용한 것처럼 산란 실험 분석법 역시 블랙홀 연구에 접목했다.

스티븐은 정보 상실 문제를 풀기 위해서 여러 입자들을 특정 방식으로 서로 충돌시켜서 물질과 에너지 밀도가 블랙홀을 형성할 만큼 높아지는 상황을 가정했다. 그런 다음 모든 입자 상호작용이 끝나면 이론에 따라서 어떤 일이 일어날지 살펴보았다. 그는 더블린 학회에서 다음과 같이 밝혔다. "무한대에서[매우 먼 곳에서] 입자와 복사를 보낸 뒤에 무한대로 무엇이 돌아오는지 측정하면, 그 중간 [복잡한 상호작용이 일어난 곳]에서는 강한 장 영역을 결코 찾을 수 없습니다."

개념은 단순하지만 분석은 복잡하다. 스티븐은 파인먼의 역사 합 방법론으로 이것을 분석했다. 앞에서 설명했듯이, 역사의 합에서는 측정 결과에 이르는 과정이 일어날 수 있는 무한한 방법의 기여도, 다시 말해서 관측된 입자 계의 가능한 모든 "역사"를 합해야 한다. 스티븐은 자신이 고려한 충돌 과정들의 가능한 모든 변화를 추적하면 그중 아주 많은 수의 역사에서 블랙홀 형성이 일어나지만 몇몇 역사에서는 블랙홀이 생성되지 않는다고 설명했다. 그는 이 사실에서 놀라운 깨달음을 얻었다고 말했다. "저는 이 같은 가능성이 정보를 보존한다는 사실을 밝히고자 합니다."

블랙홀이 생성되지 않는 역사에서는 당연히 블랙홀의 정보 손실이 없으며, 스티븐의 강연 대부분은 역사의 합에 해당하는 역사를 모두 합하면 블랙홀이 없는 역사가 포함되므로 정보가 복구된다는 주장에 초점을 맞추었다. 다시 말해서 블랙홀이 형성되지 않는 역사를 통해서 정보가 다시 새어나간다. 하지만 논리는 이해하기 쉬워도 계산은 끔찍하리만큼 복잡하다. 스티븐이 결론에 이르는 데에 적용한 계산은 수수께끼 같았다. 무엇보다도 그가 계산에 사용한 몇 가지 근사법은 지나치게 단순화한 것이었다. 스티븐은 구체적인 내용을 설명하는 논문을 곧 발표하겠다고 약속했다.

설명을 마치고 스티븐은 자신이 내기에 졌다고 선언했다. 정보 손실은 없다고 한 자신의 주장이 틀렸으며 단일성은 유효하므로 양자론 역시 유효하다고 말했다. 그러고는 내기에서 이긴 존 프레스킬에게 "언제든 정보를 얻을 수 있는" 백과사전을 축하 경품으로 선물했다.

스티븐과 함께 정보가 손실된다는 쪽에 내기를 걸었던 킵은 설명이 끝난 후에 스티븐의 주장에 반박하며 패배를 인정하지 않았다. "얼핏 매력적인 주장처럼 보이긴 합니다." 킵이 말했다. "하지만 구체적인 내용을 이해하기 힘들군요."

존 프레스킬은 스티븐의 패배 선언과 백과사전을 받아들였지만, 그 역시 스티븐의 주장을 인정하지는 않으며 "솔직히 무슨 이야기인지 모르겠습니다"라고 말했다. 프레스킬 역시 더 구체적인 내용이 필요하다고 말했다.

킵과 프레스킬의 반응은 청중 대부분의 반응과 같았다. 스티븐에게 동의하는 사람들과 반대하는 사람들 모두 구체적인 내용을 기다렸다. 과거의 스티븐이라면 구체적인 내용을 제시할 수 있었겠지만, 삶에서 스스로에게 엄밀할 수 있는 시간이 얼마 남지 않은 스티븐에게는 무리였다. 그는 학회 전에 아이디어를 세운 다음 대학원생에게 자신의 감독하에 온갖 난해한 계산을 수행하도록 했다. 안타깝게도 대학원생은 임무를 완수하지 못했다. 킵에 따르면 그 대학원생은 "지독하게 강인한 학생"이 아니었다.

스티븐은 계산이 곧 끝날 것이라는 생각에 더블린 학회에 연사로 서기로 한 것이었다. 하지만 계산은 결국 마무리되지 못했다. 자신의 답을 확신한 스티븐은 지구에서 얼마 남지 않은 삶을 계산에 바치려고 하지 않았다. 더블린에서 발표한 모호한 설명과 학회 팸플릿에 실린 글이 스티븐이 내기에 관해서 생전에 한 이야기의 전부였다.

스티븐의 강연과 패배 인정은 전 세계 신문의 1면을 장식했지만, 이는 알맹이 없는 언론의 쇼일 뿐이었다. 스티븐이 더블린에서 강연을 했을 당시 그를 비롯해서 어느 누구도 증명을 하지는 못했지만, 이미 거의 모든 물리학자들은 정보가 손실되지 않는다고 믿었었다. 그리고 정보가 손실된다고 믿는 물리학자들 가운데 어느 누구도 스티븐의 이야기를 듣고 마음을 바꾸지 않았다.

나는 평판의 힘이 얼마나 강한지를 목격하며 놀라움을 금치 못했다. 스티븐이 세상에 알려지기 전에는 낯선 이들이 그의 외모만을 보고 그를 신체적, 정신적 결함이 있는 사람으로 취급하며 고개를 돌렸다. 하지만 현대판 아인슈타인이 되자, 언론은 그가 무엇을 말하든 열광했다. 더블린에서 강연한 사람이 스티븐보다 유명하지 않은 사람이었다면, 물리학자들만이 서로 생각을 주고받았을 뿐 신문에는 결코 실리지 않았을 것이다. 스티븐이었기 때문에 미디어 서커스가 가능했다.

스티븐에게 입장 번복은 중대한 사건일 뿐만 아니라 즐거운 일이었다. 자신이 틀렸다고 인정하는 것은 대부분의 사람에게 샴페인을 터트릴 사건이 아니지만, 마침내 호킹 복사를 이해하게 된 젤도비치처럼 스티븐의 궁극적인 관심은 항상 진실이었다. 그는 전에 깨닫지 못한, 물리학에서 매우 중요한 무엇인가를 이해하게 되었을 때에 희열에 젖었다.

더블린 학회 이후 15년이 지나고 호킹 복사가 발견된 지 40여 년이 지난 지금 정보의 손실 주장을 지지하는 물리학자의 수는 더욱 줄었다. 거의 모든 물리학자가 스티븐이 말했듯이, "우리가 블랙홀로 뛰어들면 우리의 질량 에너지는 우리가 어떠했는지에 관한 정보를 담아 다시 우주로 돌아온다"고 믿는다.

그러나 정보가 상실되지 **않는**다고 믿더라도 실제로 어떤 일이 일어나는지는 아직 명확하게 설명할 수 없다. 스티븐이 제시한 시나리오를 비롯해서 수많은 이론들이 발표되었지만, 물리학자들은 이 모든 이론들을 개별 이론으로 다루지 않고 각각이 담은 변수에 따라서 한 가지 이론의 서로 다른 **범주**로 분류한다. 스티븐도 번복한 입장을 유지했지만 자신이 처음에 주장한 버전을 고집하지는 않았다. 그는 정보가 상실되지 않는다는 결론에 이를 수 있는 또다른

근거들을 계속 고민했다. 그가 죽는 날까지 틈날 때마다 연구한 정
보 상실 문제는 2018년 그의 사후에 발표된 마지막 물리학 논문의
주제가 되었다.*

---

* 헤코 S., 호킹 S. W., 페리 M. J. 등. "블랙홀 엔트로피와 부드러운 털",「고에너지
  물리학 저널(*Journal of High Energy Physics*)」(2018) 2018 : 98.

11

2010년 봄이었다. 우리가 『위대한 설계』를 기획한 후로는 5년, 집필을 시작한 후로는 4년이 지났다. 나는 지난 몇 년 동안 수없이 그런 것처럼 그리고 지난 일주일 동안 매일 그런 것처럼 댐트의 계단을 올라 스티븐의 방 앞에 섰다. 하지만 한 가지 다른 점이 있었다. 그날은 우리가 책을 끝내기로 한 날이었다.

우리가 마감을 계속 미루자 밴텀 경영진의 인내력은 바닥을 드러냈다. 그들은 우리와 상의하지도 않고 출간 일정을 정한 뒤에 자신들의 카탈로그에 올렸다. 나의 아들 니콜라이가 엄마 배 속에 있을 때와 같았다. 니콜라이는 자궁이 무척 편했는지 예정일이 한참 지나서도 나올 생각을 하지 않았다. 더 이상은 안 되겠다고 판단한 의사는 제왕절개 수술 날짜를 잡아 니콜라이를 끌어냈다. 밴텀도 우리에게 같은 수법을 썼다. 우리는 1년 반 안에 책을 마치겠다고 약속했지만 4년이 지나버렸으니, 이제는 끝어낼 때였다.

나는 밴텀의 입장을 이해할 수 있었다. 우리의 원고가 태어났다면 이미 유치원생이 될 나이였다. 인간은 생명의 기적으로 성장하지만, 책에는 그런 마법이 일어나지 않는다. 우리의 원고는 이제 산달을 넘긴 것이 아닐까? 완전히 성장한 것이 아닐까? 완벽주의자라는 핀잔을 자주 받는 나조차도 그렇다고 생각했다. 하지만 스티븐은 여전히 원고를 뜯어고치고 있었다. 그는 나보다 더 지독한 완벽주의자였다. 밴텀은 출간일과 출간 행사를 계획했고 마케팅과 홍보 활동 일정도 잡았다. 영업 직원들은 책을 홍보했고 서점들은 주문을 넣었다. 돌이킬 수 없는 상황이었다. 밴텀은 이번에야말로 원고를 넘기지 않으면 큰일이 날 것이라고 경고한 셈이었다.

어떤 큰일일지는 알 수 없었다. 우리는 마무리 단계이기는 했지만 스티븐은 마감에 전혀 신경 쓰지 않는 듯했다. 그는 "큰일이 날 것"이라는 세상의 경고에 무심했다. 그런 경고를 의사, 자신의 몸, 아내들로부터 수없이 받았다. 스티븐이 일레인과 헤어지고 얼마 지나지 않아 언론은 런던의 유명 나이트클럽인 타이거타이거에서 폭탄이 터질 수 있다고 경고했다. 몸이 갈가리 찢기고 싶지 않은 사람들은 나이트클럽의 주변에도 가지 않았다. 하지만 스티븐은 그곳을 찾아 바에 있는 한 여성에게 말을 걸었다. 아무리 무시무시한 경고에도 그는 주눅 들지 않았다. 그러므로 그가 책을 완성하는 데에 10년이 걸려도 상관없다고 말했을 때, 나는 그의 말을 곧이곧대로 믿었다. 그 말을 떠올릴 때마다 나는 눈앞이 캄캄해졌다.

스티븐의 방문이 닫혀 있어 나는 주디스의 방으로 들어갔다.

"레오나르드!" 주디스가 소리쳤다. "오늘 정말 중요한 날이죠!"

스티븐 호킹

그녀는 나의 반응을 보더니 내가 별 기대는 하고 있지 않다는 사실을 눈치챘다.

"기운 내요. 이제 다 왔잖아요! 할 수 있어요. 끝이 눈앞이에요."

"오늘만큼은 사람들을 막아줄 수 있어요? 들여보내지 말아줘요."

"요새를 철저하게 지키죠!" 주디스가 말했다. "하지만 아시잖아요. 박사님이 누굴 부르면 저도 어쩔 수 없는걸요."

"그래도 다 방법이 있잖아요." 내가 말했다.

주디스는 내 말에 좋아했다. 자기만의 방법이 있다는 사실을 자랑스러워했다.

몇 분 뒤에 간호인 캐시가 스티븐의 방문을 열었다. "이제 들어오셔도 돼요." 그녀가 말했다.

내가 스티븐에게 그의 최신 연구에 관한 또다른 책을 쓰자고 처음 제안했을 때에 내가 염두에 둔 이론은 그가 2003년에 세운 역행적(top-down) 우주론이었다.* 『위대한 설계』에서 우리는 몇 장에 걸쳐서 토대를 닦은 다음 제6장 "우리의 우주를 선택하기"에서 역행적 우주론의 핵심을 설명했다. 책에서 가장 어려운 장이었다. 우리의 계획대로 뒤에 두 장이 더 있었지만, 마지막이어야 할 날 아침까지 우리가 손을 본 부분은 제6장이었다.

역행적 우주론은 무경계 가설에 관한 스티븐의 1980년대 연구의 연장선이었다. 역행적 우주론과 무경계 가설의 목표는 모두 양자론

---

* 스티븐 호킹. "역행적 우주론," 데이비스 우주 인플레이션 회의, 2003년 3월 22-25일.

의 관점에서 우주의 진화를 설명하는 것이었다. 두 이론 모두 정보 상실 문제에 관한 스티븐의 연구와 마찬가지로 파인먼의 역사 합을 바탕으로 양자론 예측을 계산했다.

앞에서 언급했듯이, 역사 합은 "역사"라는 용어가 공간에서의 입자 경로를 일컫는 소립자 물리학에 주로 적용된다.* 역행적 우주론에서는 무경계 가설에서처럼 우주 전체가 입자 역할을 한다. 그 결과 입자의 가능한 모든 경로를 고려하는 기존의 계산과 달리 스티븐의 계산 방식에서는 우주의 가능한 모든 역사를 고려해야 했다. 다시 말해서 우주가 어떤 속성을 지니는 확률을 계산하려면 우주가 변해온 모든 가능성의 기여도를 합해야 했다. 이는 파인먼의 구상과 전혀 다른 독특한 접근법이었다.

계산만 가능하다면 원칙적으로 파인먼의 방법론은 우주의 모든 관측을 설명할 수 있다. 하지만 보통은 계산이 어렵다. 스티븐은 상황을 다루기 쉽게 만들기 위해서 우주의 거시 구조만을 고려한 매우 단순화한 우주 모형을 상정했다. 스티븐이 지구나 우주의 다른 어느 곳에 있는 개별 원자나 분자가 아닌 우주의 거시 속성을 예측하는 데에만 관심이 있다는 사실을 떠올리면, 이는 합리적인 전략이었다.

역행적 접근법이 독특한 까닭은 일반적인 우주론에서 물리학자들은 우주의 어느 시작점을 상정한 다음 우주가 시작점에서부터 어

---

* 엄밀히 말해서 양자장 이론에서는 합이 장의 모든 배치보다 크다.

스티븐 호킹

떻게 변하는지를 계산하기 때문이다. 스티븐은 이를 "순행적(bottom-up) 접근법"이라고 불렀다. 그가 순행적 접근법을 좋아하지 않은 이유는 무경계 가설에 관한 그의 기존 연구에서 우주에는 하나의 분명한 기원이 없다고 결론을 내렸기 때문이다.

이 결론은 사물들이 일반적으로 확정적인 속성이 아닌 확률적인 속성을 지니는 양자론의 가장 유명하면서도 기묘한 측면을 반영했다. 예를 들면 당신이 양자 입자라면 "0의 시간"이라는 특정 시점에서 당신이 아래층 주방에 있을 확률은 50퍼센트이고 위층 욕실에 있을 확률도 50퍼센트일 수 있다. 물리학자들은 당신의 "초기 조건"은 주방이나 욕실이 아니라 두 상태의 "중첩(superposition)"이라고 말한다. 양자론 수학에 따르면, 당신이 이후 어느 시점에 집의 다른 곳에 있을 확률은 이처럼 처음에 중첩을 이룬 두 상태에 영향을 받는다. 마찬가지로 스티븐은 양자 우주의 초기 상태는 서로 다른 확률들의 중첩이며 우리의 현재를 이해하기 위해서는 그 모든 확률을 고려해야 한다고 주장했다. 그에게 순행적 접근법은 불가능했다.

스티븐은 우주의 모든 가능한 기원을 아우르려면 파인먼의 방식을 응용해야 한다고 주장했다. 다시 말해서 파인먼의 합에 포함되는 역사들은 현재 우주 상태에만 의존한다. 스티븐이 즐겨 말했듯이 과거가 현재를 결정하는 것이 아니라 현재가 과거를 결정한다. 그렇기 때문에 스티븐은 자신의 분석법을 "순행적"이 아닌 "역행적"으로 불렀다.

그러나 모형을 단순화했음에도 불구하고 스티븐은 자신의 분석

11 ✳

에서 비롯된 방정식들을 풀 수 없었다. 그러나 해결책이 지닐 몇 가지 특성을 찾아내고 자신의 모형이 내포한 의미를 추출할 수는 있었다. 그는 자신의 발견에 매료되었다. 그의 견해가 옳다면 이는 무한한 수의 우주, 다시 말해서 다중우주가 무에서 자발적으로 나타나고 그 미래는 서로 다르다는 의미이다. 이 같은 우주의 집합은 파인먼 이론에서 나타나는 입자의 서로 다른 경로들과 비슷하다. 어떤 우주에서 관찰되는 자연법칙은 그 우주의 역사에 따라서 달라진다. 양성자 무게가 벽돌과 비슷하거나 중력이 너무나 강해서 일반적인 항성이 1년 만에 전부 타버리는 온갖 기이한 자연법칙이 작용하는 우주들도 존재할 것이다.

스티븐 이론의 수학에 따르면 우주 대부분은 초기 단계에서 팽창하지만 팽창은 짧은 기간 동안만 지속된다. 이후 우주들은 처음과 마찬가지로 뜨겁고 조밀한 공 형태로 수축한다. 이 같은 우주들에서는 은하와 행성이 형성될 시간이 없다. 하지만 적절한 자연법칙이 존재하는 몇몇 우주는 수축하지 않을 만큼 충분히 팽창이 일어난다.

우주들 가운데 일부는 생명을 탄생시킬 수 있고 생명을 탄생시킬 수 있는 우주 가운데 몇 곳에서는 실제로 생명이 탄생한다. 이 같은 우주들에서 출연한 생명체들이 자연법칙을 해독할 만큼 지적 능력이 뛰어나다면 자신들의 자연법칙이 생명을 존재하게 하는 무척 특별한 형태라는 사실을 알 것이다. 우리는 그런 특별한 우주에 존재하는 특별한 생명체이다. 이 사실이 우리가 『위대한 설계』에서 이야기한 핵심이다.

빅뱅 특이점, 블랙홀 물리학 법칙, (정보 상실 문제를 불러일으키는) 블랙홀 증발의 발견을 이어온 호킹의 마지막 위대한 노력은 무경계 가설과 역행적 우주론의 규명이었다. 두 이론은 그의 이론 중에서 가장 영향력이 약한 이론이기도 했다. 물리학의 최전선에서 이루어지는 여느 연구와 마찬가지로 몇몇 동료들은 스티븐의 주장에 회의적이었다. 그의 수학적 근사법을 의심하는 동료들도 있었다. 이론을 이해하지 못하는 경우도 많았다. 아니면 그저 다른 이론들이 더 설득력 있다고 생각했다.

현재까지 무경계 가설과 하향식 우주론의 결론은 나오지 않았다. 스티븐은 우주 배경 복사의 분석이 증거를 제시할 것이라고 주장했지만, 스티븐이 제안한 분석에 필요한 기술은 아직 존재하지 않는다. 그러므로 현대 우주론의 이론 대부분처럼 무경계 가설과 하향식 우주론은 수학적으로는 흥미롭지만 입증하기가 어려운 이론들이다.

＊＊＊

보통 스티븐은 오전 늦게 사무실로 나와서 몇몇 이메일에 답장을 쓰고 arXiv.org 웹사이트에 게시된 흥미로운 글들을 읽는다. arXiv에는 다양한 물리학, 천문학, 수학 논문이 올라온다. 이 세 분야의 과학자들은 보통 자신들의 연구 결과를 학술지에 제출하는 동시에

arXiv에도 올린다. arXiv에 올리고 몇 달이 지나서야 학술지에 게재되는 경우도 있으므로 arXiv는 일종의 예고편이다. 그러나 arXiv에 실린 논문은 편집되지 않고 필터링도 피상적으로만 이루어진다. 글을 읽다가 수정해야 할 부분을 이따금 발견할 수 있다. 심지어 학술지에 게재된다는 보장도 없다. arXiv는 100퍼센트 신뢰할 수 없지만 스티븐은 거의 매일 확인했다.

그러나 스티븐은 마지막 날이어야 할 그날만큼은 점심 전의 여유를 포기하고 평소보다 일찍 작업을 시작했다. 정오가 다가오자 나는 제6장에 대한 논의를 한 시간 반 동안의 점심시간이 시작되기 전에 끝내려는 마음에 조바심이 났다. 점심 후에는 다른 문제들로 넘어가고 싶었다. 그렇지 않으면 "우리의 우주를 선택하기"는 우리 오후의 우주를 집어삼킬 것만 같았다.

그날은 금요일이었고 우리의 공식적인 마감 기한은 케임브리지 시각으로 오후 8시였다. 뉴욕 시각으로는 오후 3시였다. 이른 시간이 아니어서 다행이기는 했지만 오후 3시로 정한 것은 이상했다. 나는 옛날 영화에서나 볼 수 있는 과거 보도국을 상상하면서 수많은 밴텀 직원들이 최후의 순간까지 우리가 원고를 마치기를 기다리며 "인쇄를 미루다가" 마침내 100만 부를 인쇄한 다음 가판대로 달려가 책을 진열하는 모습을 그려보았다. 실제로는 그렇지 않았지만 그럴 것만 같았다.

우리를 담당하는 편집자 베스 래쉬밤은 마지막 회의에서 파인먼에 대한 간략한 소개를 추가해달라고 부탁했다. 베스는 피터 거자디처럼 비(非)과학자의 시선으로 우리에게 소중한 조언을 해주었다. 나와 스티븐 모두 파인먼과 친분이 있었고 그가 책에서 중요한 부분을 차지했으므로, 베스는 파인먼이 처음 등장할 때에 그가 어떤 사람인지를 어느 정도 설명해야 한다고 생각했다. 나는 스티븐에게 파인먼이 여러 물리학 분야에 미친 깊고 광범위한 영향을 소개하자고 제안했다. 파인먼은 자신과 동료 학자들을 매료시킨 물리학의 최전선 분야뿐만 아니라 물리학 자체를 사랑했다.

스티븐은 동의하지 않는다는 표정을 지은 뒤에 파인먼의 소개를 타이핑하기 시작했다. "이렇게 소개하죠. 칼텍 근처 선술집에서 봉고 연주를 즐긴 다채로운 성격의 인물." 자신이 입력한 단어를 컴퓨터가 읽는 동안 스티븐은 미소를 지었다.

나는 스티븐이 파인먼의 성격을 탁월하게 표현했을 뿐만 아니라 그것도 고작 몇 개의 단어로 해냈다는 사실을 인정해야 했다. 독특하지만 간결하면서도 사랑스럽고 진실을 담았다. 역시 스티븐이었다. 그의 묘사는 한 편의 짧은 시 같기도 했다.

칼텍 근처 선술집에서
봉고 연주를 즐긴
다채로운 성격의 인물

책에는 파인먼의 물리학 접근법에 대한 정보가 많이 나오고 대부분은 비과학자에게 무척 난해하므로 어려운 내용이 나오기 전에 그의 독특한 성격을 묘사하여 독자들을 무장 해제시키는 것이 좋지 않을까? "좋네요." 내가 말했다. "그렇게 하죠." 스티븐의 문장은 약간의 편집을 거쳐서 책에 실렸다.

그때 30대 후반의 키가 크고 체격이 좋은 여성 한 명이 들어왔다. 전직 간호인 다이애나였다. 그날 주디스의 방어벽을 뚫은 유일한 인물이었다. 다이애나의 손에는 그가 이제까지 스티븐에게 읽어주던 찰스 디킨스의 『두 도시 이야기(*A Tale of Two Cities*)』가 들려 있었다. 최고의 시간과 최악의 시간이 거의 항상 공존한 스티븐에게 어울리는 책이었다. 스티븐은 언제나 책을 사랑했다. 어릴 적부터 집 안에 어디에나 책이 흩어져 있었고 곳곳에 있는 책장에는 책이 두 겹으로 가득 꽂혀 있었다. 친구들이 저녁을 먹으러 오면 스티븐의 부모는 식사 동안 식탁에 앉아 책을 읽었다. 지금 스티븐도 부모님처럼 하려고 했다. "괜찮으시다면 스티븐 박사님이 점심을 드시는 동안 제가 책을 읽어드리려고요." 다이애나가 말했다. 친절하게 물었지만 사실 나의 대답은 중요하지 않았다. 스티븐의 표정은 다이애나의 침입을 반기고 있었다. 어차피 스티븐이 무엇인가를 먹는 동안에는 이야기를 나누기가 어려우므로 나 역시 상관없었다.

다이애나는 스티븐에게 자주 책을 읽어주었는데 한 번에 몇 시간 동안 읽어주기도 했다. 스티븐은 특히 고전을 좋아했다. 몇 년 뒤에 건강이 악화되었을 때, 그가 다음 책으로 무슨 책을 읽을지 고민하자, 누군가가 조금 짧은 책을 읽으라고 그에게 권했다. 그래서 고른 책이 『전쟁과 평화(*Voina i mir*)』였다.

스티븐 호킹

다이애나가 왔으니 점심시간을 조금 늦출 수 있으리라는 희망은 날아가버렸다. 캐시가 스티븐이 앉은 휠체어를 책상 앞에서 끌어냈고 우리 넷은 방에서 나와 로비를 지나서 카페테리아가 있는 옆 건물로 이어지는 다리를 건넜다. 건물로 들어서기 전에 캐시가 다이애나를 쳐다보았다. 처음에 나는 영문을 몰랐지만 이내 상황을 이해했다. 다이애나가 스티븐의 휠체어를 넘겨받고는 카페테리아 안으로 들어갔다. 캐시는 들어가지 않고 가방에서 담뱃갑을 꺼냈다.

나 역시 들어가지 않고 캐시에게 담배 한 개비를 얻었다. 우리는 담배에 불을 붙였다. 옆에는 금연 팻말이 있었다. 야외에 금연 팻말이라니. 나는 속으로 '빌어먹을'이라고 외쳤다.

"난 담배를 아주 싫어해요." 내가 말했다.

"누가 아니겠어요?" 캐시가 맞받아치고는 힘껏 담배를 빨았다.

"아니, 진짜로요." 내가 말했다. "박사님과 지금 책을 쓰기 전에는 한 번도 피우지 않았어요."

"나도 어떤 일이 있기 전에는 한 번도 피우지 않았어요." 캐시가 말했다. 나는 무슨 뜻인지 몰라 쳐다보았다. 캐시는 한 모금 더 빨더니 어깨를 으쓱였다. "당신만 그런 게 아니에요." 그녀가 말했다. "박사님은 사람들을 그렇게 만들곤 하죠."

우리는 몇 분 동안 아무 말도 하지 않고 담배를 피웠다. 그러더니 캐시가 말했다. "이제 가서 다이애나를 구해줘야겠어요."

"다이애나를 구해줄 필요가 있을까요?" 내가 물었다.

"맞아요. 다이애나는 박사님과 단둘이 있어 좋을 거예요." 캐시가 말했다. "박사님과 단둘이 있는 경우는 거의 없으니까요. 어쨌든 박사님은 다이애나를 좋아하게 되었죠. 질투하는 간호인들도 있지만 난 아니에요. 박사님은 외로웠잖아요. 사람들은 박사님이 원하는 건 물리학이 전부라고 생각하지만 완전히 오해예요. 다이애나가 곁에 있게 돼서 다행이죠."

나도 같은 생각이었다. 스티븐은 일레인과 헤어진 후로는 전과 같지 않았다. 제인과 헤어진 것은 서로 점차 멀어졌기 때문이었다. 제인은 다른 누군가를 만났고 스티븐도 일레인을 만났다. 제인과 스티븐은 네 명의 관계를 유지하며 함께하려고 했지만, 한 쌍의 부부만을 허용하는 결혼 관계에서 그들의 마음은 각자 다른 사람에게 향해 있었다. 둘은 결합이 약해진 분자처럼 쪼개졌다. 일레인과의 이별은 달랐다. 스티븐은 다른 사람과의 만남 없이 일레인과 헤어졌다. 그는 어떤 결합도 이루지 못한 채 진공을 홀로 떠다니는 원자가 되었다.

여기저기 온통 물이지만 마실 물 한 방울 없네라는 말은 일레인이 떠난 후의 스티븐의 상황과 같았다. 언제나 간호인들이 함께했고 동료, 팬, 언론의 관심이 그를 둘러쌌지만 누구도 스티븐에게 필요한 친밀함은 채워주지 못했다. 가장 친한 친구인 킵과 로버트는 잉글랜드에 없었다. 우리는 친구에게 전화를 걸어 오랫동안 이야기를 나눌 수 있지만 스티븐은 그럴 수 없었다. 스티븐에게는 매일의 낮과 밤을 함께하며 삶을 공유하고 속마음을 털어놓을 사람이 없었다. 유명인일수록 누군가와 진정한 관계를 맺는 일이 무척 어렵지

스티븐 호킹

만, 스티븐은 더더욱 어려웠다. 스티븐은 가끔 일레인을 만났고 몇 번 휴가를 함께 보내기도 했다. 스티븐이 일레인에게 재결합 이야기를 꺼냈다는 소문이 돌았다. 하지만 얼마 지나지 않아 스티븐은 다이애나를 만났다.

일레인과 마찬가지로 다이애나도 간호인 중 한 명이었다. 이후 그녀는 다른 직업을 구했지만 월급이 많지 않아, 스티븐은 자신의 집 위층 가운데에 있는 침실을 그녀가 사용하도록 했다. 스티븐과 다이애나는 문학과 음악을 사랑했다. 그녀는 스티븐이 원하는 책이면 무엇이든 읽어주었고 피아노도 잘 쳤다. 스티븐은 다이애나에게 피아노를 사주었고 그녀는 길고 긴 연주로 그에게 보답했다.

우리가 카페테리아로 들어갔을 때, 다이애나와 스티븐은 음식이 진열된 곳 맞은편 끝에 있었다. 창이 많은 드넓은 카페테리아는 너비보다 길이가 훨씬 더 길었고, 높이도 높았다. 옆 벽부터 굽은 갈비뼈 모양의 천장은 가장 높은 가운데 높이가 6미터는 되어 보였다. 엔터프라이즈 우주선 같기도 하면서 로마 군함의 식당 같기도 했다. 나는 샌드위치를 집었다. 캐시는 스티븐이 먹을 음식을 꺼내고 있었고 다이애나는 책을 읽어주고 있었다.

스티븐의 자녀들은 다이애나를 받아들이지 않았다. 그녀는 스티븐보다 서른아홉 살이나 어렸고 조울증을 앓았다. 하지만 다이애나의 상태는 스티븐에게 문제가 되지 않는 듯했다. 어쩌면 스티븐은 정신적으로 불안한 여자들에게 익숙했는지도 모른다. 한번은 스티븐이 내게 일레인에 대해서 다음과 같이 말했다. "일레인은 불안정하죠. 하지만 내가 누군가를 도울 수 있잖아요. 난 성인이 되고 난 후부터는 도움을 받기만 했어요." 스티븐은 불안정한 여자들에게 끌렸을까? 확실히 알 수는 없었다. 다이애나는 지적이었고 다독가였다. 그리고 많은 것을 배울 수 있는 훌륭한 대화 상대였다. 하지만 그것은 그녀가 약을 먹었기 때문이었다.

　어떤 사람들은 다이애나가 스티븐의 돈을 노린다고 의심했다. 나는 스티븐이 연인에게 줄 수 있는 것이 돈밖에 없다고 생각하는 사람들을 볼 때마다 안타까웠다. 물론 그렇게 생각할 여러 이유들이 있었다. 스티븐을 향한 일레인의 사랑을 의심하는 것도 마찬가지였다. 스티븐의 신체적 조건은 결코 매력적일 수 없었다. 하지만 육체적 욕망은 사랑의 원인일 수도 있고 결과일 수도 있다. 다이애나와 스티븐의 관계는 후자였을 것이다. 이를 미심쩍어하는 사람들도 있었다. 움직이지도 못하고 말하지도 못하는 사람과 어떻게 사랑에 빠질 수 있을까? 그런 사랑이 어떻게 가능할까?

　나에게는 다이애나가 스티븐의 몸이 아닌 영혼에서 깊은 유대감을 느끼는 것처럼 보였다. "박사님은 세상에서 가장 풍부한 표정을 지녔어요." 한번은 다이애나가 내게 말했다. "박사님이 눈썹을 움직이거나 입술을 오므리면 무슨 생각인지 다 알 수 있어요. 내가 박사님과 어떻게 소통하는지 책 한 권으로도 쓸 수 있다니까요."

　나는 그렇게 말하던 다이애나의 목소리에서 애정을 느낄 수 있었다. 그녀는 나에게 자신의 몸과 스티븐의 몸을 바꾸고 싶다고도 말했다. 자신의 건강을 주고 그를 대신해서 자신이 꼼짝 못 했으면 좋겠다고 했다. 그 말을 하는 다이애나의 눈에는 눈물이 그렁해졌고 나는 그녀가 진심이라고 믿었다. 아니면 내가 바보였을지도 모른다. 수십 년 전에 파인먼이 바르샤바 학회에서 조롱한 중력 연구자들처럼 스티븐도 바보였을지도 모른다. 우주의 기원 같은 엉뚱한 무엇인가를 고민하거나 모든 것을 자신에게 헌신하려는 정신적으로 불안정한 이성과 만나려면 바보여야 할지도 모른다.

＊＊＊

점심을 먹고서 스티븐의 방으로 돌아온 뒤 우리의 작업 속도는 더뎌졌다. 스티븐이 여기저기에서 사소한 부분을 수정하면서 지루해지기도 했다. 스티븐은 책의 내부 삽화에서도 문제를 지적했다. 나는 "미래주의" 디지털 아티스트 피터 볼링거에게 삽화 작업을 맡겼다. 나와 스티븐 모두 피터의 솜씨에 만족했다. 하지만 스티븐은 지금에서야 색을 바꾸고 글자 크기를 변경하려고 했다.

내가 볼 때, 우리가 그날 한 수정들은 책에 큰 도움이 되지 않았으며 마찬가지로 해를 끼치지도 않는 것들이었다. 그저 변화였을 뿐이다. 대부분 나는 반박하지 않았고 별 의견도 없었다. 하지만 우리가 결승점에 "점근선 방식"으로 다가가고 있다는 사실에는 걱정이 일었다. 점근선은 무엇인가에 가까워지고 있지만 최소한 유한한 시간 동안에는 결코 도달하지 않는 상태를 일컫는 수학 용어이다. 매초 결승점까지 남은 거리의 절반만 움직인다면 이는 점근선으로 다가가는 것이다. 수학의 세계에서는 점근선이 아무런 문제가 되지 않는다. 하지만 비즈니스의 세계에서는 그렇지 않다.

그렇다고 내가 책이 완벽하다고 생각한 것은 아니었다. 책은 우리의 생각과 아이디어를 담은 것이므로 논란을 일으킬 여지가 있는 것은 당연했다. 더군다나 우리는 아직 완성되지 않은 이론에 관해서도 썼다. 따라서 책에는 스티븐조차 이해하지 못한 이론의 몇 가지 측면이 있다는 뜻이었다. 한번은 나는 UC 샌타바버라까지 차를 몰고 가서 스티븐과 역행적 우주론을 연구한 짐 하틀을 만났다. 짐은 역행적 우주론에 대해서 내게 개인 과외를 해주었고 나는 중요한 내용을 필기했다. 이후 케임브리지에 갔을 때 스티븐은 내가 적은 내용이 틀렸다고 말했다. 짐의 설명을 이해했다고 확신했던 나는 그렇지 않다고 맞받아쳤다. 나는 나의 논리를 스티븐에게 설명했지만 스티븐은 얼굴을 찌푸리더니 타이핑하기 시작했다. "짐의 말은 그때 생각이잖아요." 컴퓨터 목소리가 말했다. "이후 우리는 우리가 틀렸음을 깨달았어요."

점심을 먹고 나자 스티븐은 기운이 난 듯했고, 우리는 그가 차와 함께 비타민을 먹을 때, 으깬 바나나를 먹을 때, "소파에 있을 때"를 제외하고는 오후 내내 원고를 수정했다. 5시가 되었다. 나는 스티븐에게 시간을 알려주었다. 스티븐이 인상을 구겼다. 그는 시간 이야기를 하고 싶어하지 않았다. 6시가 되고 7시가 되었다. 우리는 오늘 그리고 다음 한 시간이 지난 4년과 다르지 않다는 듯이 느리고 점진적으로 작업했다.

7시 45분이 되자 나는 포기하고 일어서서 주디스의 방으로 갔다. 주디스는 스티븐의 재정 관련 서류를 검토하고 있는 듯했다. 그녀는 스티븐의 재산도 관리했다. 심지어 계약을 협의하고 투자도 관리했다. 그녀가 내게 조언을 구했기 때문에 알 수 있는 사실이었다.

주디스는 보고 있던 서류를 옆으로 밀고는 그 위에 조심스럽게 폴더를 놓아 내가 보지 못하도록 했다. 당연한 행동이었지만 별 소용이 없는 행동이기도 했다. 스티븐에게는 사생활이 거의 없었고 간호인들을 비롯해서 그의 곁에 있는 많은 사람들이 호기심이 왕성하고 말하기를 좋아했기 때문에 4년이 지나자 나는 내 재정 상태보다 스티븐의 재정 상태를 더 잘 알게 되었다. 나는 내가 파산만 하지 않으면 스티븐의 재산이든 내 재산이든 관심 밖이었다.

"레오나르드!" 주디스가 나를 반기며 말했다. 하지만 이내 나의 표정을 보고는 반응이 부적절했다는 사실을 깨달았다. "일이 잘 안 풀려요?" 그녀가 물었다.

"제대로 맞췄네요." 내가 답했다.

나의 얼굴은 그녀가 과거 피지에서 치료했다는 환자가 아버지의 이야기가 나올 때에 짓는 표정을 하고 있었을 것이다. 아버지의 목을 벤 그 환자 말이다.

"저런." 주디스가 말했다. "마감이 얼마나 중요한지 나도 잘 알아요. 오늘은 정말 끝낼 줄 알았는데."

그녀의 말을 듣고 달라진 나의 표정도 그리 낫지는 않았을 것이다. 나는 주디스에게 키스에서의 숙박 기간을 연장하고 돌아가는 비행기 표 날짜를 뒤로 미뤄달라고 부탁했다. 속으로 나는 계획한 대로 집에 돌아가지 않으면 모든 일정을 어떻게 다시 짜야 할지 고민했다. 밴텀의 반응도 염려되었다. 앞으로 다가올 대치 상황이 두려웠다. 나는 다음 날인 토요일 오후에 케임브리지를 떠날 예정이었다. 우리가 오늘 작업을 끝낼 수 있을 것이라고 생각했지만, 돌이켜보면 어떻게 그렇게 바보같이 낙관적이었는지 알 수 없었다. 나는 주디스에게 부탁한 뒤에 스티븐의 방으로 돌아왔다.

내가 들어가자 스티븐은 책의 또다른 삽화 문제를 지적했다. 끈이론/M-이론을 설명하는 세 컷짜리 사진이었다. 각각의 사진에서는 유리잔에 마치 미래에서 온 것 같은 분홍과 파랑이 섞인 음료가 있었고 그 안으로 빨대가 꽂혀 있었다. 왼쪽 사진은 잔을 가까이 비췄다. 가운데는 조금 떨어져서 비췄다. 오른쪽은 그보다 더 멀리 떨어져 있었다. 빨대를 멀리 떨어져서 보면 가까이 찍은 다른 두 사진과 달리 가운데가 빈 원통형이 아니라 직선처럼 보였다. 사진의 의도는 빨대 같은 고차원 물체를 멀리서 보면 직선 같은 1차원 물체로 보일 수 있다는 사실을 설명하는 것이었다.

스티븐은 사진에 문제가 있다고 여기는 듯했다. 나는 문제를 알아내기 위해서 스무고개를 하듯이 질문했지만 성공하지 못했다. 그는 내 말을 막고는 타이핑했다. 7시 59분이었다. 나는 내가 그 사진을 얼마나 좋아하는지를 떠올렸다. 그 사진은 단순한 방식으로 중요한 문제를 명쾌하게 설명했다. 무엇이 스티븐의 마음에 들지 않은 것인지 도통 짐작을 할 수 없었다. 마침내 그가 타이핑을 마쳤고 컴퓨터 목소리가 그의 불만을 말했다. "맨 오른쪽 사진에서 빨대가 너무 길잖아요."

나는 담배가 피우고 싶어졌다. 울고 싶어졌다. 나는 스티븐이 말하는 그림을 찾으려고 그의 책상을 훑었지만 어디에도 없었다. 그는 그림을 기억하고 있었다. 나는 내 가방에 있는 그림을 꺼내서 그가 말하는 부분을 확인했다. 스티븐의 말이 맞았다. 맨 오른쪽 사진을 굳이 유심히 보면 잔에 비해서 빨대가 너무 길다는 사실을 알 수 있었다. 나는 그 그림을 열 번도 넘게 보았지만 발견하지 못했다. 스티븐이 원망스러웠다. 도대체 왜 이러는 것일까? 어떻게 이런 사람이 있을 수 있지?

나는 마음을 가라앉히려고 애썼다. 그리고 길게 심호흡했다. 빨대에 관해서 피터에게 보낼 메모를 적었다. 그러고는 스티븐에게 말했다. "그렇네요. 다음은요?" 나는 목소리에 짜증이 스미지 않도록 애썼다. 스티븐이 얼굴을 찌푸렸다. 무엇 때문에 인상을 쓰지? 알 수 없었다. 스티븐이 타이핑했다.

"여덟 시예요." 그가 말했다. "이제 그만해야죠."

전혀 예상하지 못한 일이었다. 나는 무슨 말인가를 웅얼거렸다. 내가 무슨 말을 했는지는 모른다. 하지만 스티븐의 답은 기억한다.

"난 마감을 지켜야 해요." 그가 말했다. "그렇지 않으면 절대 못 끝내요."

그가 환하게 웃었다. 나는 그를 응시했다. 무슨 말을 해야 한다고 생각했지만 어떤 말도 할 수 없었다. 그가 계속 타이핑했다.

11 ✱

"훌륭한 책이에요." 그가 말했다. "나와 책을 써줘서 고마워요. 저녁 먹으러 갑시다."

＊ ＊ ＊

스티븐의 집에서 무엇인가가 끓고 있는지 아니면 조려지고 있는지 알 수 없었지만 어쨌든 음식은 아직 준비 중이었다. 간호인이 요리에 열중하는 동안 다이애나는 피아노 앞에 앉아 클래식 곡을 연주했고 스티븐이 옆에 앉아 그녀의 연주를 감상했다. 어떤 곡인지 알 수 없던 나는 와인 장으로 갔다. 그러고는 아직 열지 않은 코냑 한 병을 꺼냈다. 와인 장에 독주가 있었던 적은 거의 없었다. 스티븐은 독한 술을 좀처럼 마시지 않았다. 하지만 그날은 코냑이 있었다. 와인처럼 선물로 받은 것 같았다.

나는 스티븐에게 방해가 될 것 같아 묻지도 않고 코냑을 땄다. 주방에서 와인 잔 하나를 꺼낸 다음 코냑을 마실 때처럼 조금 따랐다. 하지만 이내 생각이 바뀌어 잔을 가득 채웠다. 와인 잔이니 와인처럼 따르면 뭐 어떤가? 스티븐에게 마시겠냐고 묻지 않았다. 내가 마시고 싶은 것을 알듯이, 그가 마시고 싶어하지 않는다는 것을 알았다. 나는 잔을 들고 의자를 끌어 피아노 옆에 있는 스티븐 곁으로 갔다.

다이애나는 영혼을 담아 연주했다. 그녀는 부드럽게 연주할 줄도 알았지만 격정적으로 연주할 줄도 알았다. 어떨 때는 분노를 표현하기도 했다. 분노해야 하는 부분에서는 말 그대로 건반을 마구 때렸다. 어느 한 부분에서 건반을 잘못 눌렀지만 연주를 계속했다. "난 라디오로 완벽한 연주를 듣는 것보다 실수하는 당신의 연주가 더 좋아." 전에 스티븐이 다이애나에게 말했었다. 그는 자신의 고급 스피커에서 나오는 음악보다 라이브 연주를 더 좋아한다는 뜻이었겠지만, 나는 다른 의미로 받아들였다. 스티븐의 말은 사랑의 선언이었다. 스티븐은 제인을 사랑했었고 일레인을 사랑했었다. 물리학에서는 뛰어난 통찰을 지녔지만 그는 사랑에 대해서는 어떤 일이 일어날지 전혀 예측하지 못했다. 여전히 어딘가에 사랑이 있을까? 아니면 증발해버렸을까? 보통 사람들은 이 의문들을 고민하다 보면 냉소적으로 변하기 마련이지만, 스티븐은 그렇지 않았다. 그는 세 번째로 사랑에 빠진 듯했다.

스티븐을 바라보는 다이애나를 보면서 나는 서로의 사랑이 상호적이고 다이애나가 진심으로 그를 사랑한다는 사실을 분명히 알 수 있었다. 스티븐도 같은 느낌을 받은 듯했다. 다이애나는 이따금 정신적으로 불안정했지만 스티븐의 집에서 사는 몇 년 동안 점차 나아졌다. 다이애나의 정신 문제를 알고 있던 스티븐은 다이애나가 자신을 있는 그대로 받아들였듯이 다이애나를 있는 그대로 받아들였다. 다이애나는 스티븐의 간호인이었지만 스티븐 역시 **그녀의** 간호인이었다. 스티븐이 손을 잡아달라고 할 때, 볼에 입을 맞춰달라고 할 때, 침대에 같이 누워달라고 할 때에 행복해했다. 같이 머리를 하러 미용실에 가는 것을 좋아했다. 또 그와 윔폴 홈 농장에 가서 사료를 먹는 돼지들의 모습을 보는 것도 좋아했다. 스티븐은 우주론에 매료된 것처럼 돼지들에게도 매료되었다. 다이애나는 스티븐의 조상 중에 돼지를 키우던 사람이 있었을지도 모른다고 생각했다. 다이애나는 지금 스티븐의 삶에서 자신이 누구보다도 스티븐을 잘 안다고 생각했다.

나는 잔을 다 비워갔다. 코냑으로 몸이 따뜻하게 누그러졌다. 이런 취기와 나른함이 기분 좋았다. 나는 스티븐의 집에서 편안하게 있는 것이 좋았다. 방 안에 감도는 사랑의 기운이 좋았다. 지금으로서는 아주 짧은 거리라도 걷기 힘들 것 같았으므로 당분간 움직이지 않아도 된다는 사실이 좋았다. 무엇보다도 우리의 책이 마무리되었다는 것이 좋았다.

그러나 가장 행복한 그 마지막 감정에는 또다른 이면이 있었다. 나는 음악에 취해 있는 스티븐을 보면서 나의 삶의 한 시대가 막을 내렸으며 앞으로 몇 년 동안은 그를 자주 볼 수 없다는 사실을 깨달았다. 스티븐과 무척 가까워졌지만, 우리 각자의 길이 다시 만날 때는 언제일까? 수년 동안 두 권의 책을 같이 쓰면서 말다툼을 벌이고 서로 돕고 식사를 같이 하고 생각을 나눈 우리의 관계 역시 그의 전 아내들처럼 멀어질까? 스티븐은 매년 칼텍을 방문할 것이고 나역시 아주 가끔 영국에 오겠지만, 앞으로의 만남은 지난 몇 년간 이어진 강렬한 관계의 희미한 흔적에 그칠 것이다.

그런 생각에 나는 슬퍼졌다. 책을 끝냈다는 기쁨이 어떻게 그렇게 빠르고 쉽게 사라질 수 있는가? 한 잔 더 마시고 싶었지만 주방은 너무 멀었다. 나는 등을 기대고 앉아 스티븐과 함께 다이애나의 연주에 집중했다. 그때 다이애나에게 무슨 곡을 연주했는지 물었어야 했다.

에필로그

밴텀은 2010년 9월에 『위대한 설계』를 출간했다. 피터는 결국 너무 긴 빨대를 수정하지 않았지만 아무 문제도 없었다. 9월 2일 아침에 딸 올리비아를 학교에 데려다주려고 같이 걸어가는 길에 휴대전화가 울렸다. 주디스였고 다급한 목소리였다. "레오나르드!" 그가 소리쳤다. "도와줘요!" 나는 주디스가 무슨 말을 하는지 전혀 몰랐다.

"「타임스」 읽었어요?" 그녀가 물었다.

"「뉴욕 타임스」요?" 내가 말했다. 물론 읽었다.

"「뉴욕 타임스」 말고요." 그녀가 소리쳤다. "런던에서 나오는 「타임스」요! 아직 못 봤어요?"

"주디스, 여기서 누가 런던 「타임스」를 읽겠어요?" 내가 물었다.

"그렇다면 구글로 검색해서 머리기사를 읽어봐요! '호킹 : 신은 우주를 창조하지 않았다'라는 기사요. 아주 난리가 났다니까요!"

"말도 안 되는 소리예요." 내가 말했다. "우리 말은 신이 우주 창조에 반드시 필요한 게 아니라는 뜻이지, 물리학이 신이 우주를 창조하지 않았음을 증명한다는 뜻이 아니었어요."

"스티븐 혼자서는 득달같이 달려드는 언론을 감당할 수 없어요. 도와주세요! 인터뷰를 해야 할 것 같아요."

그렇게 시작되었다. 나는 우리의 책이 사람들의 관심을 끌 것이라고는 생각했지만 어느 정도일지는 몰랐다. 물리학 책이 스포츠 채널 ESPN과 「맨즈 헬스」에서도 이야기될 정도라면 우리는 확실히 대중에게 다가간 셈이다.

『위대한 설계』는 사람들의 상상력을 사로잡았고 대부분의 반응은 긍정적이었지만, 맹렬하게 비난하는 사람들도 있었다. 창조에 관한 우리의 이야기에 화가 난 독자들은 스티븐을 인신공격하기에 이르렀다. 스티븐을 잘 모르는 사람들이 스스로 스티븐의 의도를 안다고 단정했다. 그들은 스티븐이 장애를 홍보 수단으로 삼아 신을 공격하여 돈을 벌려고 한다고 주장했다. 스티븐은 웃어넘겼다. 목 아래로는 전혀 움직일 수 없는 그에게 그 정도의 비난은 공격 축에도 끼지 못했다.

* * *

2013년 스티븐은 다이애나에게 청혼했다. 다이애나는 오래 전에 스티븐의 집에서 나갔지만 둘은 그 어느 때보다도 가까웠다. 청혼은 어느 저녁 식사 후에 이루어졌다. 스티븐은 "난 한쪽 무릎을 꿇지 못해"라고 말했다. 그런 다음 사랑한다고 말하고 자신의 아내가 되어달라고 말했다. 얼마 후 다이애나의 생일에는 보석상으로 같이

가서 반지를 골랐다. 그런 다음 그들은 식당에서 함께 자축했다.

그러나 결혼은 성사되지 못했다. 스티븐은 다이애나와 몹시 같이 있고 싶었지만, 가족의 화목을 깨고 싶지 않다는 열망이 더 강했다. 다이애나가 스티븐의 돈을 노린다고 의심한 자녀들은 그녀를 받아들이지 않았다. 나는 자녀들의 의견에 동의하지는 않았지만 그들 역시 스티븐을 사랑해서 그런 것이라는 사실을 잘 알았다.

스티븐과 일레인의 결혼식에는 그의 자녀들 중 시애틀에서 사는 아들 로버트만이 참석했다. 결혼생활 동안 스티븐과 가까운 곳에 살던 다른 두 자녀와 일레인은 항상 팽팽한 긴장 상태였다. 가족 모임이 있으면 종종 분위기가 싸늘했고 일레인과 스티븐의 기분이 상할 때도 많았다. 스티븐은 같은 상황을 반복하고 싶지 않고 결국 다이애나에게 한 청혼을 철회했다. 다이애나는 절망했지만 둘은 좋은 친구로 남았다. 스티븐은 다이애나에게 반지를 간직해달라고 부탁했고, 다이애나는 여전히 그 반지를 가지고 있다.

＊＊＊

시간이 흐르면서 책에 관한 논란은 점차 식어갔다. 안타깝게도 나와 스티븐의 만남도 뜸해졌다. 내가 염려한 대로 몇 년이 지나면서 전처럼 스티븐과 가깝게 지내기가 힘들어졌다. 스티븐의 컴퓨터 업무를 돕던 샘은 다른 곳으로 직장을 옮겼다. 나이가 가장 많고 스티븐에게 가장 충실했던 간호인 조언은 세상을 떠났다. 주디스는 은

퇴했다. 나는 스티븐의 새로 온 비서를 잘 몰랐기 때문에 스티븐의 소식을 듣고 그와 소통할 수 있는 중요한 창구가 사라졌다. 스티븐과 나는 때때로 이메일을 주고받았지만, 내가 영국을 방문한 두 번 모두 그는 다른 곳에 있었다. 그러므로 우리는 스티븐이 1년에 한 번 칼텍을 방문할 때에만 만날 수 있었다. 2013년부터는 스티븐의 건강이 나빠져서 그마저도 보지 못했다.

　내가 스티븐을 마지막으로 만난 것은 그가 패서디나에 있을 때 그의 숙소에 들러서 같이 일요일을 보냈을 때였다. 우리가 함께 있는 동안 킵과 다른 친구들이 들렀다. 그중에는 달 위를 두 번째로 걸은 우주비행사 버즈 올드린도 있었다. 조금의 음식과 많은 담소들이 오간 느긋한 오후였다. 스티븐의 대화 속도는 1분에 한 단어 이하로 떨어졌다. 그러므로 간단한 문장 하나도 5-10분이 걸렸다. 하지만 그는 여전히 웃거나 인상을 찌푸릴 수 있었다. 그래서 우리가 같이한 마지막 오후 동안에 수많은 스무고개가 이루어졌다. 그렇다고 해서 대화 내내 그런 것은 아니었다. 어느 순간 내가 『위대한 설계』를 작업한 때를 떠올렸고 그러다가 우리는 스티븐이 이제껏 걸어온 연구의 여정을 이야기했다. 나는 스티븐에게 그가 이룬 많은 발견, 업적, 성취 중에서 가장 좋아하는 하나가 무엇인지 물었다. 몇 분 뒤에 컴퓨터에서 대답이 흘러나왔다. "내 아이들이요."

＊＊＊

스티븐 호킹

컴퓨터 화면을 보는 동안 뉴스 기사 하나가 나타났다. "스티븐 호킹 사망" 스티븐은 2018년 3월 14일 워즈워스 그로브에 있는 자신의 집에서 눈을 감았다. 나와 마지막으로 만나고 4년이 지났을 때였다. 킵은 그 전해 11월에 스티븐을 마지막으로 만났고, 로버트 도너번은 12월에 만났다. 로버트는 스티븐이 특별히 더 아파 보이지는 않았지만 죽음을 기다리고 있는 것 같았다고 말했다. 스티븐은 변호사를 선임해서 재산 문제를 정리했다.

나는 장례식에서 다이애나를 만날 거라고 생각했지만 그녀는 없었다. 나중에 알고 보니 다이애나는 초대받지 못했다. 안치식은 몇 달 뒤에 열렸다. 그때도 다이애나의 모습은 보이지 않았다. 그날 아침 다이애나는 안치식이 열리는 웨스트민스터 사원에 도착했다. 그리고 7시 30분에 열리는 미사에 참석했다. 누구나 참석할 수 있는 미사에는 여느 때처럼 약 20명의 신자들이 모여 기도를 드렸다. 몇 시간 뒤에 열릴 안치식에는 1,000여 명이 참석할 예정이었다. 경호원, 무장 경찰, 공무원들이 초대받은 사람을 들여보내고 초대받지 않은 사람을 막았다.

이번에도 초대장을 받지 못한 다이애나는 들어올 수 없었다. 그녀는 관계자 한 명에게 간청했지만 거절당했다. 관계자는 "식을 신성하게 치르려면 어쩔 수 없습니다"라고 말했다. 다이애나는 밖에 모인 군중 사이에 섞여 있었다. 그녀를 둘러싼 수많은 낯선 사람들 중에 그 누구도 스티븐에게 몇 시간 동안 책을 읽어주거나, 이마의 땀을 닦아주거나, 그가 준 약혼반지를 끼거나, 침대에서 팔짱을 끼고 같이 누워본 적이 없었다. 안치식이 열리는 사원 안에서 들리는 소리를 조금이라도 더 들으려고 귀를 세우는 동안 그녀는 슬픔과 버림받았다는 크나큰 좌절감을 느꼈다.

안치식이 끝나고 사람들은 흩어졌지만 다이애나는 사원 바깥을 서성였다. 스티븐의 친구 닐 투록이 사원에서 나오면서 그녀를 발견했다. 닐은 다이애나에게 다가가 함께 안으로 다시 들어갔다. 다이애나는 스티븐에게 마지막 인사를 하며 눈물을 흘렸다.

스티븐의 옛 아내들과 마찬가지로 다이애나는 신앙심이 깊었다. 스티븐은 다이애나에게 "종교는 어둠을 두려워하는 사람들을 위한 것"이라고 말한 적이 있다. 다이애나를 화나게 하려는 것이 아니라 그저 골려주려는 말이었다. 다이애나는 누구나 어둠을 두려워한다고 말했다. 스티븐은 최소한 근사법으로는 그럴 수 있다고 말했다. 스티븐이 세상을 떠났을 때 다이애나는 신앙에서 위안을 얻었다. "난 박사님을 다시 만날 거라고 믿을 수밖에 없어요." 그녀가 말했다. "우주 바깥에 아무것도 없다고는 믿을 수 없어요. 우주는 그렇게 냉혹하지 않을 거예요. 그곳이 어디든 박사님과 다시 하나가 될 날이 기대돼요."

* * *

사람들은 때로 나에게 항상 죽음의 가능성을 마주한 스티븐이 어떻게 수십 년 동안 절망과의 싸움에서 승리할 수 있었는지를 묻는다.

그러면 나는 믿음이 그의 가장 큰 무기였다고 답한다. 스티븐은 신을 믿는 대신 자기 자신을 믿었다. 매일 밤 침대에 들면서 내일 아침 눈을 뜰 수 있을 거라고 믿었다. 병원에 들어가면서 곧 나오게 될 거라고 믿었다. 의사의 경고에도 불구하고 전 세계를 여행하면서 살아남을 거라고 믿었다. 자신을 사랑하는 사람들이 돈이나 명성 때문이 아닌 자신의 있는 그대로의 모습을 사랑한다고 믿었다. 계속되는 삶 동안 깊이 잠들 수 없는 고통이나 다른 사람이 숟가락으로 음식을 떠먹여주고 몸을 씻겨줘야 하는 수모보다 더 큰 보상을 얻을 수 있다고 믿었다.

스티븐이 세상을 떠난 후에 나는 우리가 함께한 시간 동안 모아둔 오래된 자료를 다시 꺼냈다. 책의 초고를 출력한 오래된 노트에는 스티븐이 내게 한 말들이 적혀 있었다. 내가 병원에서 잠깐이나마 죽음의 목전에 있었을 때에 그가 보낸 안부 카드도 발견했다. 그의 따뜻함이 느껴졌다. 그가 매일같이 무시무시한 폭풍을 견뎌야 한다는 사실을 생각하는 것만으로도 느낄 수 있었던 강인함도 떠올랐다.

나는 스티븐이 그리웠다. 우리는 많은 시간을 함께했고 나는 그와 만나면서 더 나은 사람이 되었다. 우리는 삶에 관한 그의 철학에 대해서는 한 번도 이야기한 적이 없었다. 하지만 그를 알게 되고 삶의 일부를 공유하게 되면서 나는 희망과 꿈에 관한 나 자신의 믿음이 깊어졌을 뿐만 아니라 누구나 그렇듯이 살면서 역경을 겪더라도 희망과 꿈을 실현할 수 있으리라는 자신감이 더욱 강해졌다. 우리는 종종 달성할 목표를 낮추어 성공의 기회를 제한한다. 스티븐은 한 번도 그러지 않았다. 그가 그저 매일 사무실로 출근하는 것조차 내게 큰 영향을 주었다. 나는 내 삶의 문제들을 더 인내할 수 있게 되었고 아무리 작은 일이라도 고마움을 느끼게 되었다.

우리는 최소한 우리가 생각하는 것보다 훨씬 강인하고 많은 일을 해낼 수 있다. 나는 스티븐과 가까워지면서 이 사실을 깨달았다. 큰 병에 걸려야만 지구에서 남은 시간을 되도록 소중하게 보내야 한다는 사실을 깨달을 수 있는 것은 아니었다. 그래서 나는 계속 물리학을 연구하고 책을 쓰고 있다.

스티븐을 잘 모르는 사람들은 그저 삶을 살아내는 것조차 그에게는 에베레스트를 오르는 것과 같았으리라고 생각할지도 모른다. 나는 스티븐을 알게 된 후로 스티븐 자신이 에베레스트라는 놀라운 사실을 깨달았다. 그는 시간의 흐름에 초연하고 자연이 일으키는 가장 강력한 폭풍도 견디는 부동의 거대한 산이었다.

나는 시간이 결국 우리 모두를 소멸하리라는 사실을 알지만, 스티븐이 삶에서 발휘한 힘을 떠올리면 그가 죽음의 시간도 통제했을지도 모른다는 생각이 들었다. 그의 사망 소식을 들었을 때, 나는 죽음이 스티븐을 제압한 것이 아니라 그가 죽음의 공격을 더 이상 막지 않기로 한 것처럼 느껴졌다. 그는 많은 일을 해냈고, 많은 것을 보았으며, 친구, 자녀, 사랑, 물리학으로 충만한 삶을 살았다. 삶뿐만 아니라 고통에서도 의미를 찾았던 그에게 고통은 비슷한 어려움을 겪는 다른 이들을 돕는 원동력이었다. 병이 다시 찾아오자 스티븐은 마지막 인사를 하며 무기를 내려놓고는 편히 눈을 감았다.

스티븐 호킹

출처에 관하여

이 책은 나의 경험과 더불어 스티븐의 친구, 간호인, 동료를 비롯한 15명의 인터뷰를 바탕으로 했다. 인터뷰는 90분에서 8시간 동안 진행되었다. 샘 블랙번, 버나드 카, 주디스 크로스델, 로버트 도너번, 다이애나 핀, 피터 거자디, 제임스 하틀, 일레인 호킹, 돈 페이지, 마틴 리스, 비비안 리처, 에르하르트 자일러, 킵 손, 닐 투록, 라드카 비스나코바가 인터뷰에 응해주었다.

그리고 키티 퍼거슨이 쓴 전기 『스티븐 호킹(*Stephen Hawking: His Life and Work*)』(London: Transworld, 2011), 마이클 화이트와 존 그리빈이 함께 쓴 『스티븐 호킹 : 과학의 일생(*Stephen Hawking: A Life in Science*)』(New York: Pegasus, 2016)에서 배경 자료를 참고했다. 1970년대와 1980년대 스티븐의 삶에 관해서는 제인 호킹의 『스티븐 호킹 : 천재와 보낸 25년(*Music to Move the Stars*)』(London: Pan, 2000)과 킵 손의 『블랙홀과 시간굴절(*Black Holes and Time Warps*)』(New York: Norton, 1994)을 참고했다. 또한 데이비드 H. 에이브램슨이 「하버드 매거진(*Harvard Magazine*)」에 기고한 "스티븐 호킹 구하기"(2018년 5월 9일), 주디 바크라치가 「배니티 페어(*Vanity Fair*)」에 기고한 "아름다운 사람, 추한

가능성"(2004년 6월), 버나드 카가 「패러다임 익스플로러(*Paradigm Explorer*)」에 기고한 "스티븐 호킹 : 특이점 친구에 관한 회고"(2018년 1월, 9-13)에서 몇 가지 세부적인 내용을 알게 되었다. 나는 이 출처들에서 배경 지식이나 사실관계, 스티븐이 한 말만을 확인했음을 밝히는 바이다.

감사의 말

스티븐이 세상을 떠나기 전후 몇 년 동안 나는 그의 전기를 쓸 생각이 없었다. 이미 그에 관한 책들이 많이 나와 있었고 다 알려진 사실들을 반복하고 싶지 않았기 때문이다. 그러던 어느 날 나의 에이전트 수전 긴즈버그가 나에게 연락해서 편집자 에드워드 커스텐마이어가 스티븐의 전기에 대해서 논의해보고 싶어한다는 말을 전했다. 나는 이미 다른 출판사들의 요청을 거절했고 이번에도 거절할 생각이었지만, 에드워드는 뜻밖에도 회고록을 써보자고 제안했다. 개인적인 이야기를 쓴다는 생각은 매력적이었지만, 관심을 가질 사람이 있을지 확신이 서지 않았다. 하지만 스티븐의 회고록을 출간하겠다는 에드워드의 결심이 잘못된 판단이었더라도 나는 꼭 써보고 싶었다. 그렇게 우리는 작업을 시작했다. 이 프로젝트를 믿어주었을 뿐만 아니라 비전을 제시해주고 훌륭하게 집필 방향을 이끌어준 에드워드와 수전에게 감사의 말을 전한다. 그리고 에드워드와 수전만큼이나 날카로운 조언을 해준 나의 아내이자 나의 전속 편집자 도나 스콧에게도 무척 고맙다.

많은 친구와 동료들이 감사하게도 책의 전문적인 내용을 읽고 고견을 주었다. 아름답지만 난해한 이론물리학은 열정적인 사람만이 다가갈 수 있는 학문이다. 열정이 없다면 진전을 이룰 어떤 인내와 끈기도 동원할 수 없다. 토드 브룬, 대니얼 케네빅, 돈 페이지, 샌퍼드 펠리스, 에르하르트 자일러, 킵 손, 닐 투록은 새로운 발견을 추구하는 데에 쏟아야 할 시간을 기꺼이 내게 내주었다. 글의 인간적인 내용에 관해서 조언해준 롭 버그, 캐서린 브래드쇼, 주디스 크로스델, 카시아나 이오니차, 네이선 L. 킹, 세실리아 밀란, 알렉세이 플로디노프, 니콜라이 플로디노프, 스탠리 오로페사, 베스 래쉬밤, 프레드 로즈, 줄리 세이어즈, 페기 볼로스 스미스, 마틴 J. 스미스, 앤드루 웨버, 마리아나 자하르에게도 크나큰 도움을 받았다. 하지만 내가 누구보다도 가장 큰 빚을 진 사람은 나를 공저자로 선택해주고 몇 년 동안 온기와 우정을 나누어준 스티븐이다. 스티븐의 죽음은 그와 친구였던 모든 이들의 삶에 블랙홀을 남겼다.

역자 후기

과학사의 별을 꼽는 것은 어렵지 않다. 코페르니쿠스, 갈릴레이, 뉴턴, 다윈, 아인슈타인, 파인먼……. 그들이 태어난 시대가 축적해온 지식의 양은 서로 다르고 인류가 물은 질문도 서로 달랐으므로 각각의 능력을 객관적으로 평가하기란 불가능하다. 하지만 가장 큰 역경 속에서도 인류의 지식을 발전시킨 한 명을 꼽으라면 단연 스티븐 호킹이지 않을까? 호킹은 이 책의 저자 레오나르드 믈로디노프의 말마따나 전 세계에서 가장 약한 사람 중의 한 명이었다. 공식을 적기는커녕 스스로 음식을 먹을 수도, 책 장을 넘길 수도, 심지어 배변 같은 은밀한 일조차 혼자서는 해결하지 못했다. 그런 그가 세운 이론은 물리학과 대학원생이 한 학기 동안 온전히 공부하더라도 따라가기 힘들다.

호킹은 우주를 연구했지만 인간이 경험할 수 있는 모든 역경과 사랑, 모험, 우정을 경험한 그의 삶은 누구보다도 인간적이었다. 20대부터 근위축성 측삭 경화증을 앓기 시작하면서 형언하기 힘든 어려움과 고통을 겪었다. 유복한 가정에서 태어났지만 『시간의 역사』가 베스트셀러가 되기 전까지는 병 때문에 생계를 걱정하지 않는 날이 없었다. 20대부터 죽는 날까지 사랑도 나누었다. 케임브리지 재학 시절 아내 제인을 만났고, 이후 간호인이던 일레인과 20여 년 동안 함께 지냈으며, 이별 후에는 또다른 연인 다이애나를 만났다. 호킹은 세계 곳곳을 여행했고 누구보다도 많은 사람들을 사귀었다. 우주를 바라보고 있었지만 우주 속 자신의 위치를 알기에, 다시 말해서 자신의 유한함을 언제나 자각하고 있었기에 누구보다도 인생의 매 순간에 최선을 다한 결과일 것이다. 인간이라면 누구나 한두 가지 역경과 한두 번의 성공을 겪기 마련이지만, 스티븐 호킹은 인간이 경험할 수 있는 거의 모든 역경과 누구보다도 큰 성공을 거두며 가장 인간적인 삶이면서 믿을 수 없는 삶을 살았다.

2020년 노벨 물리학상 수상자로 로저 펜로즈가 선정되었다. 호킹은 케임브리지 재학 시절 펜로즈의 연구를 접한 이후 아픈 몸으로 논문을 완성해서 물리학계 스타로 떠오르면서 이론물리학자로서의 길을 본격적으로 걸을 수 있었다. 이후 펜로즈와 호킹은 함께 연구한 끝에 특이점 정리를 세움으로써 아직 완성되지 않은 양자 중력 이론을 진일보시켰다. 하지만 사후에는 상을 수여하지 않는 노벨상 위원회의 원칙에 따라서 호킹은 노벨상을 받지 못했다. 사후의 삶을 믿지 않던 그였지만 만약 그가 우주 어딘가에서 지켜보고 있다면 자신이 상을 타지 못한 사실에 개탄할까? 아닐 것이다. 그는 언제나 사람들을 놀라게 해서 소용돌이를 일으키고 싶어했다. 특이점의 존재를 밝혀 유명해졌으면서 나중에는 특이점의 존재를 부정했다. 블랙홀 복사를 주장한 제이콥 베켄슈타인을 저격하는 데에 누구보다도 앞장섰으면서 나중에는 블랙홀 복사를 입증해서 '호킹 복사'라는 용어를 만들었다. 블랙홀에서는 어떤 정보도 새어나오지 않는다고 주장했다가 입장을 번복했다. 그러기에 스티븐 호킹이 노벨상을 받지 못했다는 사실에 사람들이 놀란다는 것 자체가 그에게는 큰 즐거움일 것이다.

　캘리포니아 공과대학교의 물리학자 레오나르드 믈로디노프는 호킹과 『위대한 설계』를 함께 쓰면서 그와 공유한 삶을 이 책에서 회고했다. 물리학자인 만큼 호킹의 학문적 업적을 평가하는 데에 치중할 수도 있었지만 호킹과의 우정과 그의 인간적인 삶에 초점을 맞추었다. 믈로디노프 자신도 "감사의 말"에서 호킹의 또다른 전기를 쓰고 싶지는 않았다고 밝혔다. 그러므로 물리학적 지식이 없는 독자라도 이 책에 쉽게 다가갈 수 있을 뿐만 아니라 호킹의 인간적인 삶에서 크나큰 감동과 재미를 느낄 수 있을 것이다. 믈로디노프 특유의 자조적 농담과 재치 역시 그의 다른 책들만큼이나 돋보인다. 이따금 물리학적 내용이 나오기는 하지만 믈로디노프는 호킹의 대표적인 이론인 호킹 복사나 무경계 가설에 대한 핵심을 대중의 눈높이에 맞추어 쉽게 풀어 설명했으므로, 새로운 배움은 이 책을 읽는 또다른 기쁨이 될 것이다.

2021년 2월

하인해

인명 색인